U1001045

卓越工程师系列丛书·飞行器设计

飞行器系统仿真实训教程

闫晓东　许　志　编著

西北工業大學出版社

【内容简介】 本书将理论与实例相结合，系统地阐述了飞行器系统仿真的基础理论和方法。本书分 11 章，内容涵盖了系统仿真的建模理论和方法、数值积分方法和插值方法、飞行器轨迹仿真的数学模型、飞行器建模仿真软件、蒙特卡罗统计打靶、试验设计与分析、半物理仿真技术、快速原型技术、视景仿真技术及软件，以及模型置信度验证与评估等。

本书可作为高等学校飞行器设计和相关专业的本科生、研究生教材，也可供从事飞行器设计的科技人员参考。

图书在版编目(CIP)数据

飞行器系统仿真实训教程/闫晓东，许志编著．—西安：西北工业大学出版社，2013.3
(卓越工程师系列丛书.飞行器设计)
ISBN 978-7-5612-3635-2

Ⅰ.①飞… Ⅱ.①闫…②许… Ⅲ.①飞行器—系统仿真—教材 Ⅳ.①V47

中国版本图书馆 CIP 数据核字(2013)第 061517 号

出版发行：西北工业大学出版社
通信地址：西安市友谊西路 127 号 **邮编**：710072
电　　话：(029)88493844 88491757
网　　址：www.nwpup.com
印 刷 者：兴平市博闻印务有限公司
开　　本：787 mm×1 092 mm 1/16
印　　张：16.375
字　　数：399 千字
版　　次：2013 年 8 月第 1 版 2013 年 8 月第 1 次印刷
定　　价：33.00 元

前　言

当今世界，科技发展日新月异，特别是随着计算机技术的快速发展，系统建模与仿真技术也得到了快速发展。从最初的小系统、单专业建模仿真，发展到了如今复杂大系统、多专业联合仿真。仿真系统的规模越来越大，仿真系统的行为与结构也越来越复杂，对仿真对象的模拟也越来越逼真。可以说系统仿真已经成为飞行器设计过程中必不可少的内容。目前与仿真相关的书籍较多，但是阐述飞行器仿真理论和方法的书籍较少，而且这些书籍要么工程性强而理论性不足，要么系统性不够，难以适应卓越工程师的培养目标。因此针对卓越工程师的培养方案和目标，有必要有针对性地编写一本飞行器系统仿真教材，以满足卓越工程师培养的需求。

本书为卓越工程师系列丛书之一，系统地讲述了飞行器系统仿真相关知识，主要内容包括系统仿真中的数学建模方法，常用的数值积分方法和插值方法，飞行器轨迹仿真的数学模型，仿真软件的简要介绍，蒙特卡罗打靶法及打靶结果统计分析，试验设计方法及其结果分析，虚拟现实及视景仿真技术，飞行器半实物仿真技术及实例分析，快速原型设计技术，仿真可信度评估技术与方法。附录中给出了常用的正交设计表和均匀设计表，以及飞行器仿真的典型算例。

本书针对卓越工程师的培养过程，具有知识覆盖面广、讲述内容难度适中、系统性强的特点，适合本科生课程教学使用。

本书第9,10章由许志编写，其余章节由闫晓东编写，全书由闫晓东统稿。

本书在编写过程中得到了西北工业大学航天学院空天飞行器实验室的大力支持，在此表示衷心的感谢！

由于本书涉及内容较多，疏漏之处在所难免，请读者批评指正，以便勘误纠错。

编著者

2013年1月

目　录

第1章　绪　　论

当今世界，科技发展日新月异，特别是随着计算机技术的快速发展，系统建模与仿真技术也得到了快速发展。从最初的小系统、单专业建模仿真，发展到了如今复杂大系统、多专业联合仿真。仿真系统的规模越来越大，仿真系统的行为与结构也越来越复杂，对仿真对象的模拟也越来越逼真。

航空、航天飞行器是人类智慧的结晶，具有系统复杂、系统耦合性强、涵盖学科领域多等特点，其研发过程是一个漫长而又复杂的过程。将日益成熟的系统建模仿真方法应用到航空、航天飞行器的研发中是一个必然的趋势，而且从目前来看，一方面，系统建模仿真技术已经在航空、航天飞行器的研发中发挥了巨大的作用，大大减少了设计人员的工作量，缩短了飞行器的研发周期，减少了研发经费；另一方面，系统建模仿真技术在飞行器研发中的应用，也大大促进了系统建模仿真技术本身的快速发展。

1.1　系统建模与仿真技术的概念及模型

系统建模与仿真技术是以相似原理、模型理论系统技术、信息技术以及建模与仿真应用领域的有关专业技术为基础，以计算机系统、与应用有关的物理效应设备及仿真器为工具，利用模型对系统（已有的或设想的）进行研究、分析、评估、决策或参与系统运行的一门多学科的综合性技术。典型的系统建模与仿真过程包括系统模型建立、仿真模型建立、仿真程序设计、仿真试验和数据分析处理等，涉及多学科、多领域的知识与经验。随着现代信息技术的高速发展以及军用和民用领域对仿真技术的迫切需求，仿真技术也得到了飞速的发展。建模与仿真技术的作用主要有下述几方面：

· 优化系统设计；
· 对系统或系统的某一部分进行性能评价；
· 节省经费；
· 重现系统故障，以便判断故障产生的原因；
· 避免试验的危险性；
· 进行系统抗干扰性能的分析研究；
· 训练系统操作人员；
· 为管理决策和技术决策提供依据。

建模与仿真技术可以有多种分类方法。按系统模型的特性，可分为连续系统仿真、离散系统仿真、连续离散（事件）混合系统仿真；按仿真的实现方法和手段，可分为物理仿真、计算机仿真、硬件在回路中的仿真（半实物仿真）和人在回路中的仿真；根据人和设备的真实程度，可分为实况仿真、虚拟仿真和构造仿真。建模与仿真的基本流程如图1-1所示。

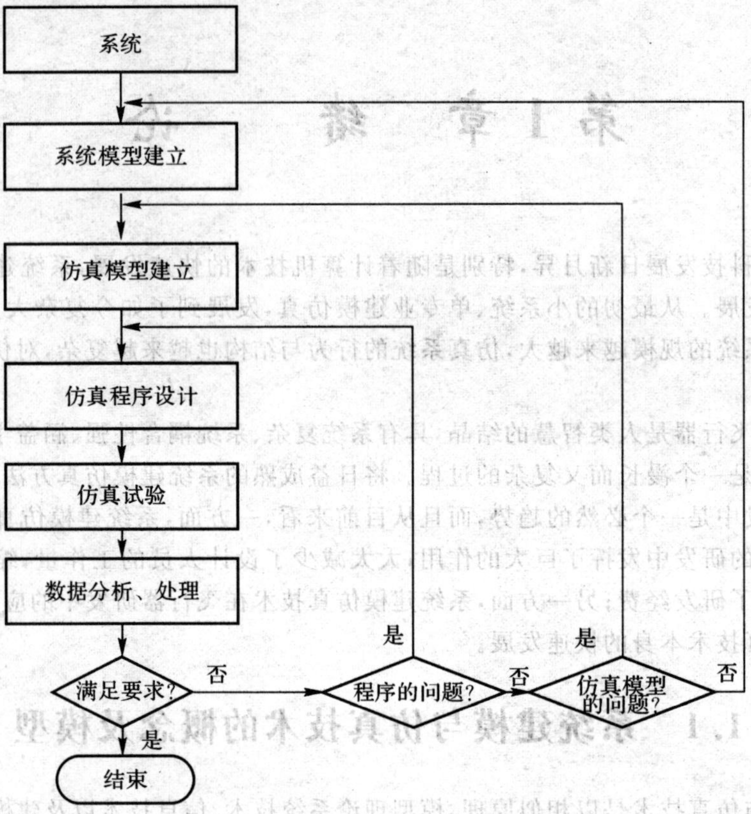

图 1-1　建模与仿真基本流程图

总结 20 世纪及近几年系统仿真技术发展的特点，不难给出下述结论：分布交互仿真、虚拟现实仿真、离散事件系统仿真、武器系统半实物仿真、作战仿真、面向对象仿真和建模与仿真的 VV&A 等现代建模与仿真技术及其应用取得了引人瞩目的进展。建模与仿真技术已成为高科技产品从决策、论证、设计、试验、训练到更新等全生命周期各个阶段不可缺少的技术手段，为研究和解决复杂系统问题提供了有效的工具。它是一种可控制的、无破坏性、耗费小并允许多次重复的试验手段。建模与仿真在武器系统全生命周期各阶段的应用如图 1-2 所示。

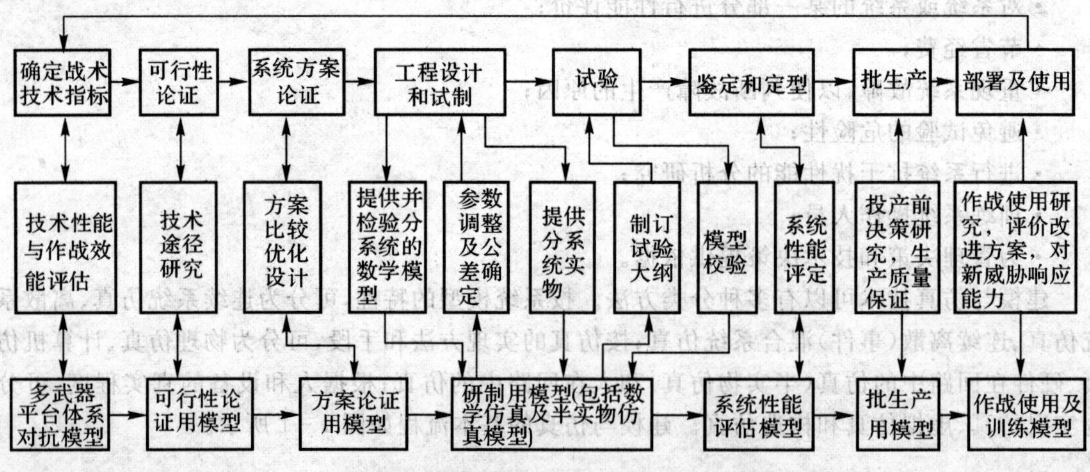

图 1-2　建模与仿真在武器系统全生命周期各阶段应用示意图

现代建模与仿真技术体系已经形成，并日趋完善。在军事应用领域，仿真技术正向服务于系统的全寿命、全系统和管理的全方位方向迅速发展，并正向作战仿真方向发展，是促进武器装备成系统、成建制地形成战斗力和保障能力的强有力手段；在观念上，仿真技术与高性能计算一起，正成为继理论研究和试验研究之后第三种认识、改造客观世界的方法，是解决复杂系统的重要技术途径之一。

1.2 系统建模与仿真技术在军事领域的应用

在军事领域，仿真技术已经成为武器装备研制与试验中的先导技术、校验技术和分析技术。采用仿真技术使武器系统靶场试验次数减少了30％～60％，研制费用节省了10％～40％，研制周期缩短了30％～40％。

当前，现代建模与仿真在技术上正向以“数字化、虚拟化、网络化、智能化、集成化、协同化”为特征的方向发展；在军事领域，军用建模与仿真技术服务于武器装备发展论证和决策、型号研制、鉴定定型、训练使用、维护保障、作战应用和武器装备采办等领域。

系统建模与仿真技术在军事领域的发展有两个主要特点，即武器系统仿真应用正分别朝着纵向（全生命周期、全系统和管理的全方位方向）和横向（多武器平台、体系）扩展。建模与仿真技术中的体系仿真技术、武器装备研制仿真技术、基于仿真的虚拟采办及虚拟样机技术、虚拟战场技术、智能化建模仿真技术和仿真网络等的综合运用，已成功地在深度和广度上扩展了仿真技术的应用领域，仿真技术和仿真系统在各应用领域都发挥了巨大的作用。

1.3 国外建模与仿真技术及应用发展动态

以美国为代表的发达国家，仿真系统已嵌入到作战系统，成为战斗力的重要组成部分，支持了装备论证、研制、使用等全生命周期中的相关工作，是建模与仿真技术为新的军事理论与作战思想服务的综合体现，标志着军用仿真技术的发展达到了一个新的高度。

1.3.1 武器装备研制和武器系统仿真技术

在武器装备研制方面，美国各军兵种及各大军火公司均建有自己的大型仿真试验室，特别是美国各军兵种，都建有种类齐全的半实物仿真试验室，可以进行单一装备和多种装备的综合性能仿真试验与作战仿真试验。如陆军红石兵工厂，建有红外、毫米波、射频、红外成像等多种制导体制的综合仿真试验室，可以满足陆军装备各种制导武器的半实物仿真需要。

美国还通过分布式仿真网络，将各大仿真中心与作战指挥中心、军事基地等连接起来，可以进行实时的武器装备作战半实物仿真，进行战术演练，评价武器系统的作战能力。

在武器系统仿真方面，美国陆军高级仿真中心的武器系统仿真设施包括3个屏蔽室中的全尺寸武器系统地面设备，能够实现设备之间的互联，并能与其他设备互联。借助于大量半实物仿真技术并将武器系统仿真应用到战场仿真中去，能够对性能指标、控制策略和体系以及不同武器系统之间的互操作性进行模拟研究，并能对多目标、多武器系统环境下的各种武器进行详细的性能评估。

1.3.2 体系对抗仿真技术

未来联合作战的内容已经向信息化作战时代转化，全纵深、非线性、非技术作战的特点更加突出，因此对体系对抗仿真技术需求更加明显。如美国十分重视体系对抗仿真技术的研究及应用，将不同内容、位于不同地点的仿真器进行联网，组成分布式一体化的综合仿真试验环境，用于综合作战仿真试验；还结合先进的建模仿真与高性能计算机组成虚拟战场，对武器系统进行研制试验、鉴定与作战训练。为实现仿真互操作与重复使用，美国的体系对抗仿真正在向通用的高层体系结构(HLA)方向发展，并正在开展可扩展的仿真服务框架研究。

大规模体系对抗仿真系统及其相关关键技术是发达国家研究和突破的重点，近年来国外开展的主要仿真项目和计划有下述几方面。

1. 美国的综合战区演练(STOW)计划

由美国国防部高级研究计划局和美国大西洋司令部联合开展了先进概念技术演示计划，后取名为综合战区演练计划。1997 年 10 月，举行了 STOW97 的联合演练，参加演练的节点分布于美英两国 5 个不同地点，通过一个先进且安全的 ATM 网，利用 DIS 互联进行演练和功能演示。

2. 欧美大型军事演习(JPOW)

从 1996 年起，欧美联合进行每年一次的大型分布式军事演习，演练关于战区导弹防御体系与来袭目标的对抗，参加国有美国、英国、德国、荷兰、丹麦等，演习目的是评估战区导弹防御协同作战效果。

3. 战争模拟 2000(Wargame 2000)

战争模拟 2000 是美国弹道导弹防御组织联合国家测试中心共同开发的下一代作战指挥和控制仿真系统，它主要用于国家导弹防御系统(NMD)和联合战区空中导弹防御系统(JTAMD)的概念评估、战略战术和作战过程等研究。

4. 千年挑战 2002(MC02)

MC02 是迄今为止美国国防部组织的规模最大、复杂程度最高的多目标的仿真活动。MC02 用了多于 30 000 个实体仿真和相应的 C^4ISR 系统，13 500 人参加演习，使用美国国防部的 HLARTI 的演化版本连接分布在不同地方的 9 个实际训练场和 1～8 个模拟训练场，共使用了 50 个作战仿真系统，80％由计算机仿真完成。

1.3.3 仿真共用技术

1. 仿真系统体系结构

复杂仿真系统体系结构是仿真技术发展的重要问题。20 世纪 90 年代前期，国外主要研究了 SIMNET 和 DIS 的复杂仿真系统体系架构。1995 年，美国国防部在其建模与仿真主计划的目标中提出了为国防领域的建模与仿真制定一个通用的 HLA 技术框架，该框架对提高仿真系统互操作性和可重用性具有十分重要的意义。仿真框架方面最新的概念发展是“可扩展建模仿真框架”和“仿真 C^4ISR 共同框架”，这些仿真框架目前在国外属于概念摸索的阶段，但代表了军用仿真框架发展的重要方向。

2. 建模与 VV&A 技术

随着仿真系统向复杂仿真系统的发展，对建模与 VV&A（校核、验证及确认）技术提出了更高的要求。在仿真建模方面，仿真模型的种类和建模方法大大增加了，其中仿真概念模型、面向对象模型、基于 Agent 建模等方法是最新发展的趋势。在建模与仿真 VV&A 方面，VV&A 的研究对象也从单个仿真模型发展到复杂仿真系统，目前国外复杂仿真系统 VV&A 发展的两个核心问题是宏观指导政策和 VV&A 标准规范。

3. 仿真支撑平台技术

仿真支撑平台是仿真系统重要的组成部分，以往的支撑平台主要包括仿真运行支撑平台和建模支撑平台两类。随着仿真系统向可互操作和可重用的复杂仿真系统方向发展，仿真支撑平台的组成在不断扩展。国外近些年来发展的重要仿真支撑平台包括 HLA 运行支撑环境(RTI)、仿真资源库、全球信息网格(GIG)和仿真系统测试平台等。

4. 仿真标准及规范

为了适应分布交互仿真技术的发展，美国的仿真管理部门、研究部门、学术界和工业界等共同组成分布交互仿真标准研究组织，定期组织研讨会，推动仿真标准的发展，目前已经通过 IEEE 公布了 DIS. IEEE1278 系列标准和 HLA. IEEE1516 系列标准，对推动分布交互仿真发展发挥了重要的作用。国外军用仿真标准规范是全方位覆盖的，复杂仿真系统开发是一项系统工程，因此必须管理和技术两方面并重，这也是对未来仿真标准规范研究的重要要求。

5. 虚拟样机技术

虚拟样机技术是将先进的仿真与建模技术、多领域的数字化设计技术、交互式用户界面技术和 VR 技术综合应用于产品开发的一项综合性技术，是一种基于计算机仿真的产品数字化设计方法。人们利用虚拟样机代替物理样机对产品进行创新设计、测试和评估，可以将不同工程领域的开发模型结合在一起，使设计者在物理样机生产出来前就可进行有效的、可验证的设计工作。虚拟样机技术在国外已得到广泛重视和研究应用，并有相应的支持虚拟样机技术的软件产品问世，如 ADMAS 等。

可见，目前世界各国特别重视军用仿真技术的发展和应用工作。建模与仿真的最新成果，往往被率先应用于军事领域，在高技术条件下局部战争“体系与体系对抗”的需求牵引下，系统仿真将向更高、更全面的方面发展。目前大规模的作战模拟系统开发计划正向涵盖技术、战术、战役和战略各层次的体系对抗仿真方向发展。

1.4 系统建模与仿真

本质上讲，系统数学模型是从系统概念出发的关于现实世界的一小部分或几个方面的抽象的“映像”。为此，系统数学模型的建立需要建立如下抽象：输入、输出、状态变量及其间的函数关系。这种抽象过程称为模型构造。抽象中，必须联系真实系统与建模目标，其中描述变量起着很重要的作用，它可观测，或不可观测。

从外部对系统施加影响或干扰的可观测变量称为输入变量。

系统对输入变量的响应结果称为输出变量。

输入、输出变量对的集合，表征着真实系统的“输入-输出”性状（关系）。

综上所述，真实系统可视为产生一定性状数据的信息源，而模型则是产生与真实系统相同性状数据的一些规则、指令的集合，抽象在其中则起着媒介作用。系统数学建模就是将真实系统抽象成相应的数学表达式（一些规则、指令的集合）。

所谓系统仿真（system simulation），就是根据系统分析的目的，在分析系统各要素性质及其相互关系的基础上，建立能描述系统结构或行为过程的、且具有一定逻辑关系或数量关系的仿真模型，据此进行试验或定量分析，以获得正确决策所需的各种信息。

系统仿真的实质是：

(1)它是一种对系统问题求数值解的计算技术。尤其当系统无法通过建立数学模型求解时，利用仿真技术能有效处理。

(2)仿真是一种人为的试验手段。它和现实系统试验的差别在于，仿真试验不是依据实际环境，而是作为实际系统映像的系统模型以及相应的“人造”环境下进行的。这是仿真的主要功能。

(3)仿真可以比较真实地描述系统的运行、演变及其发展过程。

1.4.1 系统模型的一般描述及描述级

1. 系统模型的一般描述

一个系统的数学模型可以用以下七元组集合来描述：

$$S=(T,U,\Omega,X,Y,\delta,\lambda)$$

其中，

T:时间基，描述系统变化的时间坐标，T 为整数则称为离散时间系统，T 为实数则称为连续时间系统。

U:输入集，代表外部环境对系统的作用。

Ω:输入段集，描述某个时间间隔内的输入模式，是 (U,T) 的一个子集。

X:内部状态集，描述系统内部状态量，是系统内部结构建模的核心。

δ:状态转移函数，定义系统内部状态是如何变化的，是一个映射。

Y:输出集，系统通过它作用于环境。

λ:输出函数，是一个映射，给出了一个输出段集。

2. 系统模型描述级(水平)

按照系统论的观点，实际系统可在某种级（水平）上被分解，因此系统的数学模型可以有不同的描述级（水平）。

(1) 性状描述级。性状描述级或称为行为描述级（行为水平）。在此级上描述系统是将系统看成黑箱，并施加输入信号，同时测得输出响应，结果是得出一个输入-输出对 (ω,ρ) 及其关系 $Rs=\{(\omega,\rho):\Omega,\omega,\rho\}$。

因此，系统的性状级描述只给出输入-输出观测结果。其模型为五元组集合结构：

$$S=(T,U,\Omega,Y,R)$$

当 ω,ρ 满足 $\rho=f(\omega)$ 函数关系时，其集合结构变为

$$S=(T,U,X,Y,F)$$

(2) 状态描述级。在状态结构级（状态结构水平）上，系统模型不仅能反映输入-输出关

系，而且应能反映出系统内部状态，以及状态与输入、输出间的关系，即不仅定义了系统的输入与输出，而且定义了系统内部的状态集及状态转移函数。

系统的数学模型对于动态结构可用七元组集合来描述，即

$$S=(T,U,\Omega,X,Y,\delta,\lambda)$$

对于静态结构有

$$S=(U,X,Y,\lambda)$$

(3)复合结构级。系统一般由若干个分系统组成，对每个分系统都以行为级描述，被视为系统的一个“部件”。这些部件有其本身的输入、输出变量，以及部件间的连接关系和接口。于是，可以建立起系统在复合结构级(分解结构级)上的数学模型。

这种复合结构级描述是复杂系统和大系统建模的基础。

应该强调：

系统分解为复合结构是无止境的，即每个分系统还会有自己的复合结构；

一个有意义的复合结构描述只能给出唯一的状态结构描述，而一个有意义的状态结构描述本身只有唯一的性状(行为)描述；

上述系统概念必须允许分解停止，又允许进一步分解，即包含递归可分解性。

1.4.2　系统仿真的研究内容

1. 仿真三要素

系统仿真的三要素是系统、模型、计算机，如图1－3所示。

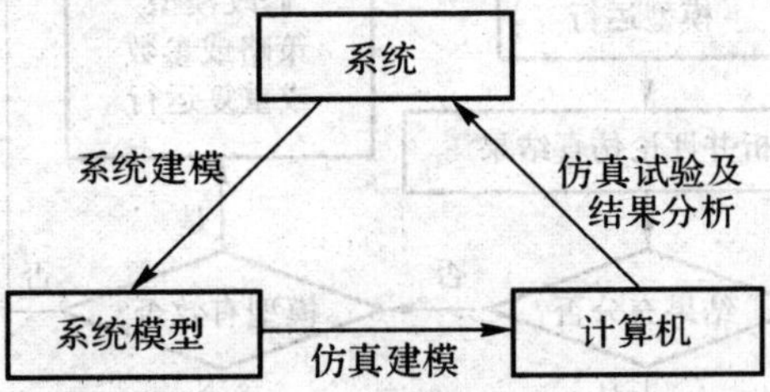

图1－3　系统仿真三要素

联系三者的三个基本活动：

系统建模：一直是研究的重点，技术成熟，包括抽象的公式、定理等，需要结合相关专业知识。

仿真建模：难点之一，先要设计算法使系统模型能被计算机所接受，然后编程，再在计算机上运行，由此产生仿真算法、仿真软件，技术较为成熟。

仿真试验及结果分析：最有实际意义，但常常被忽略，技术难点多。

2. 系统仿真的基本步骤

系统仿真过程即建立模型并通过模型在计算机上的运行对模型进行检验、修正和分析的过程。与软件开发类似，可以分为若干阶段。系统仿真的基本步骤如图1－4所示。

系统定义：求解问题前，先要提出明确的准则来描述系统目标及是否达到的衡量标准，其次必须描述系统的约束条件，再确定研究范围，即哪些实体属于要研究的系统，哪些实体属于

系统的环境。

(1)构造模型:抽象真实系统,并规范化,确定模型要素、变量、参数及其关系,表达约束条件;要求以研究目标为出发点,模型性质尽量接近原系统,尽可能简化,易于理解、操作和控制。

(2)数据准备:收集数据,决定使用方式,数据完整性、有效性检验,用来确定模型参数。

(3)模型转换:用计算机语言(高级语言或者专用仿真语言)描述数学模型。

(4)模型运行:获取被研究系统的信息,预测系统运行情况,一般是动态过程,常反复运行以获得足够的试验数据。

分析并评论仿真结果:仿真技术包括了某些主观的方法,如抽象化、直观感觉和设想等,在提交仿真报告前,应全面分析和论证仿真结果。

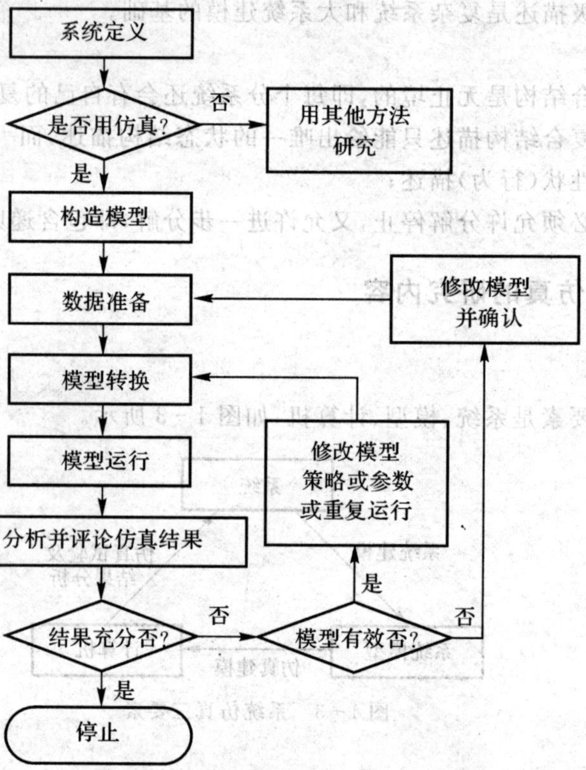

图 1-4 系统仿真的基本步骤

3. 系统仿真的应用

现代仿真技术经过近 50 年的发展与完善,已经在各行各业做出卓越贡献,同时也充分体现出其在科技发展与社会进步中的重要作用。

(1)航空与航天工业。对于航空与航天工业的产品来说,系统的庞杂、造价的高昂等因素促成了其必须建立起完备的仿真试验体系。在美国,1958 年所进行的四次发射全部失败了,1959 年的发射成功率也不过 57%。通过对实际经验的不断总结,美国宇航局逐步建立了一整套仿真试验体系,到了 20 世纪 60 年代发射成功率达到 79%,在 70 年代发射成功率已达到 91%,近年来,其空间发射计划已很少有不成功的情况了。

(2)电力工业。电力系统是最早采用仿真技术的领域之一。在电力系统负荷分配、瞬态稳定性以及最优潮流等方面，国内较早地采用了数字仿真技术，取得了显著的经济效益。在三峡水利工程的子项目——大坝排沙系统工程——的设计中，设计人员也采用了物理仿真的方法，取得了较完善的研究成果。

近年来，国内在电站操作人员培训模拟系统的研制上，达到了国际先进水平，为仿真技术的应用开辟了广阔的前景。

(3)原子能工业。由于能源的日趋紧张，原子能的和平利用在世界范围内为人们广泛重视，随着核反应堆的尺寸与功率的不断增加，整个原子能电站运行的稳定性、安全性与可靠性等问题成为必须要解决的问题。因此，几乎大部分核电站都建有相应的仿真系统，许多仿真器是全尺寸的，即仿真系统与真实系统是完全一致的，只是对象部分，如反应堆、涡轮发电机有关的动力装置是用计算机来模拟的。核电站仿真器用来训练操作人员以及研究异常故障的排除和处理，对于保证系统的安全运行是十分重要的。目前，我国及世界各主要核技术先进国家在这方面均建立了相当规模的仿真试验体系，并取得了可观的成果。

(4)石油、化工及冶金工业。石油、化工生产过程中有一个显著的特点就是过程缓慢，而且往往过程控制、生产管理、生产计划、经济核算等混在一起，使得综合效益指标难以预测与控制。因此，仿真试验成为石油、化工及冶金系统设计与分析研究的基本手段，仿真技术对这些领域的技术进步也不同程度地起到了促进作用。

4. 系统仿真的发展现状及发展趋势

(1)系统仿真的发展现状。工程系统仿真作为虚拟设计技术的一部分，与控制仿真、视景仿真、结构和流体计算仿真、多物理场以及虚拟布置和装配维修等技术一起，在贯穿产品的设计、制造和运行维护改进乃至退役的全寿命周期技术活动中，发挥着重要的作用，同时也在满足越来越高和越来越复杂的要求。因此，工程系统仿真技术也就迅速地发展到了协同仿真阶段。其主要特征表现为下述几方面。

1)控制器和被控对象的联合仿真：Matlab＋AMESIM，可以覆盖整个自动控制系统的全部要求。

2)被控对象的多学科、跨专业的联合仿真：AMESIM＋机构动力学＋CFD＋THERMAL＋电磁分析。

3)实时仿真技术：实时仿真技术是由仿真软件与仿真机等半实物仿真系统联合实现的，通过物理系统的实时模型来测试成型或者硬件控制器。

4)集成设计平台：现代研发制造单位，尤其是设计研发和制造一体化的大型单位，引进PDM/PLM系统已经成为信息化建设的潮流。在复杂的数据管理流程中，系统仿真作为CAE工作的一部分，被要求嵌入流程，与上下游工具配合。

5)超越仿真技术本身：工程师不必是精通数值算法和仿真技术的专家，而只需要关注自己的专业对象，其他大量的模型建立、算法选择和数据前后处理等工作都交给软件自动完成。这一技术特点极大地提高了仿真的效率，降低了系统仿真技术的应用门槛，避免了因为不了解算法造成的仿真失败。

6)构建虚拟产品：在通过建立虚拟产品进行开发和优化的过程中，关注以各种特征值为代表的系统性能，实现多方案的快速比较。

(2)系统仿真技术的发展趋势。

1)摒弃单一专业的仿真。单一专业仿真将退出系统设计的领域。作为总体优化的系统级设计分析工具，必要条件之一是跨专业、多学科协同仿真。

2)跟随计算技术的发展。随着计算技术在软硬件方面的发展，大型工程软件系统开始有减少模型的简化、减少模型解耦的趋势，力争从模型和算法上保证仿真的准确性。更强更优化的算法，配合专业的库，将提高大型工程对象的系统整体仿真的可能性。在高性能计算方面，将支持包括并行处理、网格计算技术和高速计算系统等技术。

3)平台化。要求仿真工具能够提供建模、运算、数据处理(包括二次开发后的集成和封装)、数据传递等全部仿真工作流程要求的功能，并且通过数据流集成在更大的 PDM/PLM 平台上。同时，在时间尺度上支持全开发流程的仿真要求，在空间尺度上支持不同开发团队甚至是交叉型组织架构间的协同工作以及数据的管理。

4)整合和细分市场。

整合化：将出现主流的标准工具。其特征是功能涵盖了现代工业领域的主要系统仿真需求，并与其他主流软件工具通过接口或后台关系数据库级别的数据交互，有协同工作的能力；软件自身的技术进展迅速，具有强大的发展后劲。

专业化：随着市场需求的细分，走专业化道路，将出现极专业的工具。这些工具将在某些具体的专业领域提供深入研究的特殊支持，如开发特殊的库或模型，专注于具有鲜明行业特征的技术，满足特殊的行业标准。以后将出现整合型工具和专业化工具互补的局面。

智能化。将引进更加友好的操作界面、智能化的求解器及模型管理。不断改进 GUI，让软件使用者直接体验到数值计算专家开发的后台工具提供的强大功能，同时减少软件学习和使用的困难。提供易学易用的强大工具。

第2章　系统的数学模型

第1章论述了有关系统和模型的基本概念，系统是研究的对象，模型是系统行为特性的描述，仿真则是建立在模型上的试验。任何系统的动态特性都取决于两大因素，即内因（系统的结构、参数、结构状态）和外因（输入信息和干扰等）。换句话说，任何一个实际系统，不论它是电的、机械的还是液压的，也不论是生物学的还是经济学的，只要能把它的内外两大因素都用数学表达式描述出来，也就是得到了系统的数学模型。有了它，便可以在计算机上研究实际系统的动态特性了。建立系统的数学模型应遵循以下基本原则：

(1)清晰性：系统模型是由许多分系统、子系统模型构成的，在模型与模型间，除了研究目的需要的信息联系外，相互耦合要尽可能少，结构尽可能清晰。

(2)切题性：模型只应包括与研究目的有关的那些信息，而不是一切方面。对于同一个系统，模型不是唯一的，研究目的不同，模型也不同。

(3)精确性：建立系统模型时，应该考虑所收集的用以建立模型的信息的精确度，要根据所研究问题的性质和所要解决的问题来确定对精确度的要求。对于不同的工程，精确度要求是不一样的。即使对于同一个工程，由于研究的问题不同，精确度要求也可能不一样。

(4)集合性：指把一些个别的实体能组成更大实体的程度，对于一个系统实体的分割，在可能时应尽量合并为大的实体。

本章主要讲述常用的连续时间系统和离散时间系统的数学模型和各种模型间的转换。

2.1　连续时间系统的数学模型

2.1.1　常用的连续时间系统数学模型

常用的连续时间系统数学模型有以下几种。

1. 微分方程

设系统的输入为 $u(t)$，输出为 $y(t)$，它们之间的关系，即系统的微分方程为

$$\frac{\mathrm{d}^n y(t)}{\mathrm{d}t^n}+a_{n-1}\frac{\mathrm{d}^{n-1} y(t)}{\mathrm{d}t^{n-1}}+\cdots+a_1\frac{\mathrm{d}y(t)}{\mathrm{d}t}+a_0 y(t)=b_m\frac{\mathrm{d}^m u(t)}{\mathrm{d}t^m}+b_{m-1}\frac{\mathrm{d}^{m-1} u(t)}{\mathrm{d}t^{m-1}}+\cdots+b_1\frac{\mathrm{d}u(t)}{\mathrm{d}t}+b_0 u(t)\quad (m\leqslant n) \tag{2.1}$$

式中，$a_i(i=0,1,\cdots,n-1)$，$b_j(j=0,1,\cdots,m)$ 为常系数。

2. 传递系数

对式(2.1)两边进行拉普拉斯变换，并假设 $y(t)$ 和 $u(t)$ 及各阶导数的初值为零，则可得

$$s^n Y(s)+a_{n-1}s^{n-1}Y(s)+\cdots+a_1 sY(s)+a_0 Y(s)=b_m s^m U(s)+b_{m-1}s^{m-1}U(s)+\cdots+b_0 U(s) \tag{2.2}$$

设系统的传递函数为

$$G(s)=\frac{Y(s)}{U(s)} \tag{2.3}$$

则有

$$G(s)=\frac{b_m s^m+b_{m-1}s^{m-1}+\cdots+b_1 s+b_0}{s^n+a_{n-1}s^{n-1}+\cdots+a_1 s+a_0} \tag{2.4}$$

3. 状态空间表达式

为描述系统的内部特性，引入状态变量。动态系统的状态变量是指能完全描述系统行为的最小一组变量，用向量 $\boldsymbol{X}$ 表示。状态空间表达式由以下状态方程和输出方程组成：

$$\left.\begin{aligned}\dot{\boldsymbol{X}}&=\boldsymbol{A}_{n\times n}\boldsymbol{X}+\boldsymbol{B}_{n\times r}\boldsymbol{u}\\ \boldsymbol{y}&=\boldsymbol{C}_{m\times n}\boldsymbol{X}+\boldsymbol{D}_{m\times r}\boldsymbol{u}\end{aligned}\right\} \tag{2.5}$$

式中，$\boldsymbol{X}=[x_1\quad x_2\quad\cdots\quad x_n]^{\mathrm{T}}$ 为 n 维状态向量；$\boldsymbol{u}$ 为 r 维输入向量；$\boldsymbol{y}$ 为 m 维输出向量；$\boldsymbol{A}_{n\times n}$ 为系统矩阵；$\boldsymbol{B}_{n\times r}$ 为输入矩阵；$\boldsymbol{C}_{m\times n}$ 为输出矩阵；$\boldsymbol{D}_{m\times r}$ 为直传矩阵。

4. 结构图表示

结构图是系统中每个元件或环节的功能和信号流向的图解表示，它比较直观，对单输入单输出线性系统通过结构图变换可很容易得出整个系统的传递函数；而对多输入多输出或具有非线性环节的系统也可通过面向结构图的仿真方法得到系统的动态特性。图 2-1 所示为一线性系统的结构图。

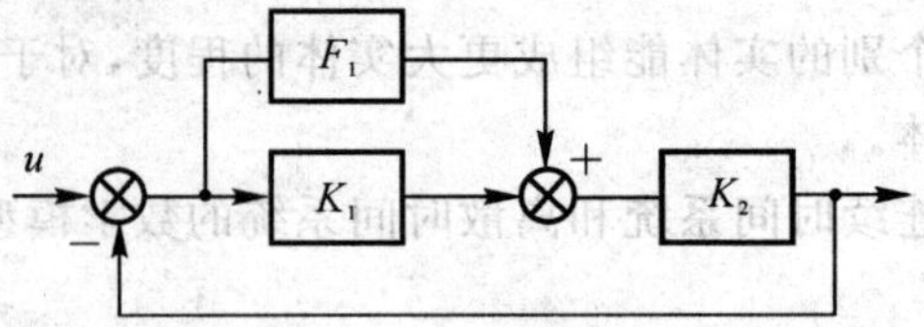

图 2-1　线性系统的结构图

2.1.2　数学模型之间的转换

对于一个连续时间系统，微分方程和传递函数仅仅描述了它们的外部特性，即确定了输入量与输出量之间的关系，称为系统外部模型。状态方程引入了系统的内部变量 —— 状态变量，因而状态方程描述了系统的内部特性，称为系统内部模型。本节介绍外部模型（微分方程、传递函数）与内部模型（状态方程）之间的转换。

1. 化微分方程为状态方程

系统的微分方程见式（2.1），系统不含输入量的导数项，即

$$\frac{\mathrm{d}^n y(t)}{\mathrm{d}t^n}+a_{n-1}\frac{\mathrm{d}^{n-1}y(t)}{\mathrm{d}t^{n-1}}+\cdots+a_1\frac{\mathrm{d}y(t)}{\mathrm{d}t}+a_0 y(t)=u(t) \tag{2.6}$$

引入状态变量

$$\left.\begin{aligned} x_1 &= y \\ x_2 &= \dot{y} \\ &\cdots\cdots \\ x_n &= \dot{x}_{n-1} = y^{(n-1)} \end{aligned}\right\} \tag{2.7}$$

则有

$$\left.\begin{aligned} \dot{x}_1 &= x_2 \\ \dot{x}_2 &= x_3 \\ &\cdots\cdots \\ \dot{x}_{n-1} &= x_n \\ \dot{x}_n &= -a_0x_1 - a_1x_2 - \cdots - a_{n-1}x_n + u \end{aligned}\right\} \tag{2.8}$$

把式(2.6)的微分方程写成矩阵形式为

$$\dot{\boldsymbol{X}} = \begin{bmatrix} \dot{x}_1 \\ \dot{x}_2 \\ \vdots \\ \dot{x}_n \end{bmatrix} = \begin{bmatrix} 0 & 1 & 0 & \cdots & 0 \\ 0 & 0 & 1 & \cdots & 0 \\ \vdots & \vdots & \vdots & & \vdots \\ -a_0 & -a_1 & -a_2 & \cdots & -a_{n-1} \end{bmatrix} \begin{bmatrix} x_1 \\ x_2 \\ \vdots \\ x_n \end{bmatrix} + \begin{bmatrix} 0 \\ 0 \\ \vdots \\ 1 \end{bmatrix} \boldsymbol{u} \tag{2.9}$$

$$\boldsymbol{y} = [1 \quad 0 \quad 0 \quad \cdots \quad 0]\boldsymbol{X}$$

简写成

$$\left.\begin{aligned} \dot{\boldsymbol{X}} &= \boldsymbol{AX} + \boldsymbol{Bu} \\ \boldsymbol{y} &= \boldsymbol{CX} \end{aligned}\right\} \tag{2.10}$$

若系统中含有输入量的导数(一般输入导数项的次数小于或等于系统的阶数 n,即 $m \leqslant n$)。这里以 $m = n$ 为例说明。系统微分方程见式(2.1),其中 $m = n$。

取状态变量

$$\begin{cases} x_1 = y - \beta_0 u \\ x_i = x_{i-1} - \beta_{i-1} u \quad (i = 2, \cdots, n) \end{cases}$$

可以推出(读者可自己推导)

$$\begin{cases} \dot{x}_1 = x_2 + \beta_1 u \\ \dot{x}_2 = x_3 + \beta_2 u \\ \cdots\cdots \\ \dot{x}_{n-1} = x_n + \beta_{n-1} u \\ \dot{x}_n = -a_0x_1 - a_1x_2 - \cdots - a_{n-1}x_{n-1} + \beta_n u \\ y = x_1 + \beta_0 u \end{cases}$$

则同样可得状态空间模型为

$$\left.\begin{aligned} \dot{\boldsymbol{X}} &= \boldsymbol{AX} + \boldsymbol{Bu} \\ \boldsymbol{y} &= \boldsymbol{CX} + \boldsymbol{Du} \end{aligned}\right\} \tag{2.11}$$

其中

$$\boldsymbol{A} = \begin{bmatrix} 0 & 1 & 0 & \cdots & 0 \\ 0 & 0 & 1 & \cdots & 0 \\ \vdots & \vdots & \vdots & & \vdots \\ -a_0 & -a_1 & -a_2 & \cdots & -a_{n-1} \end{bmatrix}$$

$$\boldsymbol{B}=\begin{bmatrix}\beta_1\\ \beta_2\\ \vdots\\ \beta_n\end{bmatrix},\quad \beta_i=b_{n-i}-\sum_{j=1}^{i}a_{n-j}\beta_{i-j}\quad(i=0,1,\cdots,n)$$

$$\boldsymbol{C}=[1\quad 0\quad \cdots\quad 0]$$

$$\boldsymbol{D}=\beta_0$$

由于选取的状态变量不同,所得到的状态方程也不一样,即转换方程不唯一。由线性系统理论还可将微分方程转换成可控标准型和可观标准型,请读者参阅有关文献。

例 2-1 设系统微分方程为

$$\dddot{y}+6\ddot{y}+11\dot{y}+6y=6u$$

式中,y 为输出量;u 为输入量。试求系统的状态空间表达式。

解 选取状态变量为 $x_1=y,x_2=\dot{y},x_3=\ddot{y}$,并将 x_1,x_2,x_3 代入原方程,得

$$\begin{cases}\dot{x}_1=x_2\\ \dot{x}_2=x_3\\ \dot{x}_3=-6x_1-11x_2-6x_3+6u\end{cases}$$

用矩阵形式表示,则可写成

$$\begin{bmatrix}\dot{x}_1\\ \dot{x}_2\\ \dot{x}_3\end{bmatrix}=\begin{bmatrix}0 & 1 & 0\\ 0 & 0 & 1\\ -6 & -11 & -6\end{bmatrix}\begin{bmatrix}x_1\\ x_2\\ x_3\end{bmatrix}+\begin{bmatrix}0\\ 0\\ 6\end{bmatrix}u$$

$$\boldsymbol{y}=[1\quad 0\quad 0]\begin{bmatrix}x_1\\ x_2\\ x_3\end{bmatrix}$$

2. 化传递函数为状态方程

根据已知的系统传递函数或传递函数矩阵求相应的状态方程称为实现问题。同样对于一个可实现的传递函数或传递函数矩阵其实现不是唯一的。

设系统传递函数表示式为

$$G(s)=\frac{b_{n-1}s^{n-2}+b_{n-2}s^{n-2}+\cdots+b_1s+b_0}{s^n+a_{n-1}s^{n-1}+\cdots+a_1s+a_0}\tag{2.12}$$

现在介绍严格有理真分式的 4 种不同的实现。

(1) 可控标准型。将式(2.12) 改写成

$$G(s)=\frac{1}{s^n+a_{n-1}s^{n-1}+\cdots+a_1s+a_0}(b_{n-1}s^{n-1}+b_{n-2}s^{n-2}+\cdots+b_1s+b_0)=\frac{Z(s)}{U(s)}\frac{Y(s)}{Z(s)}\tag{2.13}$$

将 $\frac{Z(s)}{U(s)}=\frac{1}{s^n+a_{n-1}s^{n-1}+\cdots+a_1s+a_0}$ 和 $\frac{Y(s)}{Z(s)}=b_{n-1}s^{n-1}+b_{n-2}s^{n-2}+\cdots+b_1s+b_0$ 取拉氏反变换,可得

$$\frac{\mathrm{d}^n z(t)}{\mathrm{d}t^n}+a_{n-1}\frac{\mathrm{d}^{n-1}z(t)}{\mathrm{d}t^{n-1}}+\cdots+a_1\frac{\mathrm{d}z(t)}{\mathrm{d}t}+a_0z(t)=u(t)$$

$$y(t)=b_{n-1}\frac{\mathrm{d}^{n-1}z(t)}{\mathrm{d}t^{n-1}}+\cdots+b_1\frac{\mathrm{d}z(t)}{\mathrm{d}t}+b_0z(t)$$

取状态变量为

$$x_1=z,\quad x_2=\dot{z},\quad \cdots,\quad x_n=z^{(n-1)}$$

便可得到可控标准型为

$$\left.\begin{aligned}\dot{\boldsymbol{X}}&=\boldsymbol{AX}+\boldsymbol{B}u\\ y&=\boldsymbol{CX}\end{aligned}\right\}\tag{2.14}$$

其中

$$\boldsymbol{A}=\begin{bmatrix}0&1&0&\cdots&0\\0&0&1&\cdots&0\\\vdots&\vdots&\vdots&&\vdots\\-a_0&-a_1&-a_2&\cdots&-a_{n-1}\end{bmatrix},\quad \boldsymbol{B}=\begin{bmatrix}0\\0\\\vdots\\1\end{bmatrix},\quad \boldsymbol{C}=[b_0\quad b_1\quad\cdots\quad b_{n-1}]$$

(2) 可观标准型。若取一组状态变量

$$\left.\begin{aligned}&x_n=y\\&x_{n-1}=\dot{y}+a_{n-1}y-b_{n-1}u=\dot{x}+a_{n-1}x_n-b_{n-1}u\\&x_{n-2}=\ddot{y}+a_{n-1}\dot{y}+a_{n-2}y-b_{n-1}\dot{u}-b_{n-2}u=\dot{x}_{n-1}+a_{n-2}x_n-b_{n-2}u\\&\cdots\cdots\\&x_1=y^{(n-1)}+a_{n-1}y^{(n-2)}+\cdots+a_1y-b_{n-1}u^{(n-2)}-b_{n-2}u^{(n-3)}-\cdots-b_1u=\\&\quad\dot{x}_2+a_1x_n-b_1u\\&x_0=y^{(n)}+a_{n-1}y^{(n-1)}+\cdots+a_1\dot{y}+a_0y-b_{n-1}u^{(n-1)}-b_{n-2}u^{(n-2)}-\cdots-b_1\dot{u}-b_0u=\\&\quad\dot{x}_1+a_0x_n-b_0u\end{aligned}\right\}\tag{2.15}$$

写成矩阵形式为

$$\left.\begin{aligned}\dot{\boldsymbol{X}}&=\boldsymbol{AX}+\boldsymbol{B}u\\ y&=\boldsymbol{CX}\end{aligned}\right\}\tag{2.16}$$

其中

$$\boldsymbol{A}=\begin{bmatrix}0&0&0&\cdots&-a_0\\1&0&0&\cdots&-a_1\\\vdots&\vdots&\vdots&&\vdots\\0&0&\cdots&1&-a_{n-1}\end{bmatrix},\quad \boldsymbol{B}=\begin{bmatrix}b_0\\b_1\\\vdots\\b_{n-1}\end{bmatrix},\quad \boldsymbol{C}=[0\quad 0\quad\cdots\quad 1]$$

式(2.16)即是可观标准型。

(3) 对角标准型。若传递函数的特征方程

$$s^n+a_{n-1}s^{n-1}+\cdots+a_1s+a_0=0\tag{2.17}$$

有 n 个互异特征值 $\lambda_1,\lambda_2,\cdots,\lambda_n$，将传递函数 $G(s)$ 展开成部分分式的形式

$$G(s)=\frac{c_1}{s-\lambda_1}+\frac{c_2}{s-\lambda_2}+\cdots+\frac{c_n}{s-\lambda_n}\tag{2.18}$$

式中，$c_i=\lim\limits_{x\to\lambda_i}(s-\lambda_i)G(s)\quad(i=1,2,\cdots,n)$。

设

$$\frac{x_1(s)}{u(s)}=\frac{1}{s-\lambda_1},\ \cdots,\ \frac{x_n(s)}{u(s)}=\frac{1}{s-\lambda_n}\tag{2.19}$$

对式(2.17)进行拉氏变换，并取 $x_1,x_2,\cdots,x_n$ 为系统状态变量，则可求得对角标准型为

$$\left.\begin{aligned}\dot{X}&=AX+Bu\\ y&=CX\end{aligned}\right\}\tag{2.20}$$

式中,$A=\mathrm{diag}[\lambda_1,\lambda_2,\cdots,\lambda_n]$;$B=[1\quad 1\quad \cdots\quad 1]^{\mathrm{T}}$;$C=[c_1\quad c_2\quad \cdots\quad c_n]$。

(4) 约当标准型。若传递函数的特征方程有重根,其部分分式展开比较复杂,现在用一个例子来说明,其他情况可以类推。设 λ_1 为 r 重特征值,其余 $(n-r)$ 个特征值互异,则 $G(s)$ 的部分分式为

$$G(s)=\frac{c_{11}}{(s-\lambda_1)^r}+\frac{c_{12}}{(s-\lambda_1)^{r-1}}+\cdots+\frac{c_{1r}}{s-\lambda_1}+\frac{c_{r+1}}{s-\lambda_{r+1}}+\cdots+\frac{c_n}{s-\lambda_n}\tag{2.21}$$

式中

$$c_{1i}=\frac{1}{(i-1)!}\lim_{s\to\lambda_i}\frac{\mathrm{d}^{i-1}}{\mathrm{d}s^{i-1}}[(s-\lambda_i)^r G(s)]\quad (i=1,2,\cdots,r)$$

$$c_j=\lim_{s\to\lambda_j}(s-\lambda_j)G(s)\quad (j=r+1,r+2,\cdots,n)$$

令

$$\frac{x_1(s)}{u(s)}=\frac{1}{(s-\lambda_1)^r},\quad \frac{x_2(s)}{u(s)}=\frac{1}{(s-\lambda_1)^{r-1}},\ \cdots,\ \frac{x_r(s)}{u(s)}=\frac{1}{(s-\lambda_1)}$$

$$\frac{x_j(s)}{u(s)}=\frac{1}{s-\lambda_j}\quad (j=r+1,r+2,\cdots,n)\tag{2.22}$$

取 $x_1,x_2,\cdots,x_n$ 为系统状态变量,则可求得约当标准型为

$$\left.\begin{aligned}\dot{X}&=AX+Bu\\ y&=CX\end{aligned}\right\}\tag{2.23}$$

其中

$$A=\begin{bmatrix}\lambda_1 & 1 & & & & & 0\\ & \lambda_1 & 1 & & & & \\ & & \ddots & \ddots & & & \\ & & & \ddots & 1 & & \\ & & & & \lambda_1 & \ddots & \\ & & & & & \lambda_{r+1} & \\ & & & & & & \ddots \\ 0 & & & & & & \lambda_n\end{bmatrix}$$

$$B=[0\quad 0\quad \cdots\quad 0\quad 1\quad 1\quad \cdots\quad 1]^{\mathrm{T}}$$

$$C=[c_{11}\quad c_{12}\quad \cdots\quad c_{1r}\quad c_{r+1}\quad \cdots\quad c_n]$$

例 2-2 设系统的传递函数为

$$G(s)=\frac{3s^5+6s^4-10s^3+6s+2}{2s^5+4s^4-8s^3+2s+2}$$

试写出其可控标准型和可观标准型。

解 传递函数可写成

$$G(s)=\frac{3s^5+6s^4-10s^3+6s+2}{2s^5+4s^4-8s^3+2s+2}=1.5+\frac{s^3+1.5s-0.5}{s^5+2s^4-4s^3+s+1}$$

由上面的传递函数可直接写出其可控标准型

$$\begin{bmatrix}\dot{x}_1\\ \dot{x}_2\\ \dot{x}_3\\ \dot{x}_4\\ \dot{x}_5\end{bmatrix}=\begin{bmatrix}0&1&0&0&0\\0&0&1&0&0\\0&0&0&1&0\\0&0&0&0&1\\-1&-1&0&4&-2\end{bmatrix}\begin{bmatrix}x_1\\x_2\\x_3\\x_4\\x_5\end{bmatrix}+\begin{bmatrix}0\\0\\0\\0\\1\end{bmatrix}\boldsymbol{u}$$

$$\boldsymbol{y}=[-0.5\quad 1.5\quad 0\quad 1\quad 0]\boldsymbol{X}+1.5\boldsymbol{u}$$

可观标准型为

$$\begin{bmatrix}\dot{x}_1\\ \dot{x}_2\\ \dot{x}_3\\ \dot{x}_4\\ \dot{x}_5\end{bmatrix}=\begin{bmatrix}0&0&0&0&-1\\1&0&0&0&-1\\0&1&0&0&0\\0&0&1&0&4\\0&0&0&4&-2\end{bmatrix}\begin{bmatrix}x_1\\x_2\\x_3\\x_4\\x_5\end{bmatrix}+\begin{bmatrix}-0.5\\1.5\\0\\1\\0\end{bmatrix}\boldsymbol{u}$$

$$\boldsymbol{y}=[0\quad 0\quad 0\quad 0\quad 1]\boldsymbol{X}+1.5\boldsymbol{u}$$

例 2-3 设系统的传递函数为 $G(s)=\dfrac{4s^2+17s+16}{s^3+7s^2+16s+12}$,求其约当标准型。

解 令系统的特征方程 $s^3+7s^2+16s+12=(s+2)^2(s+3)=0$,解得特征根为 $\lambda_1=\lambda_2=-2,\lambda_3=-3$,将传递函数按分母因式展开成部分分式,由式(2.21)得

$$G(s)=\frac{c_{11}}{(s+2)^2}+\frac{c_{12}}{(s+2)}+\frac{c_3}{(s+3)}$$

$$c_{11}=\lim_{s\to -2}(s+2)^2G(s)=-2$$

$$c_{12}=\lim_{s\to -2}\frac{\mathrm{d}}{\mathrm{d}t}[(s+2)^2G(s)]=3$$

$$c_3=\lim_{s\to -3}(s+3)G(s)=1$$

因此得到系统的约当标准型为

$$\begin{bmatrix}\dot{x}_1\\ \dot{x}_2\\ \dot{x}_3\end{bmatrix}=\begin{bmatrix}-2&1&0\\0&-2&0\\0&0&-3\end{bmatrix}\begin{bmatrix}x_1\\x_2\\x_3\end{bmatrix}+\begin{bmatrix}0\\1\\1\end{bmatrix}\boldsymbol{u}$$

$$\boldsymbol{y}=[-2\quad 3\quad 1]\begin{bmatrix}x_1\\x_2\\x_3\end{bmatrix}$$

3. 化状态方程为传递函数

设系统的状态空间表达式见式(2.11),其相应的传递函数矩阵为

$$\boldsymbol{G}(s)=\boldsymbol{C}(s\boldsymbol{I}-\boldsymbol{A})^{-1}\boldsymbol{B}+\boldsymbol{D} \tag{2.24}$$

其中多项式矩阵($s\boldsymbol{I}-\boldsymbol{A}$)求逆的方法有多种,这里介绍一种适用于计算机求解的SFF(Souriau-Frame-Faddeev)算法。设

$$(s\boldsymbol{I}-\boldsymbol{A})=\frac{\mathrm{adj}(s\boldsymbol{I}-\boldsymbol{A})}{\det(s\boldsymbol{I}-\boldsymbol{A})}=\frac{Q(s)}{\phi(s)} \tag{2.25}$$

式中

$$\phi(s)=s^n+a_{n-1}s^{n-1}+\cdots+a_1s+a_0 \tag{2.26}$$

$$Q(s)=Q_{n-1}s^{n-1}+Q_{n-2}s^{n-2}+\cdots+Q_2s^2+Q_1s+Q_0 \tag{2.27}$$

则 a_k 和 $\boldsymbol{Q}_k$ 可由以下递推公式给出：

$$\left.\begin{aligned}&\boldsymbol{Q}_{n-1}=\boldsymbol{I}_n\\&a_{n-k}=-\frac{1}{k}\mathrm{tr}(\boldsymbol{AQ}_{n-k})\quad(k=1,2,\cdots,n)\\&\boldsymbol{Q}_{n-k}=\boldsymbol{AQ}_{n-k+1}+a_{n-k+1}\boldsymbol{I}_n\quad(k=1,2,\cdots,n)\end{aligned}\right\} \tag{2.28}$$

证明　式(2.25)两边同乘$(s\boldsymbol{I}-\boldsymbol{A})$，则得

$$(s\boldsymbol{I}-\boldsymbol{A})Q(s)=\phi(s)\boldsymbol{I} \tag{2.29}$$

将式(2.26)和式(2.27)带入式(2.29)，并比较方程两边 s 的同幂次系数矩阵，令其必须相等，即可得到计算 $\boldsymbol{Q}_k$ 的递推公式。现在再来证明 a_k 的递推公式：

设$\{\lambda_k\}$ $(k=1,2,\cdots,n)$为 $\boldsymbol{A}$ 的特征值，则有

$$\mathrm{tr}(\boldsymbol{A})=\sum_{k=1}^{n}\lambda_k$$

及

$$\mathrm{tr}(\boldsymbol{A}^r)=\sum_{k=1}^{n}\lambda_k^r\overset{\text{def}}{=\!=}S_r\quad(r=1,2,\cdots) \tag{2.30}$$

由式(2.26)，有

$$\phi(s)=\prod_{k=1}^{n}(s-\lambda_k) \tag{2.31}$$

因而

$$\frac{\mathrm{d}\phi(s)}{\mathrm{d}s}=ns^{n-1}+(n-1)a_{n-1}s^{n-2}+(n-2)a_{n-2}s^{n-3}+\cdots+a_1=\sum_{k=1}^{n}\frac{\phi(s)}{s-\lambda_k} \tag{2.32}$$

对于任意 λ，由除法公式可得

$$\begin{aligned}\frac{\phi(s)}{s-\lambda}=&s^{n-1}+(\lambda+a_{n-1})s^{n-2}+(\lambda^2+a_{n-1}\lambda+a_{n-2})s^{n-3}+\cdots+\\&(\lambda^{n-1}+a_{n-1}s_{n-2}+\cdots+a_2\lambda+a_1)+\frac{\phi(\lambda)}{s-\lambda}\end{aligned} \tag{2.33}$$

将 $\lambda=\lambda_1,\lambda_2,\cdots,\lambda_n$ 分别带入式(2.33)后再相加，且考虑到 $\phi(\lambda_k)=0\,(k=1,2,\cdots,n)$，则有

$$\begin{aligned}\frac{\mathrm{d}\phi(s)}{\mathrm{d}s}=&ns^{n-1}+(s_1+na_{n-1})s^{n-2}+(s_2+a_{n-1}s_1+na_{n-2})s^{n-3}+\cdots+\\&(s_{n-1}+a_{n-1}s_{n-2}+\cdots+a_2s_1+na_1)\end{aligned} \tag{2.34}$$

比较式(2.34)和式(2.32)，并由式(2.26)可得

$$s_k+a_{n-1}s_{k-1}+\cdots+a_{n-k+1}s_1+ka_{n-k}=0\quad(k=1,2,\cdots,n) \tag{2.35}$$

式(2.35)就是根和系数关系的牛顿公式。

由式(2.30)和式(2.35)得

$$\begin{aligned}a_{n-k}=&-\frac{1}{k}[\mathrm{tr}(\boldsymbol{A}^k)+a_{n-1}\mathrm{tr}(\boldsymbol{A}^{k-1})+\cdots+a_{n-k+1}\mathrm{tr}(\boldsymbol{A})]=\\&-\frac{1}{k}\mathrm{tr}(\boldsymbol{A}^k+a_{n-1}\boldsymbol{A}^{k-1}+\cdots+a_{n-k+1}\boldsymbol{A})\quad(k=1,2,\cdots,n)\end{aligned} \tag{2.36}$$

而根据式(2.28)，有

$$\boldsymbol{Q}_{n-1}=\boldsymbol{AQ}_{n-k+1}+a_{n-k+1}\boldsymbol{I}=\boldsymbol{A}(\boldsymbol{AQ}_{n-k+2}+a_{n-k+2}\boldsymbol{I})+a_{n-k+1}\boldsymbol{I}=\cdots=$$

$$A^{k-1}+a_{n-1}A^{k-2}+\cdots+a_{n-k+2}A+a_{n-k+1}I$$

于是，由式(2.36)，可得

$$a_{n-k}=-\frac{1}{k}\mathrm{tr}(AQ_{n-k})$$

经过式(2.28)递推计算求得 $\phi(s)$，$Q(s)$ 之后，即可代入式(2.24)计算 $G(s)$，则

$$G(s)=\frac{CQ(s)B+D\phi(s)}{\phi(s)}=\frac{\psi(s)}{\phi(s)} \tag{2.37}$$

式中

$$\psi(s)=\psi_n s^n+\psi_{n-1}s^{n-1}+\cdots+\psi_1 s+\psi_0 \tag{2.38}$$

其中

$$\psi_{n-k}=CQ_{n-k}B+Da_{n-k}\quad(k=0,1,\cdots,n) \tag{2.39}$$

并规定 $Q_n=O$，$a_n=1$。

这里 $G(s)$ 是一个矩阵，其 (i,j) 元素

$$G_{ij}(s)=\frac{\psi_{ij}(s)}{\phi(s)} \tag{2.40}$$

为第 i 输出对第 j 输入的传递函数，即

$$Y_i(s)=G_{ij}(s)U_j(s) \tag{2.41}$$

其具体步骤归纳如下：

(1) 输入系统矩阵 A,B,C,D。

(2) $Q_n=O$，$a_n=1$，$Q_{n-1}=I$，$k\leftarrow1$。

(3) $a_{n-k}\leftarrow-\frac{1}{k}\mathrm{tr}(AQ_{n-k})$。

(4) 若 $k=n$，则转第(8)步，否则转第(5)步。

(5) $k\leftarrow k+1$。

(6) $Q_{n-k}\leftarrow AQ_{n-k+1}+a_{n-k+1}I$。

(7) 转第(5)步。

(8) $\psi_{n-k}\leftarrow CQ_{n-k}B+Da_{n-k}\ (k=0,1,\cdots,n)$。

(9) 输出 a_{n-k} 和 $\psi_{n-k}\ (k=0,1,\cdots,n)$。

4. 化系统结构图为状态方程

设图 2-2 所示为一个一般系统的结构图，其中每个环节的传递函数 $G_i(s)\ (i=1,2,\cdots,l)$ 可用多项式表示，也可用零极点表示。

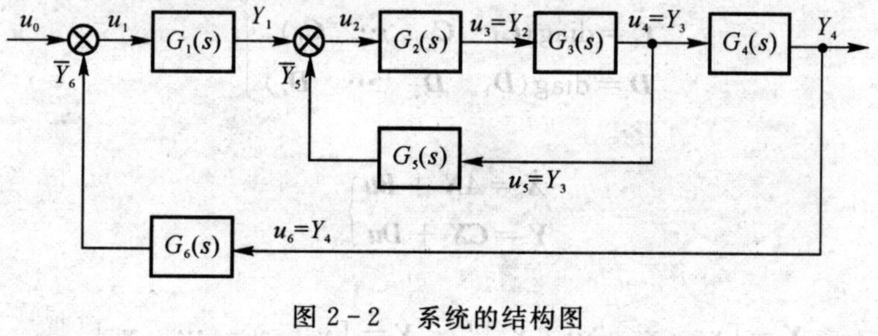

图 2-2 系统的结构图

$$G_i(s)=\frac{b^i_{m_i}s^{m_i}+b^i_{m_i-1}s^{m_i-1}+\cdots+b^i_1 s+b^i_0}{s^{n_i}+a^i_{n_i-1}s^{n_i-1}+\cdots+a^i_1 s+a^i_0}\quad (m_i\leqslant n_i)$$

或

$$G_i(s)=\frac{K_i(s-Z^i_1)(s-Z^i_2)\cdots(s-Z^i_{m_i})}{(s-P^i_1)(s-P^i_2)\cdots(s-P^i_n)}(m_i\leqslant n_i)$$

各个方块之间的连接方式可用一个连接矩阵 $\boldsymbol{Z}$ 来表示，即

$$\boldsymbol{Z}=(Z_{ij})_{l\times l}\tag{2.42}$$

其中每一个元素 $Z_{ij}(i=1,2,\cdots,l;j=1,2,\cdots,l)$ 表示各环节之间的连接关系，l 为方块数。当 $Z_{ij}=K$ 时，则表示第 j 方块的输出乘以 K 之后再输入到第 i 环节中去。因此 $Z_{ij}=1$ 表示直接连接；$Z_{ij}=0$ 表示不连接；负号则表示负输入。对于图 2-2 所示系统容易写出：

$$\boldsymbol{Z}=\begin{bmatrix}0&0&0&0&0&-1\\1&0&0&0&-1&0\\0&1&0&0&0&0\\0&0&1&0&0&0\\0&0&1&0&0&0\\0&0&0&1&0&0\end{bmatrix}$$

可用计算机程序实现转换，其算法步骤归纳如下：

(1) 输入方块数 l 以及各块传递函数 $G_i(s)$ 的参数。对于多项式输入 a_i，$b_j(i=1,2,\cdots,n_i;j=1,2,\cdots,m_i)$；对于零极点输入 $P_i,Z_j(i=1,2,\cdots,n_i;j=1,2,\cdots,m_i)$。

(2) 输入连接矩阵元素 $Z_j(i=1,2,\cdots,l;j=1,2,\cdots,l)$。

(3) 若 $G_i(s)$ 为零极点输入，则须通过子程序变换成多项式形式。

(4) 将全部 $G_i(s)$ 变换成状态空间，并用能控标准型表示为

$$\boldsymbol{A}_i=\begin{bmatrix}0&&&\\\vdots&&\boldsymbol{I}_{n_i-1}&\\0&&&\\-a^i_0&-a^i_1&\cdots&-a^i_{n_i-1}\end{bmatrix},\quad \boldsymbol{B}_i=\begin{bmatrix}0\\\vdots\\0\\1\end{bmatrix},\quad \boldsymbol{C}_i=[\gamma^i_1\quad\gamma^i_2\quad\cdots\quad\gamma^i_{n_i}],\ \boldsymbol{D}_i=\boldsymbol{b}^i_{n_i}$$

式中，$\gamma^i_j=b^i_{j-1}-b^i_{n_i}a^i_{j-1}(j=1,2,\cdots,n)$。

(5) 由 $\boldsymbol{A}_i,\boldsymbol{B}_i,\boldsymbol{C}_i,\boldsymbol{D}_i(i=1,2,\cdots,l)$ 组成以下 4 个对角块阵

$$\left.\begin{aligned}\boldsymbol{A}&=\mathrm{diag}(\boldsymbol{A}_1\quad\boldsymbol{A}_2\quad\cdots\quad\boldsymbol{A}_l)\\\boldsymbol{B}&=\mathrm{diag}(\boldsymbol{B}_1\quad\boldsymbol{B}_2\quad\cdots\quad\boldsymbol{B}_l)\\\boldsymbol{C}&=\mathrm{diag}(\boldsymbol{C}_1\quad\boldsymbol{C}_2\quad\cdots\quad\boldsymbol{C}_l)\\\boldsymbol{D}&=\mathrm{diag}(\boldsymbol{D}_1\quad\boldsymbol{D}_2\quad\cdots\quad\boldsymbol{D}_l)\end{aligned}\right\}\tag{2.43}$$

并组成系统

$$\left.\begin{aligned}\dot{\boldsymbol{X}}&=\boldsymbol{AX}+\boldsymbol{Bu}\\\boldsymbol{Y}&=\boldsymbol{CX}+\boldsymbol{Du}\end{aligned}\right\}\tag{2.44}$$

式中

$$\boldsymbol{X}=[\boldsymbol{x}_1\quad\boldsymbol{x}_2\quad\cdots\quad\boldsymbol{x}_i]^{\mathrm{T}},\quad \boldsymbol{Y}=[y_1\quad y_2\quad\cdots\quad y_i]^{\mathrm{T}}$$

其中

$$\boldsymbol{x}_i = [x_{i1} \quad x_{i2} \quad \cdots \quad x_{in}]^{\mathrm{T}} \quad (i=1,2,\cdots,l)$$

(6) 式(2.44) 中输入向量 $\boldsymbol{u}$ 包括参考输入和交连输入两部分

即

$$\boldsymbol{u} = \boldsymbol{u}_0 + \boldsymbol{Z}_y \tag{2.45}$$

代入式(2.44)，经整理后可得

$$\left.\begin{aligned}\dot{\boldsymbol{X}} &= \bar{\boldsymbol{A}}\boldsymbol{X} + \bar{\boldsymbol{B}}\boldsymbol{u}_0 \\ \boldsymbol{Y} &= \bar{\boldsymbol{C}}\boldsymbol{X} + \bar{\boldsymbol{D}}\boldsymbol{u}_0\end{aligned}\right\} \tag{2.46}$$

式中

$$\bar{\boldsymbol{A}} = \boldsymbol{A} + \boldsymbol{BZ}\,(\boldsymbol{I} - \boldsymbol{DZ})^{-1}\boldsymbol{C}$$
$$\bar{\boldsymbol{B}} = \boldsymbol{B} + \boldsymbol{BZ}\,(\boldsymbol{I} - \boldsymbol{DZ})^{-1}\boldsymbol{D}$$
$$\bar{\boldsymbol{C}} = (\boldsymbol{I} - \boldsymbol{DZ})^{-1}\boldsymbol{C}$$
$$\bar{\boldsymbol{D}} = (\boldsymbol{I} - \boldsymbol{DZ})^{-1}\boldsymbol{D}$$

如果系统中加入了非线性环节，由于非线性环节只是在两个线性环节之间起一个变换作用，即将一个线性环节的输入经过非线性环节变换作为另一个线性环节的输入。关于非线性变换，由于数字机特有的逻辑功能，所以实现起来很容易。为此，只需在上述线性结构图基础上，在每个相邻的线性环节之间串接一个 $F(Z_{ij})$ 环节，使

$$\boldsymbol{u}_{ij} = F(Z_{ij})\,\boldsymbol{y}_j \tag{2.47}$$

式中，Z_{ij} 表示假定没有加入非线性环节时系统连接矩阵的元素。这里重新定义 Z_{ij} 的标号以代表不同的非线性类型。

而

$$\boldsymbol{u}_i = \sum_{j=1}^{i} u_{ij} \tag{2.48}$$

其算法步骤前 5 步同线性结构完全相同，得

$$\left.\begin{aligned}\dot{\boldsymbol{X}} &= \boldsymbol{AX} + \boldsymbol{Bu} \\ \boldsymbol{Y} &= \boldsymbol{CX} + \boldsymbol{Du}\end{aligned}\right\} \tag{2.49}$$

输入向量

$$\boldsymbol{u} = \boldsymbol{u}_0 + F(\boldsymbol{Z})\,\boldsymbol{Y} \tag{2.50}$$

式中，$\boldsymbol{u}_0$ 为参考输入；$F(\boldsymbol{Z})\boldsymbol{Y}$ 为交连输入，即

$$F(\boldsymbol{Z}) = (F(Z_{ij}))_{l\times l} \tag{2.51}$$

可假设 $F(0)$ 表示线性环节 i 和 j 之间不连接，$F(1)$ 为直接连接，Z_{ij} 为其他标号时 $F(Z_{ij})$ 表示 i 和 j 之间有某种类型的非线性连接。

2.1.3 系统状态初始值设置

上节介绍了模型间的相互转换，如果系统是非零初始条件，那么从外部模型(传递函数等)变换到内部模型(状态方程)还必须考虑如何将给定的初始条件 —— 通常是输入、输出 $u(t)$，$y(t)$ 及各阶导数的初始值 —— 转变为相应的状态变量的初始值。

设系统的微分方程见式(2.1)(式中 $m=n-1$)，并设其状态空间模型为

$$\begin{cases}\dot{\boldsymbol{X}} = \boldsymbol{AX} + \boldsymbol{Bu} \\ \boldsymbol{Y} = \boldsymbol{CX}\end{cases}$$

式中，$\boldsymbol{A}$ 为 $n\times n$ 阶矩阵；$\boldsymbol{B}$ 为 $n\times 1$ 阶矩阵；$\boldsymbol{C}$ 为 $1\times n$ 阶矩阵。

已知系统的初始条件为

$$\begin{cases} y(0),\dot{y}(0),\cdots,y^{n-1}(0) \\ u(0),\dot{u}(0),\cdots,u^{n-2}(0) \end{cases}$$

则为了由上述初始值求出状态变量 $x_1,x_2,\cdots,x_n$ 的初始值，可列出以下方程：

$$\begin{cases} y(t)=\boldsymbol{C}x(t) \\ \dot{y}(t)=\boldsymbol{C}\dot{x}(t)=\boldsymbol{CA}x(t)+\boldsymbol{CB}u(t) \\ \ddot{y}(t)=\boldsymbol{C}\ddot{x}(t)=\boldsymbol{CA}\dot{x}(t)+\boldsymbol{CB}\dot{u}(t)=\boldsymbol{CA}^2x(t)+\boldsymbol{CAB}u(t)+\boldsymbol{CB}\dot{u}(t) \\ \quad\cdots\cdots \end{cases}$$

于是可得下列矩阵方程：

$$\boldsymbol{Y}(t)=\boldsymbol{VX}(t)+\boldsymbol{TU}(t) \tag{2.52}$$

其中

$$\boldsymbol{Y}(t)=[y(t)\quad \dot{y}(t)\quad \cdots\quad y^{(n-1)}(t)]^{\mathrm{T}}$$

$$\boldsymbol{U}(t)=[u(t)\quad \dot{u}(t)\quad \cdots\quad u^{(n-1)}(t)]^{\mathrm{T}}$$

$$\boldsymbol{V}=\begin{bmatrix} \boldsymbol{C} \\ \boldsymbol{CA} \\ \vdots \\ \boldsymbol{CA}^{n-1} \end{bmatrix}\text{（为 } n\times n \text{ 阶矩阵）}$$

$$\boldsymbol{T}=\begin{bmatrix} 0 & 0 & \cdots & 0 \\ \boldsymbol{CB} & 0 & \cdots & 0 \\ \boldsymbol{CAB} & \boldsymbol{CB} & & \\ \vdots & & & \vdots \\ \boldsymbol{CA}^{(n-2)}\boldsymbol{B} & \boldsymbol{CA}^{(n-3)}\boldsymbol{B} & \cdots\ \boldsymbol{CB} & 0 \end{bmatrix}$$

由式(2.52)可得

$$\boldsymbol{X}(t)=\boldsymbol{V}^{-1}[\boldsymbol{Y}(t)-\boldsymbol{TU}(t)] \tag{2.53}$$

即，若 $\boldsymbol{V}^{-1}$ 存在，则可由式(2.53)求出 $\boldsymbol{X}(t)$ 的初始值。由控制理论可知，$\boldsymbol{V}$ 矩阵是系统 $(\boldsymbol{A},\boldsymbol{B},\boldsymbol{C})$ 的可观性判别阵，若 $\boldsymbol{V}$ 非奇异，则 $(\boldsymbol{A},\boldsymbol{B},\boldsymbol{C})$ 是完全可观的。也就是说，由外部输入输出的初始值转变为内部状态变量初始值的条件是系统 $(\boldsymbol{A},\boldsymbol{B},\boldsymbol{C})$ 是完全可观的。

例 2-4 设有一系统，它的微分方程为 $\ddot{y}+3\dot{y}+2y=\dot{u}+u$，已知系统的初始条件为 $\dot{y}(0)=1,y(0)=1,u(0)=0$，试求该系统的微分方程，并给出状态变量的初始值。

解 先按式(2.14)给出系统的可控标准型为

$$\boldsymbol{A}=\begin{bmatrix} 0 & 1 \\ -2 & -3 \end{bmatrix},\quad \boldsymbol{B}=\begin{bmatrix} 0 \\ 0 \end{bmatrix},\quad \boldsymbol{C}=[1\quad 1]$$

它的可观性判定矩阵 $\boldsymbol{V}=\begin{bmatrix} 1 & 1 \\ -2 & -2 \end{bmatrix}$，这是一个奇异矩阵，没有逆阵，因此系统不完全可观，无法求出状态变量的初始值。

为了能求出状态变量的初始值，必须选择合适的状态变量使系统是完全可观的。

令

$$\begin{cases} x_1=y \\ x_2=\dot{y}+3y-u=\dot{x}_1+3x_1-u \end{cases}$$

则有

$$\begin{cases}\dot{x}_1 = x_2 - 3x_1 + u \\ \dot{x}_2 = \ddot{y} + 3\dot{y} - \dot{u} = -2y + u = -2x_1 + u\end{cases}$$

故可得以下状态空间模型：

$$\begin{bmatrix}\dot{x}_1 \\ \dot{x}_2\end{bmatrix} = \begin{bmatrix}-3 & 1 \\ -2 & 0\end{bmatrix}\begin{bmatrix}x_1 \\ x_2\end{bmatrix} + \begin{bmatrix}1 \\ 1\end{bmatrix}u$$

$$y = \begin{bmatrix}1 & 0\end{bmatrix}\begin{bmatrix}x_1 \\ x_2\end{bmatrix}$$

状态变量 x_1, x_2 的初始值为

$$\begin{bmatrix}x_1(0) \\ x_2(0)\end{bmatrix} = \begin{bmatrix}y(0) \\ \dot{y}(0) + 3y(0) - u(0)\end{bmatrix} = \begin{bmatrix}1 \\ 4\end{bmatrix}$$

2.2 离散时间系统的数学模型

2.2.1 常用的数学模型

与连续时间系统对应，离散时间系统常用的数学模型也有下述 4 种。

1. 差分方程

$$\begin{aligned}y[(k+n)T] + a_{n-1}y[(k+n-1)T] + \cdots + a_1 y[(k+1)T] + a_0 y[kT] = \\ b_m u[(k+m)T] + b_{m-1}u[(k+m-1)T] + \cdots + \\ b_1 u[(k+1)T] + b_0 u[kT] \quad (m \leqslant n)\end{aligned} \tag{2.54}$$

式中，T 为采样周期，输出变量的初始条件为 $y(0), y(T), \cdots, y[(n-1)T]$。

2. z 函数

对式(2.54)两边取 z 变换，并设 y 和 u 及其各阶差分的初始值均为零，可得

$$G(z) = \frac{Y(z)}{U(z)} = \frac{b_m z^m + b_{m-1}z^{m-1} + \cdots + b_1 z + b_0}{z^n + a_{n-1}z^{n-1} + \cdots + a_1 z + a_0} \tag{2.55}$$

$G(z)$ 称为离散系统的 z 函数。

3. 离散状态空间表达式

$$\left.\begin{aligned}\boldsymbol{X}(k+1) = \boldsymbol{\phi}\boldsymbol{X}(k) + \boldsymbol{H}\boldsymbol{u}(k) \\ \boldsymbol{Y}(k) = \boldsymbol{G}\boldsymbol{X}(k) + \boldsymbol{D}\boldsymbol{u}(k)\end{aligned}\right\} \tag{2.56}$$

初始状态向量为 $\boldsymbol{X}(0)$。

4. 结构图表示

离散时间系统结构图表示和连续时间系统相似，只要将每一个方块内的传递函数换成 z 函数即可。图 2-3 所示为一个离散闭环系统。

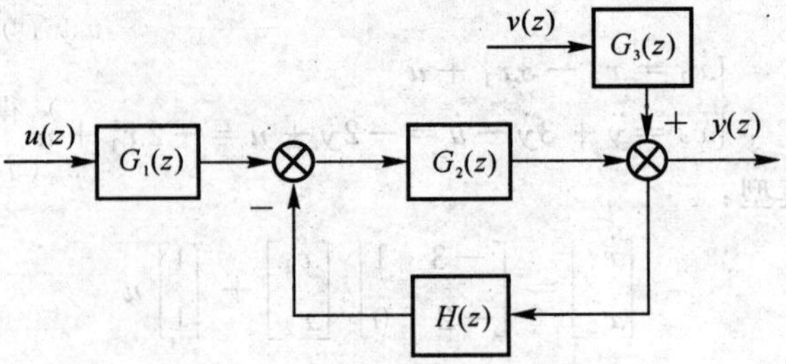

图 2-3　离散闭环系统结构图

2.2.2　连续时间系统的离散化

1. 线性状态方程的离散化

设线性状态方程为

$$\left.\begin{aligned}\dot{\boldsymbol{X}} &= \boldsymbol{AX} + \boldsymbol{Bu} \\ \boldsymbol{Y} &= \boldsymbol{CX} + \boldsymbol{Du}\end{aligned}\right\} \tag{2.57}$$

其解析式是 $\boldsymbol{X}(t)=\boldsymbol{\phi}(t)\boldsymbol{X}(t_0)+\int_{t_0}^{t}\boldsymbol{\phi}(t-\tau)\boldsymbol{Bu}(\tau)\,\mathrm{d}\tau$，式中 $\boldsymbol{\phi}(t)$ 为状态转移矩阵，$\boldsymbol{\phi}(t)=\mathrm{e}^{At}$。

现在由状态方程的解析解来推导系统的离散化方程。给定采样间隔 T，对于 kT 和 $(k+1)T$ 两个采样点，由式(2.57)可得状态变量的值分别为

$$\boldsymbol{X}(kT)=\mathrm{e}^{AkT}\boldsymbol{X}(0)+\int_{0}^{kT}\mathrm{e}^{\boldsymbol{A}(kT-\tau)}\boldsymbol{Bu}(\tau)\,\mathrm{d}\tau \tag{2.58}$$

$$\boldsymbol{X}((k+1)T)=\mathrm{e}^{\boldsymbol{A}(k+1)T}\boldsymbol{X}(0)+\int_{0}^{(k+1)T}\mathrm{e}^{\boldsymbol{A}((k+1)T-\tau)}\boldsymbol{Bu}(\tau)\,\mathrm{d}\tau \tag{2.59}$$

用 e^{AT} 左乘式(2.58)，然后与式(2.59)相减，得到

$$\boldsymbol{X}((k+1)T)=\mathrm{e}^{\boldsymbol{A}(k+1)T}\boldsymbol{X}(kT)+\int_{0}^{(k+1)T}\mathrm{e}^{\boldsymbol{A}((k+1)T-\tau)}\boldsymbol{Bu}(\tau)\,\mathrm{d}\tau \tag{2.60}$$

对式(2.60)中积分项进行积分代换，令 $\tau=kT+t$，得

$$\boldsymbol{X}((k+1)T)=\mathrm{e}^{\boldsymbol{A}(k+1)T}\boldsymbol{X}(kT)+\int_{0}^{T}\mathrm{e}^{\boldsymbol{A}(T-\tau)}\boldsymbol{Bu}(kT+t)\,\mathrm{d}\tau \tag{2.61}$$

在给定系统输入 $\boldsymbol{u}(t)$ 后，可根据式(2.61)求出离散化的状态方程。

在 $\boldsymbol{u}(t)$ 未知的情况下，需要对 kT 和 $(k+1)T$ 两个采样时刻之间的输入量 $\boldsymbol{u}(kT+t)$ 采用近似方法处理，通常有两种方法。第一种方法是令 $\boldsymbol{u}(kT+t)\approx\boldsymbol{u}(kT)$，$0\leqslant t\leqslant T$，这相当于在输入端加了一个采样开关和零阶保持器，代入式(2.61)，得到

$$\boldsymbol{X}((k+1)T)=\boldsymbol{\phi}(T)\boldsymbol{X}(kT)+\boldsymbol{\phi}_m(T)\boldsymbol{u}(kT) \tag{2.62}$$

式中　　$\boldsymbol{\phi}(T)=\mathrm{e}^{AT}$，　$\boldsymbol{\phi}_m(T)=\int_{0}^{T}\mathrm{e}^{\boldsymbol{A}(T-t)}\boldsymbol{B}\mathrm{d}t$

由上面的推导可以看出，式(2.62)是在假设输入量在采样间隔中保持常量推导而得的，但 $\boldsymbol{u}(t)$ 实际上是变化的，因而这样的近似处理会带来误差(见图 2-4)。

为了减小误差，第二种方法是通过两点 $(kT,\boldsymbol{u}(kT))$，$((k+1)T,\boldsymbol{u}((k+1)T))$ 作直线逼近 $\boldsymbol{u}(t)$，$0\leqslant t\leqslant T$，这样就有

$$\boldsymbol{u}(kT+t)=\boldsymbol{u}(kT)+\frac{\boldsymbol{u}((k+1)T)-\boldsymbol{u}(kT)}{T}t \approx \boldsymbol{u}(kT)+\dot{\boldsymbol{u}}(kT)t \tag{2.63}$$

这相当于在输入端加了一个采样开关和一阶保持器,代入式(2.61),得

$$\boldsymbol{X}((k+1)T)=\boldsymbol{\phi}(T)\boldsymbol{X}(kT)+\boldsymbol{\phi}_m(T)\boldsymbol{u}(kT)+\hat{\boldsymbol{\phi}}_m(T)\dot{\boldsymbol{u}}(kT) \tag{2.64}$$

式中,$\hat{\boldsymbol{\phi}}_m(T)=\int_0^T t\mathrm{e}^{\boldsymbol{A}(T-t)}\boldsymbol{B}\mathrm{d}t$。

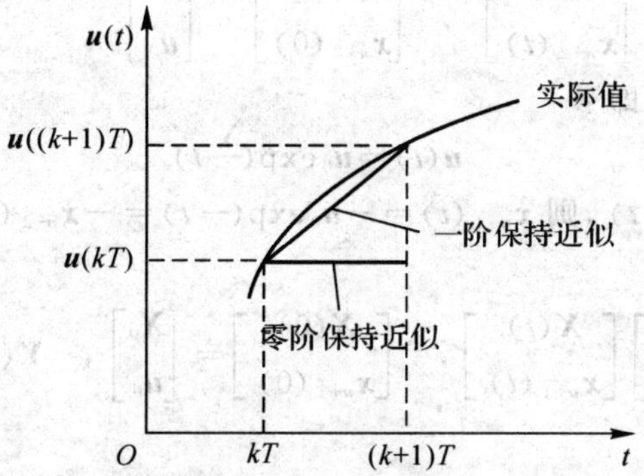

图 2-4　输入量 $\boldsymbol{u}(t)$ 的采样和零阶、一阶保持近似

式(2.62)和式(2.64)为线性连续时间系统离散化状态方程,输出变量的离散化形式可由输出方程直接确定。$\boldsymbol{\phi}(T)$,$\boldsymbol{\phi}_m(T)$,$\hat{\boldsymbol{\phi}}_m(T)$ 称为系统的离散化系数矩阵。离散化系数矩阵的计算主要归结为计算状态转移矩阵 $\exp(\boldsymbol{A}T)$。这类算法有很多,包括相似变换法、最小多项式计算法、拉普拉斯变换法和指数函数展开法等。以指数函数展开法为例,将 $\mathrm{e}^{\boldsymbol{A}T}$ 展成以下形式:

$$\mathrm{e}^{\boldsymbol{A}T}=\boldsymbol{I}+\boldsymbol{A}T+\frac{1}{2!}(\boldsymbol{A}T)^2+\cdots+\frac{1}{n!}(\boldsymbol{A}T)^n+R_{n+1}(\boldsymbol{A}T)$$

式中,$R_{n+1}(\boldsymbol{A}T)=\sum_{k=n+1}^{\infty}\frac{1}{k!}(\boldsymbol{A}T)^k$ 为级数展开的余项,当 $R_{n+1}(\boldsymbol{A}T)$ 收敛到零时,$\mathrm{e}^{\boldsymbol{A}T}$ 可以用级数的有限项来代替。

可以看出,输入量 $\boldsymbol{u}(kT+t)$ 的近似处理会给导出的离散化状态方程带来误差。如果将状态方程化为齐次方程 $\dot{\boldsymbol{X}}=\boldsymbol{A}\boldsymbol{X}$,则可避免式(2.61)中的积分项的近似处理带来的误差。这种方法称为增广矩阵法。下面列举一些典型输入函数情况下的增广矩阵。

考虑单输入单输出系统 $\dot{\boldsymbol{X}}(t)=\boldsymbol{A}\boldsymbol{X}(t)+\boldsymbol{B}\boldsymbol{u}(T)$,$\boldsymbol{X}(0)=\boldsymbol{X}_0$,$\boldsymbol{Y}(t)=\boldsymbol{C}\boldsymbol{X}(t)$,式中 $\boldsymbol{X}(t)$ 为 n 维状态矢量;$\boldsymbol{u}(t)$,$\boldsymbol{Y}(t)$ 分别为输入、输出;$\boldsymbol{A}$,$\boldsymbol{B}$,$\boldsymbol{C}$ 为相应维数的常系数矩阵。

(1) 输入为阶跃函数,即

$$\boldsymbol{u}(t)=\boldsymbol{u}_0\boldsymbol{I}(t),\quad \boldsymbol{I}(t)=\begin{cases}1 & (t\geqslant 0)\\ 0 & (t<0)\end{cases}$$

令第 $n+1$ 个状态变量为 $\boldsymbol{x}_{n+1}(t)=\boldsymbol{u}(t)=\boldsymbol{u}_0\boldsymbol{I}(t)$,则有 $\dot{\boldsymbol{x}}_{n+1}(t)=\boldsymbol{0}$,且 $\boldsymbol{x}_{n+1}(0)=\boldsymbol{u}_0$。增广后的状态方程和输出方程可以写为

$$\begin{bmatrix}\dot{\boldsymbol{X}}(t)\\ \dot{\boldsymbol{x}}_{n+1}(t)\end{bmatrix}=\begin{bmatrix}\boldsymbol{A} & \boldsymbol{B}\\ \boldsymbol{O} & \boldsymbol{O}\end{bmatrix}\begin{bmatrix}\boldsymbol{X}(t)\\ \boldsymbol{x}_{n+1}(t)\end{bmatrix},\quad \begin{bmatrix}\boldsymbol{X}(0)\\ \boldsymbol{x}_{n+1}(0)\end{bmatrix}=\begin{bmatrix}\boldsymbol{X}_0\\ \boldsymbol{u}_0\end{bmatrix},\quad \boldsymbol{Y}(t)=[\boldsymbol{C},\boldsymbol{O}]\begin{bmatrix}\boldsymbol{X}(t)\\ \boldsymbol{x}_{n+1}(t)\end{bmatrix}$$

(2) 输入为斜坡函数,即

$$u(t)=u_0 t$$

令 $x_{n+1}(t)=u(t)=u_0 t, x_{n+2}(t)=\dot{x}_{n+2}(t)=\dot{x}_{n+1}(t)=u_0$，且

$$x_{n+1}(0)=0,\quad x_{n+2}(0)=u_0$$

则系统增广后成为

$$\begin{bmatrix}\dot{X}(t)\\ \dot{x}_{n+1}(t)\\ \dot{x}_{n+2}(t)\end{bmatrix}=\begin{bmatrix}A & B & 0\\ 0 & 0 & 1\\ 0 & 0 & 0\end{bmatrix}\begin{bmatrix}X(t)\\ x_{n+1}(t)\\ x_{n+2}(t)\end{bmatrix},\quad \begin{bmatrix}X(0)\\ x_{n+1}(0)\\ x_{n+2}(0)\end{bmatrix}=\begin{bmatrix}X_0\\ 0\\ u_0\end{bmatrix},\quad Y(t)=[C\quad 0\quad 0]\begin{bmatrix}X(t)\\ x_{n+1}(t)\\ x_{n+2}(t)\end{bmatrix}$$

(3) 输入为指数函数，即

$$u(t)=u_0\exp(-t)$$

令 $x_{n+1}(t)=u_0\exp(-t)$，则 $\dot{x}_{n+1}(t)=-u_0\exp(-t)=-x_{n+1}(t)$，且 $x_{n+1}(0)=u_0$，系统增广后为

$$\begin{bmatrix}\dot{X}(t)\\ \dot{x}_{n+1}(t)\end{bmatrix}=\begin{bmatrix}A & B\\ 0 & -1\end{bmatrix}\begin{bmatrix}X(t)\\ x_{n+1}(t)\end{bmatrix},\quad \begin{bmatrix}X(0)\\ x_{n+1}(0)\end{bmatrix}=\begin{bmatrix}X_0\\ u_0\end{bmatrix},\quad Y(t)=[C\quad 0]\begin{bmatrix}X(t)\\ x_{n+1}(t)\end{bmatrix}$$

2. 传递函数的离散化

(1) 加入采样器和信号保持器。如果线性连续系统的模型表示为传递函数的形式，可以在系统中加入采样器和信号保持器，然后由 z 变换求出传递函数的离散形式——脉冲传递函数 $G(z)$，由此也可得到差分方程。

首先对系统的输入进行采样。假设采样周期为 T。由此得到离散的输入量 $u(kT)$，$k=0,1,2,\cdots$，然后再利用信号保持器将其恢复为连续信号，在作用到系统 $G(s)$ 后产生输出 $Y(t)$。对系统作同样的采样得到 $Y(kT)$。上述传递函数的离散化过程如图 2-5 所示。

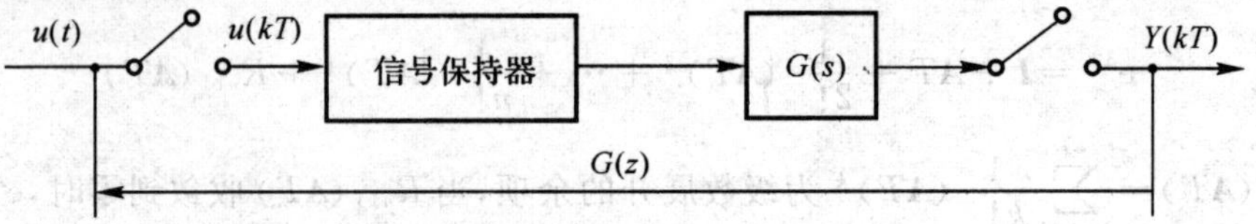

图 2-5　传递函数的离散化过程

由 z 变换理论，对应传递函数 $G(s)$ 的离散传递函数可表示为

$$G(z)=\frac{Y(z)}{u(z)}=z(G_h(s)G(s))\tag{2.65}$$

式中，G_h 为信号保持器 $g(t)$ 的传递函数。采用不同的信号保持器，就能得到不同的脉冲传递函数，表 2-1 给出了 3 种保持器的传递函数和相应系统 $G(s)$ 的脉冲传递函数 $G(z)$。

表 2-1　3 种保持器的传递函数和相应系统 $G(s)$ 的脉冲传递函数

保持器的传递函数 $G_h(s)$	脉冲传递函数 $G(z)$
零阶：$\frac{1-e^{-sT}}{s}$	$\frac{z-1}{z}z\left\{\frac{G(s)}{s}\right\}$
一阶：$\frac{1+Ts}{T}\left(\frac{1-e^{-sT}}{s}\right)^2$	$\left(\frac{z-1}{z}\right)^2 z\left\{\frac{G(s)(1+Ts)}{Ts^2}\right\}$
三角形：$\frac{(1-e^{-sT})^2 e^{sT}}{Ts^2}$	$\left(\frac{z-1}{z}\right)^2 z\left\{\frac{G(s)}{Ts^2}\right\}$

假设输入信号为 $g(t)$，经时间间隔为 T 的采样后得到离散输入信号 $g(kT)$，$k=0,1,2,\cdots$。零阶保持器将 kT 时刻的采样值作为常量一直保持到 $(k+1)T$ 时刻。若用 $g_h(t)$ 表示零阶保持器函数，则

$$g_h(t)=g(kT),\quad kT\leqslant t\leqslant(k+1)T \tag{2.66}$$

一阶保持器是利用前两个时刻的采样值进行外推，得到 $g(t)$ 的线性近似函数：

$$g_h(t)=g(kT)+\frac{g(kT)-g((k-1)T)}{T}(t-kT),\quad kT\leqslant t\leqslant(k+1)T \tag{2.67}$$

为了减少信号的失真，还可采用三角形保持器，它以当前两个时刻的采样值进行内插值得到 $g(t)$ 的线性近似函数

$$g_h(t)=g(kT)+\frac{g((k+1)T)-g(kT)}{T}(t-kT),\quad kT\leqslant t\leqslant(k+1)T \tag{2.68}$$

如果在计算 $g_h(t)$ 时，$(k+1)t$ 时刻的采样值 $g((k+1)T)$ 未知，则不能直接采用这种方法，而只能采用滞后一个周期的三角形保持器，图 2-6 所示为输入信号 $g(t)$ 通过零阶、一阶和三角形保持器后的函数 $g_h(t)$。

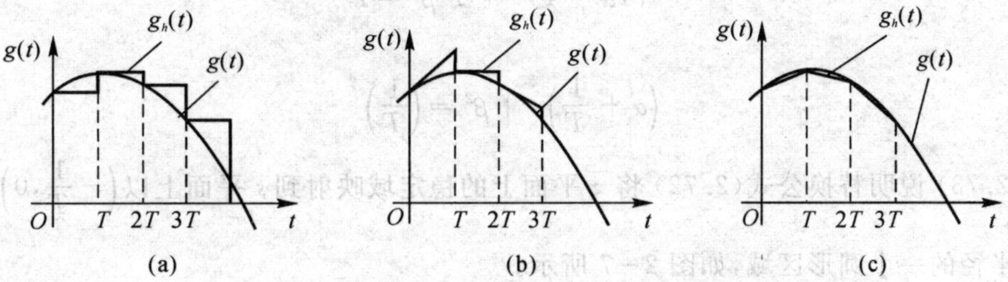

图 2-6　通过零阶、一阶和三角形保持器后的函数 $g_h(t)$

(a) 零阶；(b) 一阶；(c) 三角形

现在以系统 $G(s)=\dfrac{1}{s}$ 为例分别推导出加入零阶、一阶和三角形保持器时的 $G(z)$。根据表2-1，有

$$G(z)=\frac{z-1}{z}z\left\{\frac{1}{s^2}\right\}=\frac{z-1}{z}\,\frac{T_z}{(z-1)^2}=\frac{T}{z-1} \tag{2.69}$$

相应的差分方程为 $y_k=y_{k-1}+Tu_{k-1}$，称为欧拉公式。当加入一阶保持器时，根据表 2-1，可得

$$G(z)=\left(\frac{z-1}{z}\right)^2 z\left\{\frac{1+Ts}{Ts^2}\right\}=\left(\frac{z-1}{z}\right)^2\left[\frac{Tz(3z-1)}{2z(z-1)^3}\right]=\frac{(3z-1)}{2z(z-1)} \tag{2.70}$$

相应的差分方程为 $y_k=y_{k-1}+\dfrac{3}{2}Tu_{k-1}-\dfrac{T}{2}u_{k-2}$。同样，对三角形保持器也可推导出差分方程：

$$y_k=y_{k+1}+\frac{T}{2}u_k+\frac{T}{2}u_{k-1} \tag{2.71}$$

除了上述加信号保持器的 z 变换方法外，还有两种直接求与传递函数等价的脉冲传递函数 $G(z)$ 的方法，即替换法和根匹配法。由于这两种方法简便且易于实现，经常被工程技术人员用作快速实时仿真。

(2) 替换法。替换法要求出 s 与 z 的替换公式，并通过代换将 $G(s)$ 转换为 $G(z)$。所求的替换公式应使 $G(z)$ 与 $G(s)$ 具有同样良好的稳定性和尽可能相同的动态特性。虽然 z 与 s 具

有关系 $z=\exp(sT)$，但这是一个超越函数，必须导出更为简单的替换公式。

假定系统由微分方程 $\dot{y}=u$ 表示，由欧拉公式 $y_{k+1}=y_k+Tu_k=y_k+T\dot{y}_k$，则有

$$(z-1)Y(z)=T\dot{y}(z)$$

或

$$\frac{Y(z)}{u(z)}=\frac{T}{z-1}$$

由于 $\frac{Y(s)}{u(s)}=\frac{1}{s}$，比较两式，可得

$$s=\frac{z-1}{T} \tag{2.72}$$

考虑 $G(z)$ 的稳定，及其所有极点全包含在 z 平面的单位圆内，与 $G(s)$ 有稳定性的关系，设 $s=\alpha+\mathrm{j}\beta$，由式(2.27)，有

$$|z|^2=|T(\alpha+\mathrm{j}\beta)+1|^2=(T\alpha+1)^2+T^2\beta^2$$

若 $G(z)$ 稳定，极点 z 必须位于单位圆 $|z|^2=1$ 内，即

$$(T\alpha+1)^2+T^2\beta^2=1$$

或

$$\left(\alpha+\frac{1}{T}\right)^2+\beta^2=\left(\frac{1}{T}\right)^2 \tag{2.73}$$

式(2.73)说明替换公式(2.72)将 z 平面上的稳定域映射到 s 平面上以 $\left(-\frac{1}{T},0\right)$ 为圆心、以 $\frac{1}{T}$ 为半径的一个圆形区域，如图 2-7 所示。

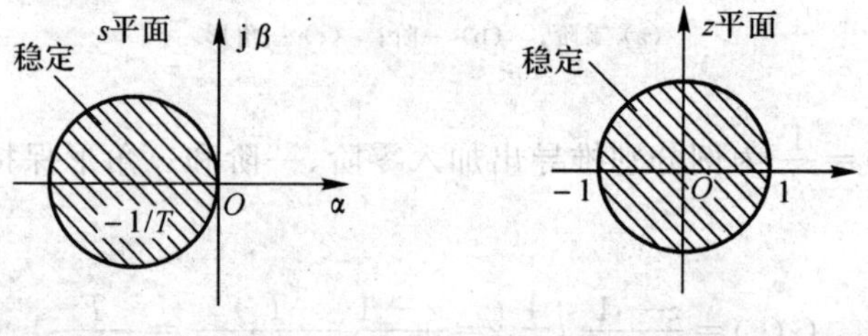

图 2-7　欧拉变换在 s 平面和 z 平面上稳定区域的对应关系

由梯形公式也可以推导出一种简单而实用的替换公式。由梯形公式

$$y_{n+1}=y_n+\frac{T}{2}(y_n+y_{n+1}) \tag{2.74}$$

则有

$$(z-1)Y(z)=\frac{T}{2}(z+1)Y(z) \tag{2.75}$$

可得

$$s=\frac{2}{T}\frac{z-1}{z+1} \tag{2.76}$$

替换公式(2.76)也称为图斯汀替换，相应的仿真方法称为图斯汀法。

按照与前面相同的方法考查其稳定性，有

$$|z|^2=\frac{\left(1+\dfrac{T}{2}\alpha\right)^2+\left(\dfrac{T}{2}\beta\right)^2}{\left(1-\dfrac{T}{2}\alpha\right)^2+\left(\dfrac{T}{2}\beta\right)^2} \tag{2.77}$$

由式(2.77)可知，当 $\alpha\leqslant 0$ 时，$|z|\leqslant 1$，也就是说采用图斯汀公式(2.76)映射，s 平面的左半平面映射到 z 平面的单位圆内，如图 2-8 所示。因此，如果原来系统 $G(s)$ 是稳定的，由图斯汀公式(2.76)导出的 $G(s)$ 亦然。

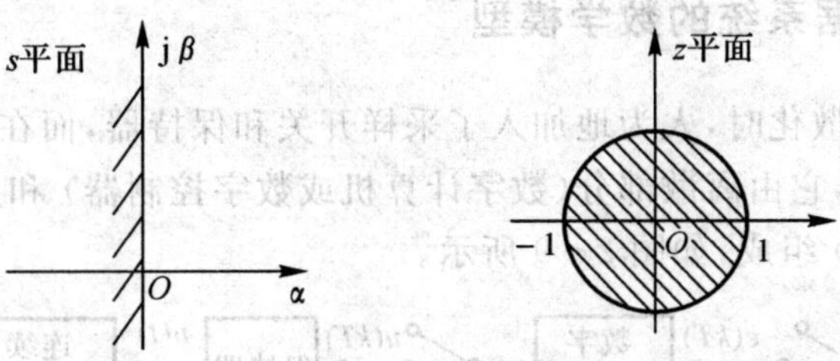

图 2-8 图斯汀变换在 s 平面和 z 平面上稳定区域的对应关系

3. 根匹配法

另一种直接由传递函数 $G(s)$ 求相应 $G(z)$ 的方法是根匹配法。设线性连续时间系统的传递函数为

$$G(s)=\frac{K(s-z_1)(s-z_2)\cdots(s-z_m)}{(s-p_1)(s-p_2)\cdots(s-p_n)}\quad (n\geqslant m) \tag{2.78}$$

式中，K 为系统的增益；z_i，p_i 分别为零、极点。系统的特性完全由增益 K 和零、极点 z_i，p_i 所确定。

根匹配法的主要思想就是利用 z 与 s 的转换关系 $z=\exp(sT)$，求出 z 平面上对应的零、极点位置，得到

$$G(z)=K_2\prod_{i=1}^{m}(z-\exp(z_iT))\Big/\prod_{j=1}^{n}(z-\exp(p_jT)) \tag{2.79}$$

当 $n\geqslant m$ 时，在 s 平面的无穷远处，实际上还存在 $(n-m)$ 个零点，可以认为它处在 s 平面负实轴的无穷远处，即 $s\rightarrow-\infty$。那么，由关系 $\exp(-\infty\quad T)=0$，对应圆点上的 $(n-m)$ 个零点，脉冲传递函数写成

$$G(z)=K_2\prod_{i=1}^{m}(z-\exp(z_iT))z^{n-m}\Big/\prod_{j=1}^{n}(z-\exp(p_jT)) \tag{2.80}$$

如果 $G(s)$ 是稳定的，则极点 p_i 位于 s 平面的左半平面，那么 $\exp(p_iT)$ 必位于 z 平面的单位圆内，因此 $G(z)$ 也一定稳定，且与采样周期 T 无关。另外，K_2 可由某些特性点(例如终值)来确定。

例 2-5 给定一个二阶系统的传递函数 $G(s)=\dfrac{y(s)}{u(s)}=\dfrac{1}{s^2+0.2s+1}$，使用替换法求系统的脉冲传递函数 $G(z)$ 及差分方程(令 $T=1$)。

解 用图斯汀替换公式(2.76)，有

$$G(z)=\frac{y(z)}{u(z)}=\frac{1}{\left(\dfrac{2}{T}\dfrac{z-1}{z+1}\right)^2+0.2\left(\dfrac{2}{T}\dfrac{z-1}{z+1}\right)+1}=$$

$$\frac{T^2\ (z+1)^2}{(4+0.4T+T^2)\,z^2+(2T^2-8)\,z+(4+T^2-0.4T)}=$$

$$\frac{(z+1)^2}{5.4z^2-6z+4.6}=\frac{0.185\ (z+1)^2}{z^2-1.11z+0.852}$$

作反变换得差分方程

$$y(k+1)=1.11y(k)-0.852y(k-1)+0.185u(k+1)+0.37u(k)+0.185u(k-1)$$

2.2.3 采样数据系统的数学模型

对连续时间系统离散化时，人为地加入了采样开关和保持器，而在采样数据系统中实际就存在采样开关和保持器，它由离散部分(数字计算机或数字控制器)和连续部分(保持器或数/模转换器以及控制对象)组成，如图 2-9 所示。

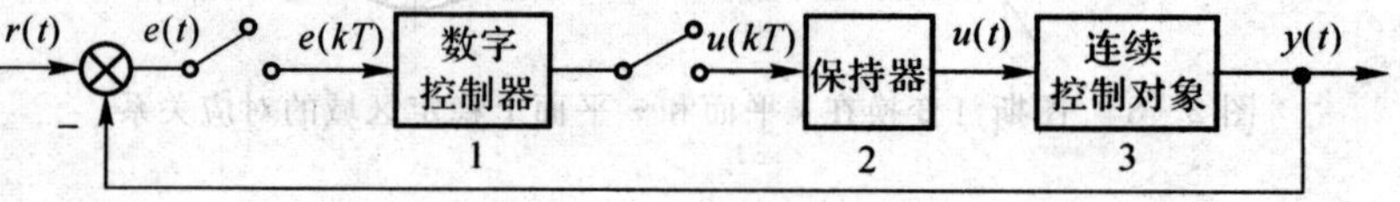

图 2-9 计算机控制系统

设数字控制器的运算关系为 1，即 $u(kT)=e(kT)$，则图 2-9 中的 1，2 两部分可合并为采用开关的保持器，如图 2-10 所示。

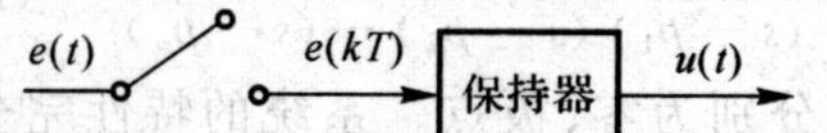

图 2-10 采用开关的保持器

假定保持器为零阶，即 $u(t)$ 是 $e(kT)$ 的阶梯状分段连续函数，则有

$$u(t)=\sum_{k=0}^{n}e(kT)\left[1(t-kT)-1(t-kT-T)\right] \tag{2.81}$$

对式(2.81)取拉氏变换，可得

$$U(s)=\sum_{k=0}^{n}e(kT)\left[\frac{\mathrm{e}^{-skT}-\mathrm{e}^{-s(k+1)T}}{s}\right]=\frac{1-\mathrm{e}^{-sT}}{s}\sum_{k=0}^{n}e(kT)\,\mathrm{e}^{-skT} \tag{2.82}$$

令

$$G_h(s)=\frac{1-\mathrm{e}^{-sT}}{s},\quad T(s)=\sum_{k=0}^{n}e(kT)\,\mathrm{e}^{-skT} \tag{2.83}$$

则有

$$U(s)=G_h(s)\,T(s) \tag{2.84}$$

可以证明

$$T(s)=\left[\sum_{k=0}^{n}e(t)\,\delta(t-k\tau)\right]=\left[e^*(t)\right]$$

在一般情况下，有

$$T(\mathrm{j}\omega)=\frac{1}{T}\sum_{k=-\infty}^{+\infty}E(\mathrm{j}\omega+\mathrm{j}k\omega_s) \tag{2.85}$$

因此可以设想 $e^*(t)$ 是由图 2－11 所示的虚拟系统产生的脉冲序列。图中的开关每隔 1 s 闭合一次，以产生脉冲序列 $e^*(t)=\sum_{k=0}^{n}e(t)\delta(t-kT)$。同理，$G_h(s)$ 要以定义将 $e^*(t)$ 这样的脉冲序列变成阶梯形的环节。综上所述，图 2－12(a)(b) 所示的两个系统是等价的。

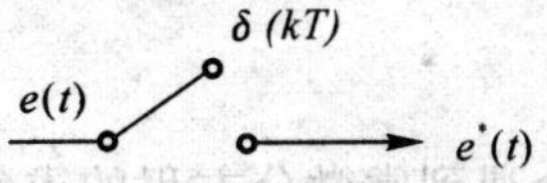

图 2－11　产生的脉冲序列虚拟系统

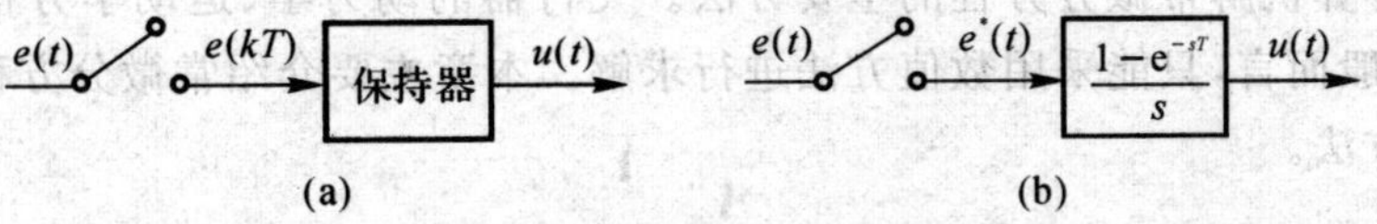

图 2－12　零阶保持器及其传递函数

因此，图 2－9 所示的计算机控制系统的数学模型可表示成图 2－13 所示的数学模型，其中 $D(z)$ 为数字控制器的 z 传递函数，$G_h(s)$ 为保持器的传递函数，$G(s)$ 为连续控制对象的传递函数。

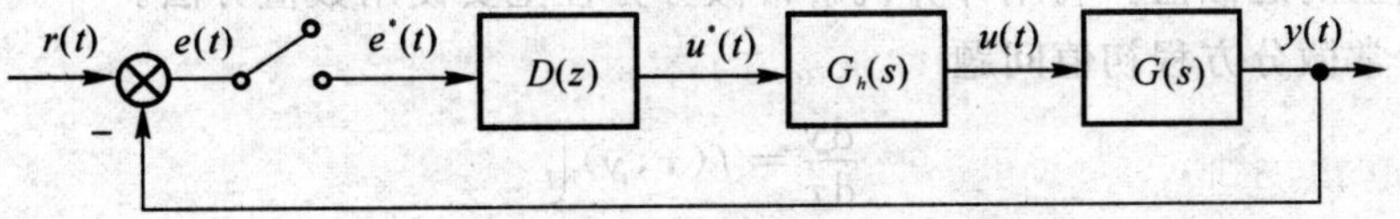

图 2－13　计算机控制系统的数学模型

第 3 章　仿真数值算法

在自然科学的许多领域中，都会遇到常微分方程的求解问题。然而，众所周知，只有少数十分简单的常微分方程能够用初等方法求得它们的解，多数情形只能利用近似方法求解。数值方法是利用计算机解常微分方程的主要方法。飞行器的动力学、运动学方程等均是非线性常微分方程，一般而言，只能采用数值方法进行求解。本章主要介绍常微分方程求解的常用数值算法及插值方法。

3.1　常微分方程的数值解法

在常微分方程课中已经讲过的级数解法、逐步逼近法等就是近似解法。这些方法可以给出解的近似表达式，通常称为近似解析方法。还有一类近似方法称为数值方法，它可以给出解在一些离散点上的近似值。利用计算机解常微分方程主要使用数值方法。

考虑一阶常微分方程初值问题

$$\left.\begin{aligned}&\frac{\mathrm{d}y}{\mathrm{d}x}=f(x,y)\\&y(x_0)=y_0\end{aligned}\right\}\tag{3.1}$$

在区间[a,b]上的解，其中 $f(x,y)$ 为 x，y 的已知函数，y_0 为给定的初始值，将上述问题的精确解记为 $y(x)$。数值方法的基本思想：在解的存在区间上取 $n+1$ 个节点

$$a=x_0<x_1<x_2<\cdots<x_n=b\tag{3.2}$$

这里差 $h_i=x_{i+1}-x_i(i=0,1,\cdots,n)$ 称为由 x_i 到 x_{i+1} 的步长。这些 h_i 可以不相等，但一般取成相等的，这时 $h=\dfrac{b-a}{n}$。在这些节点上采用离散化方法（通常用数值积分、微分、泰勒展开等）将上述初值问题化成关于离散变量的相应问题。把这个相应问题的解 y_n 作为 $y(x_n)$ 的近似值。这样求得的 y_n 就是上述初值问题在节点 x_n 上的数值解。一般说来，不同的离散化采用不同的方法。

3.1.1　欧拉法与改进欧拉法

1. 欧拉法

当对常微分方程初始问题

$$\left.\begin{aligned}&\frac{\mathrm{d}y}{\mathrm{d}x}=f(x,y)\\&y(x_0)=y_0\end{aligned}\right\}\tag{3.3}$$

用数值方法求解时，总是认为式(3.3)解存在且唯一。

欧拉法是解初值问题的最简单的数值方法。由于式(3.3)中 $y(x_0)=y_0$ 已给定，因而可

以算出

$$y'(x_0)=f(x_0,y_0) \tag{3.4}$$

设 $x_1-x_0=h$ 充分小，则近似地有

$$\frac{y(x_1)-y(x_0)}{h}\approx y'(x_0)=f(x_0,y_0) \tag{3.5}$$

记 $y_i=y(x_i)\ (i=0,1,\cdots,n)$，从而可以取

$$y_1=y_0+hf(x_0,y_0) \tag{3.6}$$

作为 $y(x_1)$ 的近似值。利用 y_1 及 $f(x_1,y_1)$ 又可以算出 $y(x_2)$ 的近似值为

$$y_2=y_1+hf(x_1,y_1) \tag{3.7}$$

一般地，在任意点 $x_{n+1}=(n+1)h$ 处 $y(x)$ 的近似值由下式给出：

$$y_{n+1}=y_n+hf(x_n,y_n) \tag{3.8}$$

式(3.8)就是欧拉法的计算公式，h 称为步长。

不难看出，近似解的误差首先是由差商近似代替微商（见式(3.5)）引起的，这种近似代替所产生的误差称为截断误差，如图3-1所示。还有一种误差称为舍入误差，这种误差是由于利用式(3.7)进行计算时数值舍入引起的。

例3-1　用欧拉法求初值问题。

$$\left.\begin{aligned} y'&=-\frac{0.9}{1+2x}y \\ y(x_0)&=1,\quad x_0=0 \end{aligned}\right\} \tag{3.9}$$

求当 $h=0.02$ 时在区间[0,0.10]上的数值解。

解　把 $f(x,y)=-\dfrac{0.9}{1+2x}y$ 代入欧拉法计算公式，就得

$$y_{n+1}=y_n-h\frac{0.9}{1+2x_n}y_n=\left(1-\frac{0.018}{1+2x_n}\right)y_n\quad(n=0,1,\cdots,5)$$

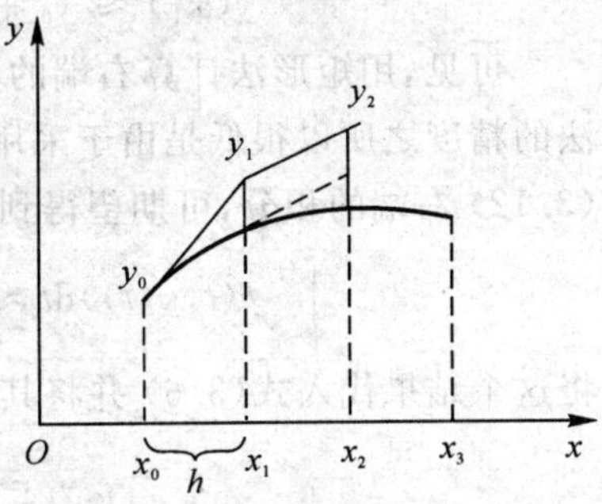

图3-1　欧拉法积分示意图

具体计算结果见表3-1。

表3-1　欧拉法计算结果

n	x_n	y_n	$y(x_n)$	$\varepsilon_n=y(x_n)-y_n$
0	0	1.000 0	1.000 0	0
1	0.02	0.982 0	0.982 5	0.000 5
2	0.04	0.965 0	0.966 0	0.000 5
3	0.06	0.948 9	0.950 3	0.001 4
4	0.08	0.933 6	0.935 4	0.001 8
5	0.10	0.919 2	0.923	0.002 1

在表3-1中 $y(x_n)$ 列，乃是初值问题式(3.9)的真解

$$y(x)=(1+2x)^{-0.45} \tag{3.10}$$

在 x_n 上的值。ε_n 为近似值 y_n 的误差。从表3-1中可以看出，随着 n 的增大，误差也在增大，

因此说，欧拉法计算简便，对一些问题有较大的使用价值，但是，它的误差较大，所得的数值解精确度不高。

2. 改进欧拉法

为了构造比较精确的数值方法，从另一角度重新分析一下初值问题。一般说来，一阶方程的初值问题与积分方程

$$y(x)=y_0+\int_{x_0}^{x} f(t,y(t))\mathrm{d}t \tag{3.11}$$

是等价的，当 $x=x_1$ 时，有

$$y(x_1)=y_0+\int_{x_0}^{x_1} f(t,y(t))\mathrm{d}t \tag{3.12}$$

要得到 $y(x_1)$ 的值，就必须计算出式(3.12) 右端的积分。但积分式中含有未知函数，无法直接计算，只好借助于数值积分。假如用矩形法进行数值积分，则

$$\int_{x_0}^{x_1} f(t,y(t)\mathrm{d}t \approx f(x_0,y(x_0))(x_1-x_0) \tag{3.13}$$

因此有

$$y(x_1)\approx y_0+f(x_0,y(x_0))(x_1-x_0)=y_0+hf(x_0,y_0) \tag{3.14}$$

可见，用矩形法计算右端的积分与用欧拉法计算出的结果完全相同。因此也可以说欧拉法的精度之所以很低是由于采用矩形法计算右端积分的结果。可以想象，用梯形公式计算式(3.12) 右端的积分，可期望得到较高的精度。这时

$$\int_{x_0}^{x_1} f(t,y(t))\mathrm{d}t \approx \frac{1}{2}[f(x_0,y(x_0))+f(x_1,y(x_1))](x_1-x_0) \tag{3.15}$$

将这个结果代入式(3.6) 并将其中的 $y(x_1)$ 用 y_1 近似代替，则得

$$y_1=y_0+\frac{1}{2}h[f(x_0,y_0)+f(x_1,y_1)] \tag{3.16}$$

这里得到了一个含有 y_1 的方程式，如果能从中解出 y_1，用它作为 $y(x_1)$ 的近似值，可以认为比用欧拉法得出的结果要好些。仿照求 y_1 的方法，可以逐个地求出 $y_2,y_3,\cdots$。一般地，在求出 y_n 以后，要求 y_{n+1}，则可归结为解方程

$$y_{n+1}=y_n+\frac{h}{2}[f(x_n,y_n)+f(x_{n+1},y_{n+1})] \tag{3.17}$$

这个方法称为梯形法则。用梯形法则求解，需要解含有 y_{n+1} 的方程式，这常常很不容易。为此，在实际计算时，可将欧拉法与梯形法则相结合，计算公式为

$$\left.\begin{aligned} &y_{n+1}^{(0)}=y_n+hf(x_n,y_n)\\ &y_{n+1}^{(k+1)}=y_n+\frac{h}{2}[f(x_n,y_n)+f(x_{n+1},y_{n+1}^{(k)})] \quad (k=0,1,2,\cdots)\end{aligned}\right\} \tag{3.18}$$

这就是先用欧拉法由 (x_n,y_n) 得出 $y(x_{n+1})$ 的初始近似值 $y_{n+1}^{(0)}$，然后用式(3.18) 中第二式进行迭代，反复改进这个近似值，直到 $|y_{n+1}^{(k+1)}-y_{n+1}^{(k)}|<\varepsilon$（$\varepsilon$ 为所允许的误差）为止，并把 $y_{n+1}^{(k)}$ 取作 $y(x_{n+1})$ 的近似值 y_{n+1}。这个方法就叫改进欧拉方法。

显然，应用改进欧拉法，如果序列 $y_{n+1}^{(0)},y_{n+1}^{(1)},\cdots$ 收敛，它的极限便满足方程

$$y_{n+1}=y_n+\frac{h}{2}[f(x_n,y_n)+f(x_{n+1},y_{n+1})] \tag{3.19}$$

即序列的极限可取作 y_{n+1}。可以证明，如果$\frac{\partial f}{\partial y}$有界，则只要 h 取得适当小时，上述序列必定收敛。这样当 h 取得充分小时，就可保证上述迭代过程收敛到一个解。当步长 h 取得适当时，欧拉方法算出的值已是较好的近似，因此改进欧拉法收敛很快，通常只需两三次迭代即可。如果迭代很多步仍不收敛，则表明步长 h 选得过大，应缩小步长后再计算。通常把式(3.18)叫作预报校正公式，其中第一式叫预报公式，第二式叫校正公式。这个公式还可写为

$$\left.\begin{aligned} &y_{n+1}=y_n+\frac{1}{2}k_1+\frac{1}{2}k_2\\ &k_1=hf(x_n,y_n)\\ &k_2=hf(x_n+h,y_n+k_1)\end{aligned}\right\}\tag{3.20}$$

3. 公式的截断误差

现在来考查两个公式的截断误差：$y(x_{n+1})-y_{n+1}$ 有多大？这里假定前一步算得的结果 $y_n=y(x_n)$ 是准确的。

写出 $y(x_{n+1})$ 的泰勒展开式为

$$y(x_{n+1})=y(x_n+h)=y(x_n)+hy'(x_n)+\frac{h^2}{2!}y''(x_n)+o(h^3)\cdots\tag{3.21}$$

由欧拉法得

$$y_{n+1}=y_n+hf(x_n,y_n)=y(x_n)+hy'(x_n)\tag{3.22}$$

两式相减得

$$y(x_{n+1})-y_{n+1}=\frac{h^2}{2}y''(x_n)+o(h^3)=o(h^2)\tag{3.23}$$

即欧拉法的截断误差为 $o(h^2)$，当 $h\to 0$ 时它与 h^2 是同阶无穷小量，因此称欧拉法具有一阶精度。一般而言，若积分方法的截断误差为 $o(h^{p+1})$，则称该算法为 p 阶精度。

对于改进的欧拉方法，以迭代一次的预报校正格式(见式(3.18))为例来说明。因为

$$k_1=hf(x_n,y_n)=hf(x_n,y(x_n))=hy'(x_n)\tag{3.24}$$

$$\begin{aligned} k_2&=hf(x_n+h,y_n+k_1)=hf[x_n+h,y(x_n)+k_1]=\\ &h\left\{f[x_n,y(x_n)]+h\frac{\partial}{\partial x}f[x_n,y(x_n)]+k_1\frac{\partial}{\partial y}f[x_n,y(x_n)]+\cdots\right\}=\\ &hf[x_n,y(x_n)]+h^2\left\{\frac{\partial}{\partial x}f[x_n,y(x_n)]+y'(x_n)\frac{\partial}{\partial y}f[x_n,y(x_n)]+o(h^3)\cdots=\right.\\ &hy'(x_n)+h^2y''(x_n)+o(h^3)\cdots\end{aligned}\tag{3.25}$$

用它们代入式(3.18)第二式即得

$$\begin{aligned} y_{n+1}&=y_n+\frac{h}{2}y'(x_n)+\frac{h}{2}y'(x_n)+\frac{h^2}{2}y''(x_n)+\cdots=\\ &y(x_n)+hy'(x_n)+\frac{h^2}{2}y''(x_n)+o(h^3)\cdots\end{aligned}\tag{3.26}$$

这里未把含有 h 的三次幂以上的项写出，因此有

$$y(x_{n+1})-y_{n+1}=o(h^3)\tag{3.27}$$

即迭代一次的预报校正格式(见式(3.18))的截断误差为 $o(h^3)$，为2阶精度。可见改进的欧拉方法比欧拉法的阶提高了。

例 3-2

$$\begin{cases}\dfrac{dy}{dx}=y-\dfrac{2x}{y}\\ y(0)=1\end{cases}$$

在区间[0,1.5]上，取 $h=0.1$，求解。

解 (1) 用欧拉法计算公式：

$$y_{n+1}=y_n+h\left(y_n-\frac{2x_n}{y_n}\right),\quad y_0=1,\quad h=0.1$$

(2) 用迭代一次的改进欧拉法计算公式：

$$y_{n+1}^{(0)}=y+h\left(y_n-\frac{2x_n}{y_n}\right)$$

$$y_{n+1}=y_n+\frac{h}{2}[f(x_n,y_n)+f(x_{n+1},y_{n+1}^{(0)})]=y_n+\frac{h}{2}\left[\left(y_n-\frac{2x_n}{y_n}\right)+\left(y_{n+1}^{(0)}-\frac{2x_{n+1}}{y_{n+1}^{(0)}}\right)\right]$$

$$y_0=1,\quad h=0.1$$

本题的精确解为 $y(x)=\sqrt{1+2x}$，可用来检验近似解的精确程度。计算结果见表 3-2。

表 3-2 数值积分结果

x_n	欧拉法 y_n	迭代一次改进欧拉法 y_n	准确解 $y(x_n)=\sqrt{1+2x_n}$
0	1	1	1
0.1	1.1	1.095 909	1.095 445
0.2	1.191 818	1.184 096	1.183 216
0.3	1.277 438	1.260 201	1.264 911
0.4	1.358 213	1.343 360	1.341 641
0.5	1.435 133	1.416 102	1.414 214
0.6	1.508 966	1.482 956	1.483 240
0.7	1.580 338	1.552 515	1.549 193
0.8	1.649 783	1.616 476	1.612 452
0.9	1.717 779	1.678 168	1.673 320
1.0	1.784 770	1.737 869	1.732 051
1.1	1.851 18	1.795 822	1.788 854
1.2	1.917 464	1.852 242	1.843 909
1.3	1.984 046	1.907 323	1.897 367
1.4	2.051 404	1.961 253	1.949 359
1.5	2.120 052	2.014 207	2.000 000

3.1.2 泰勒级数法和龙格-库塔法

由上节内容可知，截断误差的阶是衡量一个方法精度高低的主要依据。能否用提高截断误差的阶来提高该方法的精确度呢？回答是肯定的。本节介绍的泰勒级数法和龙格-库塔法就是基于这种思想构造出来的。

1. 泰勒级数法

如果初值问题

$$\left.\begin{aligned}\frac{\mathrm{d}y}{\mathrm{d}x}&=f(x,y)\\ y(x_0)&=y_0\end{aligned}\right\}\tag{3.28}$$

的精确解 $y(x)$ 在 $[x_0,x]$ 上存在 $k+1$ 阶导数且连续，那么由泰勒公式

$$y(x_{n+1})=y(x_n)+hy'(x_n)+\cdots+\frac{h^k}{k!}y^{(k)}+R_k\tag{3.29}$$

其中截断误差为

$$R_k=\frac{h^{k+1}}{(k+1)!}y^{(k+1)}(\xi)=o(h^{k+1})\quad(x_n<\xi<x_{n+1})\tag{3.30}$$

略去截断误差，并用近似值 $y_n^{(k)}$ 代替真值 $y^{(k)}(x_n)$，则得

$$y_{n+1}=y_n+hy'_n+\frac{h^2}{2!}y''_n+\cdots+\frac{h^k}{k!}y_n^{(k)}\tag{3.31}$$

用式(3.31)解初值问题的数值方法称为泰勒级数法，当 $k=3$ 时，式(3.31)变为

$$y_{n+1}=y_n+hy'_n+\frac{h^2}{2}y''_n+\frac{h^3}{6}y'''_n\tag{3.32}$$

这时的截断误差为

$$R_3=\frac{h^4}{4!}y^{(4)}(\xi)=o(h^4)\quad(x_n<\xi<x_{n+1})\tag{3.33}$$

从截断误差的表示式中看出，当微分方程式(3.28)的真解 $y=y(x)$ 为次数不超过 3 的多项式时，式(3.32)精确成立，因此式(3.32)是 3 阶方法。

例 3-3 导出用三阶泰勒级数法解方程

$$y'=x^2+y^2$$

的计算公式。

解 因为

$$\begin{gathered}y'=f(x,y)=x^2+y^2\\ y''=f'=2x+2yy'=2x+2y(x^2+y^2)\\ y'''=f''=2+2yy''=2(y')^2=2+4xy+2(x^2+y^2)(x^2+3y^2)\\ y^{(4)}=f'''=2yy'''+2y'y''+4y'y''=2yy''+6y'y''=\\ 4y+4x(3x^2+5y^2)+8y(x^2+y^2)(2x^2+3y^2)\end{gathered}$$

所以

$$y_{n+1}=y_n+hf_n+\frac{1}{2}h^2f'_n+\frac{1}{6}h^3f''_n$$

而

$$R_3=\frac{h^4}{4!}f_n^{(4)}(\xi)\quad(x_n<\xi<x_{n+1})$$

式中，$f_n^{(k)}$ 表示 $f(x,y)$ 对 x 的 k 阶偏导数在 $x=x_n$ 点上的值。

泰勒级数法只要初值问题的真解充分光滑，就可以获得精确度较高的数值解。但是须计算 $y(x)$ 的各阶导数，当 $f(x,y)$ 的表达式复杂时是很烦琐的。因此泰勒级数法一般只用于求"表头"(即开头几点的数值解，如 y_1,y_2,y_3,y_4 等)。另外，当用上述级数法计算表头时，还可以得到选择步长 h 的信息。假定要求计算误差不超过 ε，那么，当 h 满足条件

$$\frac{1}{(k+1)!}h^{k+1}\left|y^{(k+1)}(x_n)\right|\leqslant\varepsilon \tag{A}$$

$$\frac{1}{k!}h^{k}\left|y^{(k)}(x_n)\right|>\varepsilon \tag{B}$$

时，应该认为是最好的。因为，当条件(A)不满足时，达不到指定精确度，而当条件(B)不满足时，则表明 h 过小。

能否构造一种格式，既保留泰勒级数法精确度较高的优点，又避免过多地计算 $f(x,y)$ 的各阶偏导数呢？下面介绍的龙格-库塔方法就能达到这一点。

2. 龙格-库塔法

从理论上讲，只要函数 $y=y(x)$ 在区间$[a,b]$上充分光滑，那么它的各阶导数值 $y^{(k)}(x_n)$ 与函数 $y(x)$ 在区间$[a,b]$上某些点的值就相互有联系，就是说，函数值可用各阶导数值近似地表示出来，反之，各阶导数值也可用函数在一些点上值的线性组合近似地表示出来。事实上，欧拉法和改进欧拉法也可以看成是导数值用函数值的线性组合表示的特例。例如，改进欧拉法可以写成

$$\left.\begin{aligned}&y_{n+1}=y_n+\frac{h}{2}(k_1+k_2)\\&k_1=f(x_n,y_n)\\&k_2=f(x_n+h,y_n+hk_1)\end{aligned}\right\} \tag{3.34}$$

此公式也可称为二阶龙格-库塔公式。

为了导出龙格-库塔法的一般公式，取线性组合形式：

$$y_{n+1}=y_n+h\sum_{i=1}^{\gamma}w_ik_i \tag{3.35}$$

其中

$$k_i=f\Big(x_n+b_ih,y_n+h\sum_{j=1}^{i-1}a_{ij}k_j\Big) \tag{3.36}$$

即

$$\left.\begin{aligned}&k_1=f(x_n,y_n)\\&k_2=f(x_n+b_2h,y_n+ha_{21}k_1)\\&k_3=f(x_n+b_3h,ya_{31}k_1+ha_{32}k_2)\\&\cdots\cdots\end{aligned}\right\} \tag{3.37}$$

而 $w_1,w_2,\cdots,w_v;b_1=0,b_2,b_3,\cdots,b_v;a_{21},a_{31},\cdots,a_{vv-1}$ 除 $b_1=0$ 外均为待定系数。适当选取这些系数，使得局部截断误差的阶尽可能高即可。

显然，当 $\gamma=1$ 时，式(3.35)就是欧拉公式。

现在先导出 $\gamma=2$ 时的公式。将 k_1,k_2 在同一点(x_n,y_n)泰勒展开，则有

$$k_1 = f(x_n, y_n) \tag{3.38}$$

$$k_2 = f(x_n + b_2 h, y_n + h a_{21} k_1) = f(x_n, y_n) + h\left(b_2 \frac{\partial f}{\partial x}\bigg|_{(x_n, y_n)} + a_{21} k_1 \frac{\partial f}{\partial y}\bigg|_{(x_n, y_n)}\right) + o(h^2) \tag{3.39}$$

将式(3.39)代入式(3.35)并与 $y(x_n + h)$ 在 x_n 点的泰勒展开式：

$$y(x_n + h) = y(x_n) + hf(x_n, y_n) + \frac{h^2}{2}\left(\frac{\partial f}{\partial x}\bigg|_{(x_n, y_n)} + f(x_n, y_n)\frac{\partial f}{\partial y}\bigg|_{(x_n, y_n)}\right) + \frac{h^3}{3!}\left[\frac{\partial^2 f}{\partial x^2}\bigg|_{(x_n, y_n)} + 2f(x_n, y_n)\frac{\partial^2 f}{\partial x \partial y}\bigg|_{(x_n, y_n)} + f^2(x_n, y_n)\frac{\partial^2 f}{\partial y^2}\bigg|_{(x_n, y_n)} + \frac{\partial f}{\partial y}\bigg|_{(x_n, y_n)}\left(\frac{\partial f}{\partial x}\bigg|_{(x_n, y_n)} + f(x_n, y_n)\frac{\partial f}{\partial y}\bigg|_{(x_n, y_n)}\right)\right] + \cdots + o(h^3) \tag{3.40}$$

逐项比较，令 h, h^2 项的系数相等，便得到

$$w_1 + w_2 = 1,\quad w_2 b_2 = \frac{1}{2},\quad w_2 a_{21} = \frac{1}{2}$$

把 b_2 作为自由参数来确定 w_1 和 w_2，如取 $b_2 = 1$，则 $w_1 = w_2 = \frac{1}{2}$，$a_{21} = 1$，这时式(3.35)正好就是改进的欧拉方法，截断误差的阶为 $o(h^3)$。

对于 $\gamma = 3$ 的情形，也可以完全仿照上述方法推导出三阶龙格-库塔公式。这时参数满足下列条件：

$$\left.\begin{aligned} & w_1 + w_2 + w_3 = 1 \\ & b_2 w_2 + b_3 w_3 = \frac{1}{2} \\ & a_{21} w_2 (a_{31} + a_{32}) w_3 = \frac{1}{2} \\ & b_2^2 w_2 + b_3^2 w_3 = \frac{1}{3} \end{aligned}\right\} \tag{3.41}$$

$$\left.\begin{aligned} & b_2 a_{21} w_2 + b_2 (a_{31} + a_{32}) w_3 = \frac{1}{3} \\ & a_{21}^2 w_2 + (a_{31} + a_{32}) 2 w_3 = \frac{1}{3} \\ & b_2 a_{32} w_2 = \frac{1}{6} \\ & a_{21} a_{32} w_3 = \frac{1}{6} \end{aligned}\right\} \tag{3.42}$$

式(3.41)比较简单的一组解为

$$b_2 = \frac{1}{2},\quad b_3 = 1,\quad a_{21} = \frac{1}{2},\quad a_{31} = -1,\quad a_{32} = 2,\quad w_1 = \frac{1}{6},\quad w_2 = \frac{4}{6},\quad w_3 = \frac{1}{6}$$

将它代入式(3.35)，得

$$\left.\begin{aligned} & y_{n+1} = y_n + \frac{h}{6}(k_1 + 4k_2 + k_3) \\ & k_1 = f(x_n, y_n) \\ & k_2 = f\left(x_n + \frac{h}{2}, y_n + \frac{k_1}{2}\right) \\ & k_3 = f(x_n + h, y_n - k_1 + 2k_2) \end{aligned}\right\} \tag{3.43}$$

这就是三阶龙格-库塔公式。当然,选取不同的参数,公式(3.43)就有不一样的形式,但它们的截断误差阶都是 $o(h^4)$。

通常人们所说的龙格-库塔法是指四阶而言的。可以仿照二阶的情形推导出此公式,不过太繁杂,此处从略。常用的四阶公式是

$$\left.\begin{aligned}
&y_{n+1}=y_n+\frac{h}{6}(k_1+2k_2+2k_3+k_4)\\
&k_1=f(x_n,y_n)\\
&k_2=f\left(x_n+\frac{1}{2}h,y_n+\frac{h}{2}k_1\right)\\
&k_3=f\left(x_n+\frac{1}{2}h,y_n+\frac{h}{2}k_2\right)\\
&k_4=f(x_n+h,y_n+hk_3)
\end{aligned}\right\}\tag{3.44}$$

公式(3.44)的截断误差阶为 $o(h^5)$。

龙格-库塔法有精确度高、收敛、稳定(在一定的条件下)、计算过程中可以改变步长等优点,但仍需计算 $f(x,y)$ 在一些点的值,如四阶龙格-库塔法每计算一步需要算四次 $f(x,y)$ 的值,这就给实际计算带来了一定的难度。因此,它与泰勒级数法一样,一般用于计算“表头”。

例 3-4 用龙格-库塔法解初值问题

$$y'=x^2-y\quad(0\leqslant x\leqslant 1)\quad y(0)=1$$

解 取 $h=0.1$,由式(3.44),得

$$\begin{cases}
k_1=x_n^2-y_n\\
k_2=(x_n+0.05)^2-(y_n+0.05k_1)\\
k_3=(x_n+0.05)^2-(y_n+0.05k_2)\\
k_4=(x_n+0.1)^2-(y_n+0.1k_3)
\end{cases}$$

把初始条件 $x_0=0,y_0=1$ 代入,得 $k_1=-1,k_2=-0.947\,5,k_3=-0.950\,1,k_4=0.895\,0$,将这些 k 值代入式(3.44),得

$$y_1=1+\frac{0.1}{6}[-1+2(-0.947\,5-0.950\,1)-0.895\,0]=0.905\,16$$

重复上述步骤可算出 $y_2,y_3,\cdots,y_{10},\cdots$。

3.1.3 线性多步法

前面介绍的方法统称为单步法,就是在计算 y_{n+1} 时,只用到前面一步 y_n 的值。本节介绍利用前边已经算出来的若干个值 $y_{n-k},y_{n-k+1},\cdots,y_{n-1},y_n$ 来求得 y_{n+1} 的高精度公式 —— 线性多步方法。

已知初值问题

$$\left.\begin{aligned}
y'&=f(x,y)\\
y(x_0)&=y_0
\end{aligned}\right\}\tag{3.45}$$

与积分方程

$$y(x_{n+1})=y(x_n)+\int_{x_n}^{x_{n+1}}f(t,y(t))\mathrm{d}t\quad(n=0,1,2,\cdots)\tag{3.46}$$

等价。本节介绍的方法,其基本思想是用一个插值多项式 $P(x)$ 来代替式(3.45)中的被积函

数 $f(x,y)$，然后用

$$y_{n+1}=y_n+\int_{x_n}^{x_{n+1}}P(t)\mathrm{d}t \tag{3.47}$$

代替式(3.46)。这种方法实际上要分两步来做：

(1) 求出开头几个点 x_k 上的近似值 y_k，即计算“表头”；

(2) 利用式(3.47) 逐步求后面点 x_k 上的值 y_k。

选取不同的插值点作插值多项式，就会得出不同的数值解法，这里只讨论其中的一种，叫阿当姆斯(Adams) 方法。

1. 阿当姆斯外推公式

为了简单起见，以 $k=2$ 为例，导出阿当姆斯外推公式。于是以 x_{n-2}, x_{n-1}, x_n 为节点作牛顿向后插值多项式 $P_2(x)$，则

$$P_2(x)=f_n+t\,\nabla f_n+\frac{t(t+1)}{2!}\nabla^2 f_n \tag{3.48}$$

其中

$$t=\frac{x-x_n}{h} \tag{3.49}$$

而余项为

$$r_2(x)=\frac{h^3t(t+1)(t+2)}{3!}y'''(\xi)\quad (x_{n-2}<\xi<x_n) \tag{3.50}$$

将式(3.48) 代入式(3.47) 并经变量替换 $x=x_n+th$，便得

$$y_{n+1}=y_n+h\int_0^1 f_n+\left[t\,\nabla f_n+\frac{t(t+1)}{2!}\nabla^2 f_n\right]\mathrm{d}t=y_n+h\left(f_n+\frac{1}{2}\nabla f_n+\frac{5}{12}\nabla^2 f_n\right) \tag{3.51}$$

在上述公式中被插值点 $x_n\leqslant x\leqslant x_{n+1}$ 不包含在插值节点所决定的最大区间(x_{n-2}, x_n)内，故式(3.51) 称阿当姆斯外推公式(或称外插公式)，显然，它是显式的且每前进一步只计算一次 $f(x,y)$ 的值即可。

式(3.47) 的截断误差，可由式(3.50) 及积分第二中值定理求得，即

$$R_{n+1}=h^3\int_0^1\frac{t(t+1)(t+2)}{3!}y'''(\xi)\mathrm{d}t=o(h^3) \tag{3.52}$$

式(3.52) 表明阿当姆斯外推法(当 $k=2$ 时) 的截断误差的阶为 $o(h^3)$。

同理，对 $k=3$ 的情形即可求得外推公式

$$y_{n+1}=y_n+h\left(f_n+\frac{1}{2}\nabla f_n+\frac{5}{12}\nabla^2 f_n+\frac{3}{8}\nabla^3 f_n\right) \tag{3.53}$$

而余项为

$$R_{n+1}=\frac{251}{720}h^5y^{(5)}(\xi)=o(h^5) \tag{3.54}$$

式(3.51) 和式(3.53) 要输入一个差分表。为此，将差分表示成函数值的和的形式，即

$$\nabla^j f_n=\sum_{i=0}^{j}(-1)^j C_j^i f_{n-1} \tag{3.55}$$

其中，C_j^i 是组合数，即

$$C_j^i = \frac{j(j-1)\cdots(j-1+1)}{i!} \quad (C_j^0 = 1) \tag{3.56}$$

这样式(3.51)可改写为

$$y_{n+1} = y_n + \frac{h}{12}(23f_n - 16f_{n-1} + 5f_{n-2}) \tag{3.57}$$

而式(3.53)可改写为

$$y_{n+1} = y_n + \frac{h}{24}(55f_n - 59f_{n-1} + 37f_{n-2} - 9f_{n-3}) \tag{3.58}$$

式(3.57)和式(3.58)是常用的外推公式。

例 3-5 当 x 为 $0.1 \sim 0.5$，步长 $h=0.1$ 时，求 $y' = x + y, y(0)=1$ 的数值解。

解 先用前面讲过的方法计算出表头：

$$y_0 = 1, \quad y_1 = 1.110\ 34$$

$$y_2 = 1.242\ 81, \quad y_3 = 1.399\ 72$$

将上述值代入式(3.58)，计算得

$$y_4 = 1.583\ 64, \quad y_5 = 1.797\ 42$$

2. 阿当姆斯内插法

根据插值理论知道，节点的选择对于精度有直接的影响。同样次数的内插公式比外插公式更精确。

如果式(3.47)中的被积函数是以 x_{n-1}, x_n, x_{n+1} 为插值节点的内插多项式，即

$$P_2(x) = f_{n+1} + t\,\nabla f_{n+1} + \frac{t(t+1)}{2!}\nabla^2 f_{n+1} \tag{3.59}$$

将式(3.59)代入式(3.51)便得

$$y_{n+1} = y_n + h\left(f_{n+1} - \frac{1}{2}\nabla f_{n+1} - \frac{1}{12}\nabla f_{n+1} - \frac{1}{12}\nabla^3 f_{n+1}\right) \tag{3.60}$$

把它改写成便于在计算机上实现的形式，就有

$$y_{n+1} = y_n + \frac{h}{12}(5f_{n+1} + 8f_n - f_{n-1}) \tag{3.61}$$

式(3.61)便是 $k=1$ 时的阿当姆斯内插公式，它的截断误差的阶为

$$R_{n+1} = o(h^4) \tag{3.62}$$

同理，对 $k=2$ 的情形可导出公式

$$y_{n+1} = y_n + h\left(f_{n+1} - \frac{1}{2}\nabla f_{n+1} - \frac{1}{12}\nabla^2 f_{n+1} - \frac{1}{24}\nabla^3 f_{n+1}\right) \tag{3.63}$$

或

$$y_{n+1} = y_n + \frac{h}{24}(9f_{n+1} + 19f_n - 5f_{n-1} + f_{n-2}) \tag{3.64}$$

而

$$R_{n+1} = o(h^5) \tag{3.65}$$

这就是常用的阿当姆斯内插公式。

比较外推法和内插法的截断误差可知，当在同样利用 $k+1$ 个已知值时，阿当姆斯内插法的截断误差阶比外推法高一阶，因而内插法更精确。

但内插法式(3.61)及式(3.64)是隐式的，需要解方程，通常用迭代法求解。如用外推法

式(3.57)算出的值作为初始近似，然后相应地用内插法式(3.64)进行迭代，即

$$\left.\begin{aligned} y_{n+1}^{(0)} &= y_n + \frac{h}{12}(23f_{n-1} - 16f_{n-1} + 5f_{n-2}) \\ y_{n+1}^{(m+1)} &= y_n + \frac{h}{24}[9f(x_{n+1}, y_{n+1}^{(m)}) + 19f_n - 5f_{n-1} + f_{n-2}] \end{aligned}\right\} \tag{3.66}$$

若将式(3.64)记成 $y_{n+1} = F(y_{n+1})$ 的形式，容易算出

$$\frac{\mathrm{d}F(y_{n+1})}{\mathrm{d}y_{n+1}} = \frac{9}{24}h\frac{\partial f(x_{n+1}, y_{n+1})}{\partial y_{n+1}} \tag{3.67}$$

因此，当 h 充分小时，可有

$$\left|\frac{\mathrm{d}F(y_{n+1})}{\mathrm{d}y_{n+1}}\right| = \frac{3}{8}h\left|\frac{\partial f(x_{n+1}, y_{n+1})}{\partial y_{n+1}}\right| < 1 \tag{3.68}$$

即迭代程序式(3.66)收敛，并且 h 越小，收敛越快。当 h 选得适当时，一般迭代两三次即可得到满足精度要求的 y_{n+1} 值。

同理可导出一般的阿当姆斯内插公式。

为了提高精度，经常把阿当姆斯外推法与内插法联合起来交替使用。例如

$$y_{n+1}^{(0)} = y_n + \frac{h}{12}(23f_n - 16f_{n-1} + 5f_{n-2}) \tag{3.69}$$

$$y_{n+1} = y_n + \frac{h}{24}[9f(x_{n+1}, y_{n+1}^{(0)}) + 19f_n - 5f_{n-1} + f_{n-2}] \tag{3.70}$$

第一个方程的精度为 $o(h^4)$，用第二个方程迭代一次精度仍达 $o(h^5)$。这样两个方程交替使用可达较好的效果。第一个方程是预报方程，第二个方程是较正方程。

例 3-6　对例 3-5 用内插法求解。

解　先用前面讲过的方法计算出表头：

$$y_0 = 1,\quad y_1 = 1.110\,34,\quad y_2 = 1.242\,81$$

再用式(3.66)的第一个式子计算出 $y_3^{(0)} = 1.399\,64$，最后用式(3.66)的第二个式子进行迭代，得

$$y_3 = 1.399\,72$$

同样，可算出 y_4 及 y_5。

3.1.4　解二阶常微分方程边值问题的差分法

考虑常微分方程的边值问题：

$$\left.\begin{aligned} & y'' + p(x)y' + q(x)y = f(x) \quad a < x < b \\ & y(a) = \alpha \qquad\qquad y(b) = \beta \end{aligned}\right\} \tag{3.71}$$

其中，$p(x)$，$q(x)$ 和 $f(x)$ 均为$[a,b]$上给定的函数；α，β 为已知数。

边值问题的主要特点是在两个端点上给出了定解条件。在以下讨论中总假定 $p(x)$，$q(x)$ 及 $f(x)$ 均为$[a,b]$上充分光滑的函数，且 $q(x) \leqslant 0$，这时，边值问题式(3.71)存在连续可微的解，且唯一。

用差分法解边值问题的主要步骤：

(1) 将区间$[a,b]$离散化；

(2) 在这些节点上，将导数差商化，从而把微分方程化为差分方程；

(3) 解差分方程实际上就是解线性代数方程组。将$[a,b]$区间用节点

$$x_i=a+ih,\quad i=0,1,\cdots,N,\quad h=\frac{b-a}{N} \tag{3.72}$$

分成N等份，其中$x_0=a$与$x_N=b$称为边界点，而$x_1,x_2,\cdots,x_{N-1}$称为内点。

计算$y''(x),y'(x)$在内点x_1处的值。$y'(x)$可表示为中心差商

$$\frac{y(x_{i+1})-y(x_{i-1})}{2h}=y'(x_i)+o(h^2) \tag{3.73}$$

$$y''(x)=\frac{\mathrm{d}}{\mathrm{d}x}\left(\frac{\mathrm{d}y}{\mathrm{d}x}\right)=\frac{\mathrm{d}}{\mathrm{d}x}\left(\lim_{h\to 0}\frac{y(x+h)-y(x)}{h}\right)=\lim_{h\to 0}\left[\frac{\mathrm{d}}{\mathrm{d}x}y(x+h)+\frac{\mathrm{d}}{\mathrm{d}x}y(x)\right]\approx$$

$$\frac{\delta(y_{i+\frac{1}{2}})-\delta(y_{i-\frac{1}{2}})}{h}=\frac{\dfrac{y_{i+1}-y_i}{h}-\dfrac{y_i-y_{i-1}}{h}}{h}=\frac{1}{h}\left(\frac{y_{i+1}-y_i}{h}-\frac{y_i-y_{i-1}}{h}\right) \tag{3.74}$$

从而y''的中心差商为

$$y''(x_i)=\frac{y(x_{i+1})-2y(x_i)+y(x_{i-1})}{h^2}+o(h^2) \tag{3.75}$$

略去式(3.75)中截断误差的阶为$o(h^2)$，并以近似值y_i代替真值$y(x_i)$，便得

$$\left.\begin{aligned}y'(x_i)&\approx\frac{y_{i+1}-y_{i-1}}{2h}\\ y''(x_i)&\approx\frac{y_{i+1}-2y_i+y_{i-1}}{h^2}\end{aligned}\right\} \tag{3.76}$$

同一、二阶中心差商分别代替式(3.71)中的一、二阶导数，则得逼近式(3.71)的差分方程为

$$\left.\begin{aligned}&\frac{y_{i+1}-2y_i+y_{i-1}}{h^2}+p_i\frac{y_{i+1}-y_{i-1}}{2h}+q_iy_i=f_i\quad(i=1,\cdots,N-1)\\ &y_0=\alpha,\quad y_N=\beta\end{aligned}\right\} \tag{3.77}$$

其中，$p_i=p(x_i),q_i=q(x_i),f_i=f(x_i)$。经过简单整理，式(3.77)可改写成

$$\left.\begin{aligned}&\left(1-\frac{h}{2}p_i\right)y_{i-1}-2\left(1-\frac{h^2}{2}q_i\right)y_i+\left(1+\frac{h}{2}p_i\right)y_{i+1}=h^2f_i\quad(i=1,2,\cdots,N-1)\\ &y_0=\alpha,\quad y_N=\beta\end{aligned}\right\} \tag{3.78}$$

差分方程式(3.78)实际上是含有$N-1$个未知数$y_1,y_2,\cdots,y_{N-1}$的线性代数方程组。

最后，解差分方程式(3.78)就可得数值解y_i。为此，令

$$\left.\begin{aligned}a_i&=1-\frac{h}{2}p_i\\ b_i&=-2\left(1-\frac{h^2}{2}q_i\right)\\ c_i&=1+\frac{h}{2}\\ d_i&=h^2f_i\end{aligned}\right\} \tag{3.79}$$

则有

$$
\left.\begin{array}{l}
b_1y_1+c_1y_2=d_1-\alpha \\
a_2y_1+b_2y_2+c_2y_3=d_2 \\
a_3y_2+b_3y_3+c_3y_4=d_3 \\
\cdots\cdots \\
a_{N-1}y_{N-2}+b_{N-1}y_{N-1}=d_{N-1}-c_{N-1}\beta
\end{array}\right\} \quad (3.80)
$$

这个方程组的系数矩阵是三对角矩阵,可以用追赶法求解。

例 3-7 试用差分法解方程

$$
\left.\begin{array}{l}
y''-2(9x+2)y=-2(9x+2)\mathrm{e}^x \quad (0<x<1) \\
y(0)=0, \quad y(1)=1
\end{array}\right\} \quad (3.81)
$$

解 将[0,1]划分为四等份,即取 $h=\frac{1}{4}$,得5个节点:

$$x_0=0, \quad x_1=\frac{1}{4}, \quad x_2=\frac{1}{2}, \quad x_3=\frac{3}{4}, \quad x_4=1$$

式(3.81)的差分方程为

$$
\left.\begin{array}{l}
\dfrac{y_{n-1}-2y_n+y_{n+1}}{h^2}-2(9x_n+2)y_n=-2(9x_{n+2})\mathrm{e}^{x_n} \quad (n=1,2,3) \\
y_0=0, \quad y_4=1
\end{array}\right\}
$$

将它改写成

$$
\begin{cases}
y_{n-1}-2[1+h^2(9x_{n+2})]y_n+y_{n+1}=-2h^2(9x_{n+2})\mathrm{e}^{x_n} \\
y_0=0, \quad y_4=1
\end{cases}
$$

在每个内点列方程得

$$
\begin{cases}
-2.531\,2y_1+y_2=-0.682\,1 \\
y_1-2.812\,5y_2+y_3=-1.339\,6 \\
y_2-3.093\,8y_3=-3.315\,6
\end{cases}
$$

由追赶法递推公式解得

$$y_3=1.485\,5, \quad y_2=1.280\,2, \quad y_1=0.775\,3$$

3.1.5 算法的误差及选择

1. 舍入误差

由于积分算法是由有限精度(字长)的计算机算术运算来实现的,所以必定要引入舍入误差。舍入误差会积累,它随着积分时间的增加和积分法阶次的增高而增加。而且它还随着积分步长的减小而变得愈加严重。这是因为对于给定的积分时间,使用更小的步长就意味着更多的积分步数。

2. 步长选择

从数值计算观点看，步长越小，截断误差越小。但是由于步长减小将导致步数的增多，舍入误差积累就会增加，如图 3-2 所示。因此要兼顾截断误差和舍入误差两个方面选取合理的步长。从控制理论观点来看，步长的选择与控制系统的频带及构成仿真系统环节数的多少等因素有关，要根据仿真精度给出一个计算步长的解析公式是很困难的。在实际工作中，通常根据被仿真系统的响应速度由经验确定。一般要求步长小于系统的时间常数的 1/10。若系统变量的变化频率为 f_0，则与步长 h 相对应的间隔频率 f_1 应在 f_0 的 20 ～ 100 倍之间选择。

3. 算法的选择

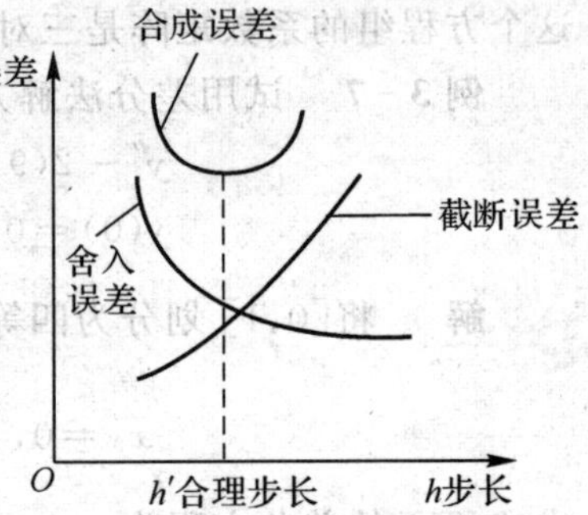

图 3-2　步长与误差的关系

数值积分方法的选择和仿真的精度、速度、计算稳定性、自启动能力等有关，没有一种确定的方法来选择最好的积分公式。通常来说，对一般的非线性连续系统仿真，如果方程式(3.1) 的右端函数比较简单，则适合采用单步法，这类方法能够自动起步，且容易实现，因而使用起来比较简单，若精度要求较低可采用欧拉法，若要提高精度，可采用阶次适当的龙格-库塔法。当右端函数比较复杂时，每步最多只需计算两次右端函数。计算量大，宜采用多步法如亚当姆斯法，对于预估-校正法，选择好积分方法后，还要确定方法的阶次和步长，这也十分重要。数值积分的精度主要受 3 个因素的影响：截断误差、舍入误差和积累误差。其中截断误差取决于积分方法的阶次和步长。在同一算法下(阶次相同)，步长越小，截断误差越小；同样步长下，算法阶次越高，截断误差越小。舍入误差主要取决于计算机的字长，字长越长，输入误差越小。而积累误差对计算机精度的影响，又与积分算法和数值积分计算时间的长短有关。

总之，应根据仿真精度的要求，综合考虑计算速度、稳定性等因素，合理地选择积分方法和其阶次与步长。

3.2　数据插值

在实际中，常常需要确定一个变量依存于另一个或更多的变量的关系，即函数。但实际上确定函数的形式(线性形式、乘法形式、幂指形式或其他形式) 时往往没有先验的依据。只能在实验或测量得到的离散数据的基础上进行试验，这时候常常会用到插值与拟合的方法。

插值与拟合就是要通过已知的数据去确定某一类已知函数的参数或寻找某个近似函数，使所得到的近似函数对已知数据有较高的拟合精度。如果要求这个近似函数经过所有已知的数据点，则称此类问题为插值问题。当所给的数据较多时，用插值方法所得到的插值函数会很复杂，因此，通常插值方法用于数据较少的情况。其实，通常情况下数据都是由观测或实验得到的，往往会带有一定的随机误差，因而，要求近似函数通过所有的数据点也是没有必要的。如果不要求近似函数通过所有的数据点，而是要求它能较好地反映数据的整体变化趋势，则解决这类问题的方法称为数据拟合。虽然插值与拟合都是要构造已有数据的近似函数，但因对近似要求的准则不同，二者在数学方法上有很大的差异。

3.2.1　一般插值方法

1. 问题的提出

插值问题的一般提法：

已知 $n+1$ 个节点 $(x_j, y_j)(j=0,1,\cdots,n)$，其中 $x_j(j=1,2,\cdots,n)$ 互不相同，要求构造一个函数 $y=f(x)$，使得 $y_j=f(x_j)(j=0,1,\cdots,n)$。通常称这样一类问题为插值问题，并称构造的函数 $y=f(x)$ 为插值函数，$x_j(j=1,2,\cdots,n)$ 为插值节点，$y_j=f(x_j)(j=0,1,\cdots,n)$ 为插值条件。

2. 多项式插值

从理论和计算的角度看，多项式是最简单的函数，设 $f(x)$ 是 n 次多项式，记作

$$L_n(x)=a_nx^n+a_{n-1}x^{n-1}+\cdots+a_1x+a_0 \tag{3.82}$$

对于节点 (x_j, y_j)，应有

$$L_n(x_j)=y_j,\quad j=0,1,2,\cdots,n \tag{3.83}$$

为了确定插值多项式 $L_n(x)$ 中的系数 $a_n, a_{n-1},\cdots,a_1,a_0$，将式(3.82)代入式(3.83)，有

$$\left.\begin{aligned} a_nx_0^n+a_{n-1}x_0^{n-1}+\cdots+a_1x_0+a_0=y_0 \\ a_nx_1^n+a_{n-1}x_1^{n-1}+\cdots+a_1x_1+a_0=y_1 \\ \cdots\cdots \\ a_nx_n^n+a_{n-1}x_n^{n-1}+\cdots+a_1x_n+a_0=y_n \end{aligned}\right\} \tag{3.84}$$

记

$$\left.\begin{aligned} \boldsymbol{X}&=\begin{bmatrix} x_0^n & x_0^{n-1} & \cdots & 1 \\ x_1^n & x_1^{n-1} & \cdots & 1 \\ \vdots & \vdots & & \vdots \\ x_n^n & x_n^{n-1} & \cdots & 1 \end{bmatrix} \\ \boldsymbol{A}&=[a_n\quad a_{n-1}\quad \cdots\quad a_0]^{\mathrm{T}} \\ \boldsymbol{Y}&=[y_0\quad y_1\quad \cdots\quad y_n]^{\mathrm{T}} \end{aligned}\right\} \tag{3.85}$$

方程组式(3.84)简写成

$$\boldsymbol{XA}=\boldsymbol{Y} \tag{3.86}$$

注意：$\det\boldsymbol{X}$ 是 Vandermonde 行列式，利用行列式性质可得

$$\det\boldsymbol{X}=\prod_{0\leqslant j<k\leqslant n}(x_k-x_j) \tag{3.87}$$

因 x_j 互不相同，故 $\det\boldsymbol{X}\neq 0$，于是方程式(3.86)中 $\boldsymbol{A}$ 有唯一解，即根据 $n+1$ 个节点可以确定唯一的 n 次插值多项式。

3. 拉格朗日(Lagrange)插值多项式

实际上比较方便的做法不是解方程式(3.86)求 $\boldsymbol{A}$，而是先构造一组基函数：

$$l_i(x)=\frac{(x-x_0)\cdots(x-x_{i-1})(x-x_{i+1})\cdots(x-x_n)}{(x_i-x_0)\cdots(x_i-x_{i-1})(x_i-x_{i+1})\cdots(x_i-x_n)}\quad (i=0,1,2,\cdots,n) \tag{3.88}$$

$l_i(x)$ 是 n 次多项式，满足

$$l_i(x_j)=\begin{cases}1, i=j\\0, i\neq j\end{cases}\quad i,j=0,1,2,\cdots,n \tag{3.89}$$

令

$$L_n(x)=\sum_{i=0}^{n}y_i l_i(x) \tag{3.90}$$

显然 $L_n(x)$ 是满足式(3.83)的 n 次多项式，由方程式(3.86)解的唯一性，式(3.90)表示的 $L_n(x)$ 的解与式(3.82)相同。式(3.88)、式(3.90)称拉格朗日插值多项式，用 $L_n(x)$ 计算插值称拉格朗日多项式插值。

(1) 当 $n=1$ 时的情形。已知 $x_0, x_1; y_0, y_1$，求 $L_1(x)=a_0+a_1x$，使得 $L_1(x_0)=y_0; L_1(x_1)=y_1$。

显然 $L_1(x)$ 是过 (x_0,y_0) 和 (x_1,y_1) 两点的一条直线(见图 3-3)。

由点斜式方程容易求得

$$L_1(x)=y_0+\frac{y_1-y_0}{x_1-x_0}(x-x_0)=\underbrace{\frac{x-x_1}{x_0-x_1}}_{l_0(x)}y_0+\underbrace{\frac{x-x_0}{x_1-x_0}}_{l_1(x)}y_1=\sum_{i=0}^{1}l_i(x)y_i$$

其中，$l_i(x)(i=0,1)$ 具有如下特点：

$$\begin{cases}l_0(x_0)=1; & l_0(x_1)=0\\ l_1(x_0)=0; & l_1(x_1)=1\end{cases}$$

称其为线性插值基函数。

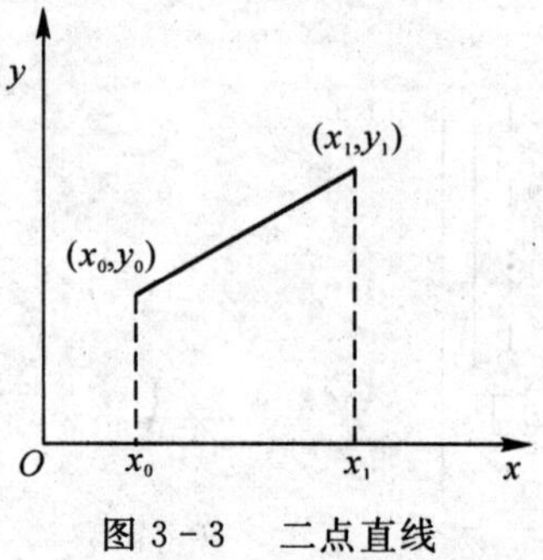

图 3-3　二点直线

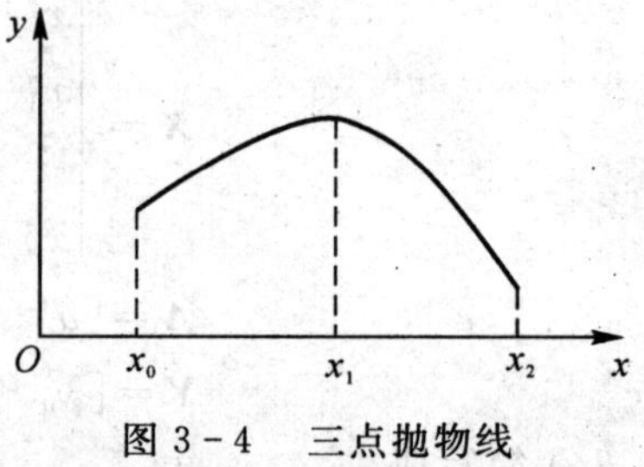

图 3-4　三点抛物线

(2) 当 $n=2$ 时的情形。已知 $(x_0,y_0),(x_1,y_1),(x_2,y_2)$，使得 $L_2(x_0)=y_0, L_2(x_1)=y_1, L_2(x_2)=y_2$。

显然 $L_2(x)$ 是过 $(x_0,y_0),(x_1,y_1),(x_2,y_2)$ 三点的一条抛物线，如图 3-4 所示。

仿照线性插值基函数的构造方法，令

$$\begin{cases}l_0(x)=\dfrac{(x-x_1)(x-x_2)}{(x_0-x_1)(x_0-x_2)}\\[2ex] l_1(x)=\dfrac{(x-x_0)(x-x_2)}{(x_1-x_0)(x_1-x_2)}\\[2ex] l_2(x)=\dfrac{(x-x_0)(x-x_1)}{(x_2-x_0)(x_2-x_1)}\end{cases}$$

其中，$l_i(x)(i=0,1,2)$ 具有以下特点：

$$\begin{cases} l_0(x_0)=1;l_0(x_1)=0;l_0(x_2)=0 \\ l_1(x_0)=0;l_1(x_1)=1;l_1(x_2)=0 \\ l_2(x_0)=0;l_2(x_1)=0;l_2(x_2)=1 \end{cases}$$

称其为抛物线插值基函数(见图3-5)。

于是

$$L_2(x)=\frac{(x-x_1)(x-x_2)}{(x_0-x_1)(x_0-x_2)}y_0+\frac{(x-x_0)(x-x_2)}{(x_1-x_0)(x_1-x_2)}y_1+\frac{(x-x_0)(x-x_1)}{(x_2-x_0)(x_2-x_1)}y_2=\sum_{i=0}^{2}l_i(x)y_i$$

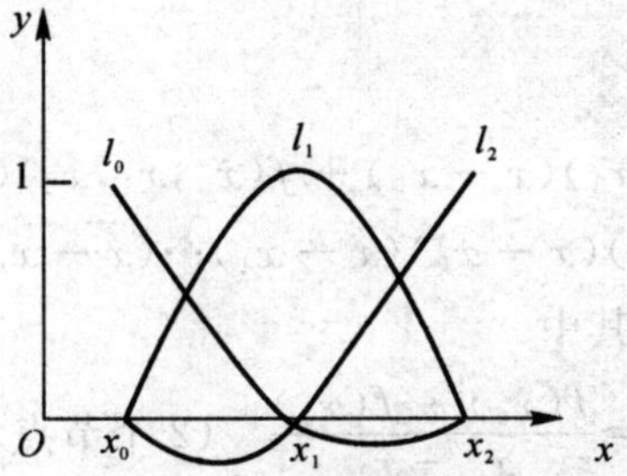

图3-5 抛物线插值基函数

(3) 一般情形。已知连续函数的函数表见下表。

x	x_0	x_1	x_2	…	x_n
y	y_0	y_1	y_2	…	y_n

求 $L_n(x)$,使得 $L(x_i)=y_i(i=0,1,2,\cdots,n)$。

令 n 次多项式插值基函数为

$$l_i(x)=\prod_{\substack{j\neq i\\ j=0}}^{n}\frac{(x-x_j)}{(x_i-x_j)}$$

$l_i(x)(i=0,1,\cdots,n)$ 具有如下特点:

$$l_i(x_j)=\delta_{ij}=\begin{cases}1,i=j\\0,i\neq j\end{cases}\quad(i,j=0,1,\cdots,n)$$

于是,满足插值条件的 n 次多项式可以直接写为

$$L_n(x)=\sum_{i=0}^{n}\prod_{\substack{j\neq i\\ j=0}}^{n}\frac{(x-x_j)}{(x_i-x_j)}y_i=\sum_{i=0}^{n}l_i(x)y_i$$

称 $L_n(x)$ 为拉格朗日多项式,$l_i(x)$ 为其拉格朗日插值基函数。

例3-8 已知连续函数 $f(x)$ 的函数表见下表。

x	−1	0	1	2
$f(x)$	−2	−2	1	2

求方程 $f(x)=0$ 在$(-1,2)$内的近似根。

解　利用 Lagrange 插值法，有

$$L_3(x)=\frac{(x-0)(x-1)(x-2)}{(-1-0)(-1-1)(-1-2)}(-2)+\frac{(x+1)(x-1)(x-2)}{(0+1)(0-1)(0-2)}(-2)+\frac{(x+1)x(x-2)}{2\times1(-1)}\times1+\frac{(x+1)x(x-1)}{(2+1)(2-0)(2-1)}\times2=\frac{1}{6}[-5x^3+9x^2+14x-12]$$

解方程 $-5x^3+9x^2+14x-12=0$。

取初值 $x=0.5$，利用牛顿法求解可得 $f(x)$ 在 $(-1,2)$ 内的近似根为 0.674 33。

4. 牛顿(Newton)插值

构造 n 次多项式：

$$N_n(x)=f(x_0)+f(x_0,x_1)(x-x_0)+f(x_0,x_1,x_2)(x-x_0)(x-x_1)+\cdots+f(x_0,x_1,\cdots,x_n)(x-x_0)(x-x_1)\cdots(x-x_{n-1}) \tag{3.91}$$

称该多项式为牛顿插值多项式，其中

$$f(x_0,x_1)=\frac{f(x_0)-f(x_1)}{x_0-x_1}\quad(2\text{ 个节点，一阶差商}) \tag{3.92}$$

$$f(x_0,x_1,x_2)=\frac{f(x_0,x_1)-f(x_1,x_2)}{x_0-x_2}\quad(3\text{ 个节点，二阶差商}) \tag{3.93}$$

$$f(x_0,x_1,\cdots,x_n)=\frac{f(x_0,x_1,\cdots,x_{n-1})-f(x_1,\cdots,x_n)}{x_0-x_n}\quad(n+1\text{ 个节点，}n\text{ 阶差商}) \tag{3.94}$$

实际上，牛顿插值公式是拉格朗日插值公式的一种变形，二者是等价的。另外还有著名的埃尔米特(Hermite)插值等。

5. 分段线性插值

简单地说，将每两个相邻的节点用直线连起来，如此形成的一条折线就是分段线性插值函数，记作 $I_n(x)$，它满足 $I_n(x_j)=y_j$，且 $I_n(x)$ 在每个小区间 $[x_j,x_{j+1}]$ 上是线性函数 $(j=0,1,\cdots,n)$。

$I_n(x)$ 可以表示为

$$I_n(x)=\sum_{j=0}^{n}y_jl_j(x) \tag{3.95}$$

$$l_j(x)=\begin{cases}\dfrac{x-x_{j-1}}{x_j-x_{j-1}}, & x_{j-1}\leqslant x\leqslant x_j\ (\text{当 } j=0 \text{ 时舍去})\\[2ex] \dfrac{x-x_{j+1}}{x_j-x_{j+1}}, & x_j\leqslant x\leqslant x_{j+1}\ (\text{当 } j=n \text{ 时舍去})\\[2ex] 0, & \text{其他}\end{cases} \tag{3.96}$$

$I_n(x)$ 有良好的收敛性，即对于 $x\in[a,b]$，有 $\lim\limits_{n\to\infty}I_n(x)=g(x)$。

当用 $I_n(x)$ 计算 x 点的插值时，只用到 x 左右的两个节点，计算量与节点个数 n 无关。但 n 越大，分段越多，插值误差越小。实际上当用函数表作插值计算时，分段线性插值就足够了，如数学、物理中用的特殊函数表，数理统计中用的概率分布表等。

6. 二元三点插值

给定矩形域上 $n\times m$ 个节点 $(x_i,y_j)(i=0,1,\cdots,n-1;j=0,1,\cdots,m-1)$ 上的函数值 $z_{ij}=z(x_i,y_j)$，利用二元三点插值公式计算指定插值点 (u,v) 处的函数近似值 $w=z(u,v)$。

设给定矩形域上的 $n\times m$ 个节点在两个方向上的坐标分别为

$$x_0<x_1<\cdots<x_{n-1}$$

$$y_0<y_1<\cdots<y_{m-1}$$

相应的函数值为

$$z_{ij}=z(x_i,y_j)\quad(i=0,1,\cdots,n-1;\ j=0,1,\cdots,m-1)$$

选取最靠近插值点 (u,v) 的9个节点，其两个方向上的坐标分别为

$$x_p<x_{p+1}<x_{p+2}$$

$$y_p<y_{p+1}<y_{p+2}$$

然后用二元三点插值公式

$$z(x,y)=\sum_{i=p}^{p+2}\sum_{j=p}^{q+2}\left(\prod_{\substack{k=p\\k\neq i}}^{p+2}\frac{x-x_k}{x_i-x_k}\right)\left(\prod_{\substack{i=p\\i\neq j}}^{q+2}\frac{y-y_i}{y_j-y_i}\right)z_{ij}\tag{3.97}$$

计算插值点 (u,v) 处的函数近似值。

3.2.2 样条函数插值方法

分段线性插值虽然简单，当 n 足够大时精度也相当高，但是折线在节点处显然不光滑，即 $I_n(x)$ 在节点处导数不连续。这影响了它在诸如机械加工等领域(希望插值曲线光滑)中的应用。

所谓样条(Spline)，来源于船舶、飞机等设计中描绘光滑外形曲线用的绘图工具。一根有弹性的细长木条用压铁固定在节点上，其他地方让它自然弯曲，如此画出的曲线称为样条曲线。因为这种曲线的曲率是处处连续的，所以要求样条函数的二阶导数连续。人们普遍使用的样条函数是分段三次多项式。

· 高次插值函数可以保证曲线的光滑性，但计算量大，有剧烈振荡，数值稳定性差。

· 分段线性插值在分段点上仅连续而不光滑(导数不连续)，这往往不能满足工程设计的需要。

· 样条函数可以同时解决这两个问题，使插值函数既是低阶分段函数，又是光滑的函数。

1. 样条函数的概念

样条函数 设在 $[a,b]$ 上取 $n+1$ 个插值节点 $a=x_0<x_1<x_2<\cdots<x_n=b$，已知函数 $y=f(x)$ 在这 $n+1$ 个点的函数值为 $y_k=f(x_k)$，则在 $[a,b]$ 上函数 $y=f(x)$ 的 m 次样条插值函数 $S(x)$ 满足：

(1) $S(x)$ 在 (a,b) 上直到 $m-1$ 阶导数连续；

(2) $S(x_k)=y_k(k=0,1,\cdots,n)$；

(3) 在区间 $[x_k,x_{k+1}](k=0,1,\cdots,n-1)$ 上，$S(x)$ 是 m 次多项式。

三次样条函数 在 $[a,b]$ 上函数 $y=f(x)$ 的三次样条插值函数 $S(x)$ 满足：

(1) $S(x)$ 在 (a,b) 上 0,1,2 阶导数连续，即

$$S(x_k-0)=S(x_k+0)$$

$$S'(x_k-0)=S'(x_k+0)$$

$$S''(x_k-0)=S''(x_k+0)\quad (k=1,2,\cdots,n-1)$$

(2) $S(x_k)=y_k\quad (k=0,1,\cdots,n)$；

(3) 在区间$[x_k,x_{k+1}](k=0,1,\cdots,n-1)$上，$S(x)$是三次多项式。

2. 三次样条函数的计算

由二阶导数连续，设$S''(x_k)=m_k$，$k=0,1,\cdots,n$，m_k是未知、待定的数。因为是分段三次多项式，则$S''(x)$是分段一次多项式，在每个区间$[x_k,x_{k+1}]$内，有

$$S''(x)=\frac{x_{k+1}-x}{x_{k+1}-x_k}m_k+\frac{x-x_k}{x_{k+1}-x_k}m_{k+1}$$

记$h_k=x_{k+1}-x_k$，则

$$S''(x)=\frac{x_{k+1}-x}{h_k}m_k+\frac{x-x_k}{h_k}m_{k+1}$$

将上式在区间$[x_k,x_{k+1}]$上积分两次，并且由$S(x_k)=y_k$，$S(x_{k+1})=y_{k+1}$来确定两个积分常数。

当$x\in[x_k,x_{k+1}]$时，有

$$S(x)=-\frac{(x-x_{k+1})^3}{6h_k}m_k+\frac{(x-x_k)^3}{6h_k}m_{k+1}-\left(y_k-\frac{h_k^2}{6}m_k\right)\frac{x-x_{k+1}}{h_k}+\left(y_{k+1}-\frac{h_k^2}{6}m_{k+1}\right)\frac{x-x_k}{h_k}$$

利用$S(x)$一阶导数连续的性质，对上式求导，得

$$S'(x)=-\frac{(x-x_{k+1})^2}{2h_k}m_k+\frac{(x-x_k)^2}{2h_k}m_{k+1}-\frac{h_k}{6}(m_{k+1}-m_k)+\frac{1}{h_k}(y_{k+1}-y_k)$$

在上式中，令$x=x_k$，得

$$S'(x_k+0)=-\frac{h_k}{6}m_{k+1}-\frac{h_k}{3}m_k+\frac{y_{k+1}-y_k}{h_k}$$

将上式中的k换成$k-1$，得$S'(x)$在$[x_{k-1},x_k]$上的表达式，令$x=x_k$，得

$$S'(x_k-0)=\frac{h_{k-1}}{6}m_{k-1}+\frac{h_{k-1}}{3}m_k+\frac{y_k-y_{k-1}}{h_k}$$

而

$$S'(x_k+0)=S'(x_k-0)$$

联立上述两式，得到关于m_k的方程为

$$\frac{h_{k-1}}{6}m_{k-1}+\frac{h_k+h_{k-1}}{3}m_k+\frac{h_k}{6}m_{k+1}=\frac{y_{k+1}-y_k}{h_k}-\frac{y_k-y_{k-1}}{h_{k-1}}\quad (k=1,2,\cdots,n-1)$$

上式两边乘以$\frac{6}{h_k+h_{k-1}}$，得

$$\frac{h_{k-1}}{h_k+h_{k-1}}m_{k-1}+2m_k+\frac{h_k}{h_k+h_{k-1}}m_{k+1}=\frac{6}{h_k+h_{k-1}}\left(\frac{y_{k+1}-y_k}{h_k}-\frac{y_k-y_{k-1}}{h_{k-1}}\right)$$

上式中，等式左边含未知量m_{k-1}，m_k，m_{k+1}，等式右边y_{k-1}，y_k，y_{k+1}是已知的，令

$$\lambda_k=\frac{h_{k-1}}{h_k+h_{k-1}}$$

$$\mu_k=\frac{h_k}{h_k+h_{k-1}}=1-\lambda_k$$

$$C_k=\frac{6}{h_k+h_{k-1}}\left(\frac{y_{k+1}-y_k}{h_k}-\frac{y_k-y_{k-1}}{h_{k-1}}\right)$$

则得

$$\lambda_k m_{k-1} + 2m_k + \mu_k m_{k+1} = C_k \quad (k=1,2,\cdots,n-1)$$

这是含有 $n+1$ 个未知量 $m_0,m_1,\cdots,m_n$，共由 $n-1$ 个方程组成的线性方程组。欲确定方程的解，尚缺 2 个方程。因此，求三次样条函数还要两个附加条件。通常有以下 3 种给法：

(1) 给出边界端点的一阶导数值：$S'(x_0)=y'_0$，$S'(x_n)=y'_n$，三转角方程。

(2) 给出边界端点的二阶导数值：$S''(x_0)=y''_0$，$S''(x_n)=y''_n$，三弯矩方程。

(3) 给出导数值：$S''(x_0)=S''(x_n)=0$，自然样条。

3. 三转角方程的计算

给出边界端点的一阶导数值：

$$S'(x_0)=y'_0, \quad S'(x_n)=y'_n$$

利用前面已推导的公式，当 $x\in[x_k,x_{k+1}]$ 时，有

$$S'(x) = -\frac{(x-x_{k+1})^2}{2h_k}m_k + \frac{(x-x_k)^2}{2h_k}m_{k+1} - \frac{h_k}{6}(m_{k+1}-m_k) + \frac{1}{h_k}(y_{k+1}-y_k)$$

取 $k=0, x=x_0$，得

$$y'_0 = -\frac{h_0}{3}m_0 - \frac{h_0}{6}m_1 + \frac{y_1-y_0}{h_0}$$

取 $k=n-1, x=x_n$，得

$$y'_n = \frac{h_{n-1}}{6}m_{n-1} + \frac{h_{n-1}}{3}m_n + \frac{y_n-y_{n-1}}{h_{n-1}}$$

移项，得

$$\begin{cases} 2m_0 + m_1 = \dfrac{6}{h_0}\left(\dfrac{y_1-y_0}{h_0} - y'_0\right) = C_0 \\ m_{n-1} + 2m_n = \dfrac{6}{h_{n-1}}\left(y'_n - \dfrac{y_n-y_{n-1}}{h_{n-1}}\right) = C_n \end{cases}$$

于是，可以建立方程组：

$$\begin{cases} 2m_0 + m_1 & & & = C_0 \\ \lambda_1 m_0 + 2m_1 + \mu_1 m_2 & & & = C_1 \\ \cdots \quad \cdots & & & \\ \lambda_{n-1}m_{n-2} + 2m_{n-1} + \mu_{n-1}m_n & & & = C_{n-1} \\ m_{n-1} + 2m_n & & & = C_n \end{cases}$$

其系数矩阵是严格对角占优的三对角矩阵：

$$\begin{bmatrix} 2 & 1 & & & & \\ \lambda_1 & 2 & \mu_1 & & & \\ & \lambda_2 & 2 & \mu_2 & & \\ & & \ddots & \ddots & \ddots & \\ & & & \lambda_{n-1} & 2 & \mu_{n-1} \\ & & & & 1 & 2 \end{bmatrix}$$

从而可以解出 $m_0,m_1,\cdots,m_n$。

解出后可以得到三次样条函数的分段表达式，即当 $x\in[x_k,x_{k+1}]$ 时

$$S(x)=-\frac{(x-x_{k+1})^3}{6h_k}m_k+\frac{(x-x_k)^3}{6h_k}m_{k+1}-(y_k-\frac{h_k^2}{6}m_k)\frac{x-x_{k+1}}{h_k}+(y_{k+1}-\frac{h_k^2}{6}m_{k+1})\frac{x-x_k}{h_k}$$

注:三次样条插值与 Hermite 插值的区别。

4. 三弯矩方程的计算

附加条件为 $S''(x_0)=m_0, S''(x_n)=m_n$。则方程组为

$$\begin{cases}2m_1+\mu_1 m_2 & =C_1-\lambda_1 m_0\\ \lambda_2 m_1+2m_2+\mu_2 m_3 & =C_2\\ \lambda_3 m_2+2m_3+\mu_3 m_4 & =C_3\\ \cdots\cdots & \\ \lambda_{n-2}m_{n-3}+2m_{n-2}+\mu_{n-2}m_{n-1} & =C_{n-2}\\ \lambda_{n-1}m_{n-2}+2m_{n-1} & =C_{n-1}-\mu_{n-1}m_n\end{cases}$$

其系数矩阵为

$$\begin{bmatrix}2 & \mu_1 & & & & \\ \lambda_2 & 2 & \mu_2 & & & \\ & \lambda_3 & 2 & \mu_3 & & \\ & & \ddots & \ddots & \ddots & \\ & & & \lambda_{n-2} & 2 & \mu_{n-2}\\ & & & & \lambda_{n-1} & 2\end{bmatrix}$$

这是一个三对角矩阵,由于 $\lambda_k+\mu_k=1<2$,所以它是严格对角占优的。原方程组是个三对角方程组,可以用追赶法求解。

5. 算例

例 3-9 已知 $y=f(x)$ 的函数值见下表:

x	1	2	4	5
y	1	3	4	2
y'	0			0

求函数的三次样条插值。

解

$$h_0=1,\quad h_1=2,\quad h_2=1$$

$$\lambda_1=\frac{1}{1+2}=\frac{1}{3},\quad \mu_1=1-\lambda_1=\frac{2}{3}$$

$$\lambda_2=\frac{2}{1+2}=\frac{2}{3},\quad \mu_2=1-\lambda_2=\frac{1}{3}$$

$$C_1=\frac{6}{h_0+h_1}\left(\frac{y_2-y_1}{h_1}-\frac{y_1-y_0}{h_0}\right)=\frac{6}{1+2}\left(\frac{4-3}{2}-\frac{3-1}{1}\right)=-3$$

$$C_2=\frac{6}{h_1+h_2}\left(\frac{y_3-y_2}{h_2}-\frac{y_2-y_1}{h_1}\right)=\frac{6}{2+1}\left(\frac{2-4}{1}-\frac{4-3}{2}\right)=-5$$

建立方程组

$$\begin{bmatrix}2 & 2/3\\ 2/3 & 2\end{bmatrix}\begin{bmatrix}m_1\\ m_2\end{bmatrix}=\begin{bmatrix}-3\\ -5\end{bmatrix}$$

解得

$$m_1 = -\frac{3}{4},\quad m_2 = -\frac{9}{4}。$$

从而得到函数的三次样条插值：

当 $x \in [x_0, x_1] = [1,2]$ 时，有

$$S(x) = -\frac{(x-2)^3}{6} \times 0 + \frac{(x-1)^3}{6} \times \left(-\frac{3}{4}\right) - \left(1 - \frac{1}{6} \times 0\right) \frac{x-2}{1} + \left(3 - \frac{1}{6} \times \left(-\frac{3}{4}\right)\right) \frac{x-1}{1} = -\frac{1}{8}x^3 + \frac{3}{8}x^2 + \frac{7}{4}x - 1$$

当 $x \in [x_1, x_2] = [2,4]$ 时，有

$$S(x) = -\frac{(x-4)^3}{6 \times 2} \times \left(-\frac{3}{4}\right) + \frac{(x-2)^3}{6 \times 2} \times \left(-\frac{9}{4}\right) - \left(3 - \frac{2^2}{6} \times \left(-\frac{3}{4}\right)\right) \frac{x-4}{2} + \left(4 - \frac{2^2}{6} \times \left(-\frac{9}{4}\right)\right) \frac{x-2}{2} = -\frac{1}{8}x^3 + \frac{3}{8}x^2 + \frac{7}{4}x - 1$$

当 $x \in [x_2, x_3] = [4, 5]$ 时，有

$$S(x) = -\frac{(x-5)^3}{6} \times \left(-\frac{9}{4}\right) + \frac{(x-4)^3}{6} \times 0 - \left(4 - \frac{1}{6} \times \left(-\frac{9}{4}\right)\right) \frac{x-5}{1} + \left(2 - \frac{1}{6} \times 0\right) \frac{x-4}{1} = \frac{3}{8}x^3 - \frac{45}{8}x^2 + \frac{103}{8}x - 33$$

故

$$S(x) = \begin{cases} -\frac{1}{8}x^3 + \frac{3}{8}x^2 + \frac{7}{4}x - 1 & (1 \leqslant x \leqslant 2) \\ -\frac{1}{8}x^3 + \frac{3}{8}x^2 + \frac{7}{4}x - 1 & (2 \leqslant x \leqslant 4) \\ \frac{3}{8}x^3 - \frac{45}{8}x^2 + \frac{103}{8}x - 33 & (4 \leqslant x \leqslant 5) \end{cases}$$

第 4 章　飞行器数学模型

在飞行器仿真中，飞行器的数学模型无疑是仿真建模的基础，飞行器运动方程组是进行飞行器轨迹仿真乃至飞行性能分析的基础。飞行器运动方程组是表征飞行器运动规律的数学模型，其建立过程涉及变质量力学、空气动力学、发动机推进原理以及制导控制理论等学科。鉴于本书着重阐述飞行器仿真相关内容，因此本章将简要介绍飞行仿真中的坐标系定义、环境数学模型以及飞行器运动方程组，作为后续章节仿真建模的基础。

4.1　坐标系定义

4.1.1　常用坐标系

1. 发射坐标系(地面坐标系)

发射坐标系的原点 o_0 位于发射点；o_0x 轴在发射点水平面内，指向发射瞄准方向；o_0y 轴垂直于 o_0x 轴，沿发射点的铅垂线向上；o_0z 轴与 o_0x 轴和 o_0y 轴构成右手直角坐标系，如图4-1所示。

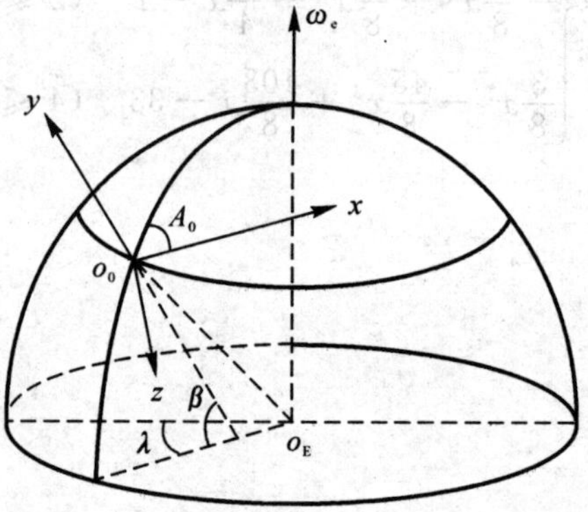

图 4-1　发射坐标系示意图

发射坐标系与地球固连，相对于地球静止，随地球一起转动。由于地球呈椭圆形状，o_0y 轴并不通过地球中心 o_E，o_0y 轴与地球赤道平面的夹角称为地理纬度，以 β 表示，规定在北半球为正，南半球为负。原点 o_0 所在子午面与格林尼治子午面之间的夹角称为大地经度，以 λ 表示，规定在格林尼治子午线以东为正，以西为负。o_0x 轴与原点 o_0 所在子午面之间的夹角，称为射击(瞄准) 方位角，以 A_0 表示，规定从正北方向算起，沿顺时针方向计算为正，反之为负。发射坐标系主要用来描述导弹相对于地球表面的运动。对于战术导弹而言，若不考虑地球旋转，则该坐标系等同于地面坐标系，是惯性坐标系。

2. 发射惯性坐标系

发射惯性坐标系在弹箭发射瞬时与发射坐标系重合，以后保持在惯性空间不动。该坐标系主要用来描述运载火箭在惯性空间的绝对运动。射程控制泛函及导引方程中一般用弹箭的绝对运动参数，弹道计算中需要把相对运动参数转换成发射惯性坐标系中的绝对坐标系。

3. 弹体坐标系

弹体坐标系的原点 o_1 位于导弹质心上；o_1x_1 轴沿导弹纵轴，指向头部；o_1y_1 轴在导弹的纵对称面内，垂直 o_1x_1 轴指向上；o_1z_1 轴与 o_1x_1 轴和 o_1y_1 轴构成右手直角坐标系，如图 4-2 所示。弹体坐标系与弹体固连，随导弹一起运动。该坐标系主要用来描述导弹质心的旋转运动。许多力和力矩，如推力、气动力矩，用该坐标系来描述非常方便。

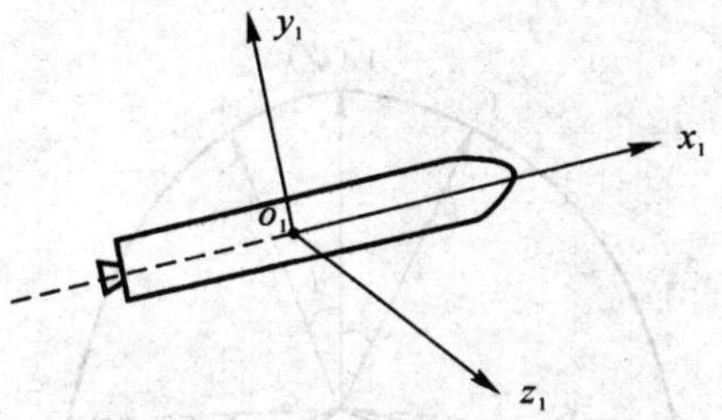

图 4-2　弹体坐标系示意图

4. 速度坐标系

速度坐标系的原点 o_1 取在导弹质心上；o_1x_v 轴沿导弹的速度方向；o_1y_v 轴位于导弹的纵对称面内，垂直 o_1x_v 轴，当速度矢量水平时指向上；o_1z_v 轴与 o_1x_v 轴和 o_1y_v 轴构成右手直角坐标系。速度坐标系可用来确定导弹质心的速度矢量，气动力也在该坐标系定义。

5. 弹道坐标系

弹道坐标系坐标原点 o_1 取在飞行器质心上；o_1x_2 轴同飞行器质心速度矢量 $\boldsymbol{v}$ 重合(与速度坐标系 o_1x_v 轴方向完全一致)；o_1y_2 轴位于包含速度矢量 $\boldsymbol{v}$ 的铅垂平面内，且垂直于 o_1x_2 轴，指向上为正；o_1z_2 轴垂直于 $o_1x_2y_2$ 平面，其方向按右手定则确定。

6. 地心坐标系

地心坐标系坐标原点 o_E 与地球质心重合，o_Ez 轴与地球自转轴重合，向北为正；o_Ex 轴是赤道面与格林尼治子午面的交线，垂直于 o_Ez 轴；o_Ey 轴在赤道平面内，垂直于 o_Ex 轴，三轴服从右手定则。

4.1.2　坐标系之间的变换

坐标系之间的变换是建立导弹的运动方程和求解火箭运动参数所必需的。坐标系间的变换，主要关心的是坐标系轴之间的方位关系，而不注意它们之间原点的位置关系。

1. 弹体坐标系与发射坐标系

弹体坐标系相对发射坐标系的姿态通过引用 3 个姿态角来确定，它们分别为俯仰角 ϑ，偏航角 ψ 和滚转角 γ，定义如下：

俯仰角 ϑ：飞行器纵轴 o_1x_1 和水平面 o_0xz 之间的夹角。纵轴 o_1x_1 在水平面之上形成的夹角为正，反之为负。

偏航角 ψ：飞行器纵轴 o_1x_1 在水平面 o_0xz 上的投影与 o_0x 轴之间的夹角。规定由 o_0x 轴逆时针方向转至飞行器纵轴 o_1x_1 的投影线时为正，反之为负。

滚转角 γ：飞行器的 o_1y_1 轴与包含飞行器纵轴 o_1x_1 的铅垂平面之间的夹角。由飞行器尾部顺 o_1x_1 轴前视，o_1y_1 轴位于铅垂平面的右侧，形成的夹角 γ 为正，反之为负。

设弹体坐标系 $o_1x_1y_1z_1$ 与发射坐标系 o_0xyz 之间的变换矩阵为 $\boldsymbol{L}(\psi,\vartheta,\gamma)$。先将 $o_1x_1y_1z_1$ 与 o_0xyz 重合，然后按姿态角的定义绕相应坐标系依次旋转 ψ 角、ϑ 角和 γ 角，如图 4-3 所示，并分别获得 3 个初等的旋转变换矩阵，这 3 个初等旋转变换矩阵的积就是变换矩阵 $\boldsymbol{L}(\psi,\vartheta,\gamma)$。

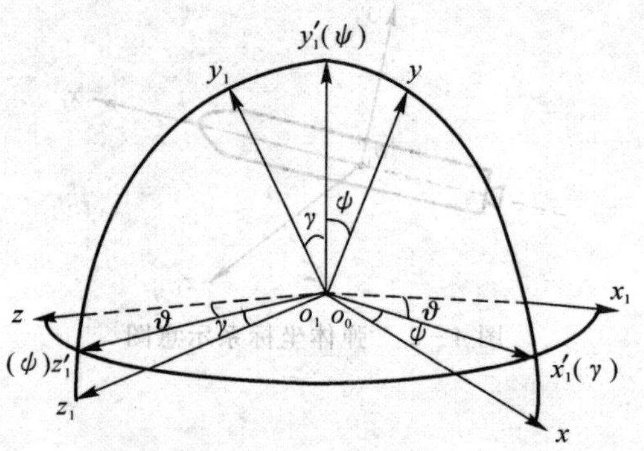

图 4-3　发射坐标系与弹体坐标系之间的变换关系

弹体坐标系 $o_1x_1y_1z_1$ 与发射坐标系 o_0xyz 之间的变换为（旋转顺序 $Y-Z-X$）

$$\begin{bmatrix} x_1 \\ y_1 \\ z_1 \end{bmatrix} = \boldsymbol{L}(\psi,\vartheta,\gamma)\begin{bmatrix} x \\ y \\ z \end{bmatrix}$$

其中变换矩阵为

$$\boldsymbol{L}(\psi,\vartheta,\gamma)=\begin{bmatrix} \cos\vartheta\cos\psi & \sin\vartheta & -\cos\vartheta\sin\psi \\ -\sin\vartheta\cos\psi\cos\gamma+\sin\psi\sin\gamma & \cos\vartheta\cos\gamma & \sin\vartheta\sin\psi\cos\gamma+\cos\psi\sin\gamma \\ \sin\vartheta\cos\psi\sin\gamma+\sin\psi\cos\gamma & -\cos\vartheta\sin\gamma & -\sin\vartheta\sin\psi\sin\gamma+\cos\psi\cos\gamma \end{bmatrix}$$

弹体坐标系 $o_1x_1y_1z_1$ 与发射坐标系 o_0xyz 之间的变换关系见表 4-1。

表 4-1　弹体坐标系 $o_1x_1y_1z_1$ 与发射坐标系 o_0xyz 之间的变换关系

发射坐标系 / 弹体坐标系	o_0x	o_0y	o_0z
o_1x_1	$\cos\vartheta\cos\psi$	$\sin\vartheta$	$-\cos\vartheta\sin\psi$
o_1y_1	$-\sin\vartheta\cos\psi\cos\gamma+\sin\psi\sin\gamma$	$\cos\vartheta\cos\gamma$	$\sin\vartheta\sin\psi\cos\gamma+\cos\psi\sin\gamma$
o_1z_1	$\sin\vartheta\cos\psi\sin\gamma+\sin\psi\cos\gamma$	$-\cos\vartheta\sin\gamma$	$-\sin\vartheta\sin\psi\sin\gamma+\cos\psi\cos\gamma$

2. 弹道坐标系与发射坐标系

弹道坐标系与发射坐标系的关系由弹道倾角 θ、弹道偏角 ψ_v 两个欧拉角来确定，它们分别定义如下：

弹道倾角 θ：飞行器质心速度矢量 $\boldsymbol{v}$（即 o_1x_v 轴）与地平面 o_0xz 之间的夹角。若 $\boldsymbol{v}$ 在地平面之上形成的弹道倾角 θ 为正，反之为负。

弹道偏角 ψ_v：速度矢量 $\boldsymbol{v}$ 在地平面 o_0xz 上的投影与 o_0x 轴之间的夹角。从 o_0y 轴顶看，当 o_0x 轴逆时针方向转至投影线时，弹道偏角 ψ_v 为正，反之为负。

弹道坐标系 $o_1x_vy_vz_v$ 与发射坐标系 o_0xyz 之间的旋转变换关系为

$$\begin{bmatrix} x_2 \\ y_2 \\ z_2 \end{bmatrix} = L(\psi_v,\theta)\begin{bmatrix} x \\ y \\ z \end{bmatrix}$$

其中变换矩阵为

$$\boldsymbol{L}(\psi_v,\theta)=\boldsymbol{L}_z(\theta)\boldsymbol{L}_y(\psi_v)=\begin{bmatrix} \cos\theta\cos\psi_v & \sin\theta & -\cos\theta\sin\psi_v \\ -\sin\theta\cos\psi_v & \cos\theta & \sin\theta\sin\psi_v \\ \sin\psi_v & 0 & \cos\psi_v \end{bmatrix}$$

速度坐标系 $o_1x_vy_vz_v$ 与发射坐标系 o_0xyz 之间的变换关系见表 4 - 2。

表 4 - 2　速度坐标系 $o_1x_vy_vz_v$ 与发射坐标系 o_0xyz 之间的变换关系

发射坐标系 / 速度坐标系	o_0x	o_0y	o_0z
o_1x_v	$\cos\theta\cos\psi_v$	$\sin\theta$	$-\cos\theta\sin\psi_v$
o_1y_v	$-\sin\theta\cos\psi_v$	$\cos\theta$	$\sin\theta\sin\psi_v$
o_1z_v	$\sin\psi_v$	0	$\cos\psi_v$

3. 速度坐标系与弹道坐标系

由于弹道坐标系 o_1x_2 轴与速度坐标系的 o_1x_v 轴都是同质心速度 $\boldsymbol{v}$ 重合的，故这两个坐标系经一次旋转便可重合，即绕 o_1x_v 轴旋转弹道倾斜角 γ_v。这两个坐标系的变换关系见表4 - 3。

弹道倾斜角 γ_v：速度坐标系的 o_1y_v 轴与包含速度矢量的铅垂面之间的夹角（o_1y_2 轴与 o_1y_v 轴的夹角）。沿着速度方向看，当 o_1y_2 轴顺时针转到 o_1y_v 轴时，则 γ_v 为正，反之为负。

表 4 - 3　速度坐标系 $o_1x_vy_vz_v$ 与弹道坐标系 $o_1x_2y_2z_2$ 之间的变换关系

弹道坐标系 / 速度坐标系	o_1x_2	o_1y_2	o_1z_2
o_1x_v	1	0	0
o_1y_v	0	$\cos\gamma_v$	$\sin\gamma_v$
o_1z_v	0	$-\sin\gamma_v$	$\cos\gamma_v$

4. 速度坐标系与发射坐标系

速度坐标系 $o_1x_vy_vz_v$ 与发射坐标系 o_0xyz 之间的旋转变换关系为

$$\begin{bmatrix} x_v \\ y_v \\ z_v \end{bmatrix} = \boldsymbol{L}(\gamma_v)\boldsymbol{L}(\psi_v,\theta)\begin{bmatrix} x \\ y \\ z \end{bmatrix} = \boldsymbol{L}(\psi_v,\theta,\gamma_v)\begin{bmatrix} x \\ y \\ z \end{bmatrix}$$

其中，变换矩阵为

$$
\boldsymbol{L}(\psi_v,\theta,\gamma_v)=\begin{bmatrix}\cos\theta\cos\psi_v & \sin\theta & -\cos\theta\sin\psi_v\\ -\sin\theta\cos\psi_v\cos\gamma_v+\sin\psi_v\sin\gamma_v & \cos\theta\cos\gamma_v & \sin\theta\sin\psi_v\cos\gamma_v+\cos\psi_v\sin\gamma_v\\ \sin\theta\cos\psi_v\sin\gamma_v+\sin\psi_v\sin\gamma_v & -\cos\theta\sin\gamma_v & -\sin\theta\sin\psi_v\sin\gamma_v+\cos\psi_v\cos\gamma_v\end{bmatrix}
$$

5. 速度坐标系与弹体坐标系

由于弹体坐标系 o_1y_1 轴与速度坐标系的 o_1y_v 轴同在弹体的纵向对称面内，故这两个坐标系经两次旋转便可重合。两次旋转的欧拉角分别称为攻角 α 和侧滑角 β。

攻角 α：速度矢量 $\boldsymbol{v}$ 在火箭纵向对称平面上的投影与 o_1x_1 轴之间的夹角。当轴位于投影线的上方时，攻角 α 为正，反之 α 为负。

侧滑角 β：速度矢量 $\boldsymbol{v}$ 与纵向对称面 $o_1x_1y_1$ 之间的夹角，若沿飞行方向观测，来流从右侧流向火箭，则所对应的侧滑角 β 为正，反之 β 为负。

经两次旋转变换得

$$
\begin{bmatrix}x_1\\y_1\\z_1\end{bmatrix}=\boldsymbol{L}(\beta,\alpha)\begin{bmatrix}x_v\\y_v\\z_v\end{bmatrix}
$$

速度坐标系与弹体坐标系之间的变换关系见表 4-4。

表 4-4　速度坐标系 $o_1x_vy_vz_v$ 与弹体坐标系 $o_1x_1y_1z_1$ 之间的变换关系

弹体坐标系 \ 速度坐标系	o_1x_v	o_1y_v	o_1z_v
o_1x_1	$\cos\alpha\cos\beta$	$\sin\alpha$	$-\cos\alpha\sin\beta$
o_1y_1	$-\sin\alpha\cos\beta$	$\cos\alpha$	$\sin\alpha\cos\beta$
o_1z_1	$\sin\beta$	0	$\cos\beta$

6. 发射坐标系与发射惯性坐标系

发射坐标系 o_0xyz 与发射惯性坐标系 $ox_gy_gz_g$ 之间的变换关系比较复杂，需经过 5 次旋转才能使两坐标重合。设 t 为火箭发射后的飞行时间，ω_e 为地球旋转角速度(rad/s)，B_0 为发射点的大地纬度(°)，A_0 为发射方位角(°)，B_0，A_0 的定义见发射坐标系中的定义。则两坐标系之间的变换关系为

$$
\begin{bmatrix}x\\y\\z\end{bmatrix}=\begin{bmatrix}L_{11} & L_{12} & L_{13}\\ L_{21} & L_{22} & L_{23}\\ L_{31} & L_{32} & L_{33}\end{bmatrix}\begin{bmatrix}x_g\\y_g\\z_g\end{bmatrix}
$$

其中

$$
\begin{aligned}
L_{11}&=\cos^2A_0\cos^2B_0(1-\cos\omega_e t)+\cos\omega_e t\\
L_{12}&=\cos A_0\sin B_0\cos B_0(1-\cos\omega_e t)-\sin A_0\cos B_0\sin\omega_e t\\
L_{13}&=-\sin A_0\cos A_0\cos^2B_0(1-\cos\omega_e t)-\sin B_0\sin\omega_e t\\
L_{21}&=\cos A_0\sin B_0\cos B_0(1-\cos\omega_e t)+\sin A_0\cos B_0\sin\omega_e t\\
L_{22}&=\sin^2B_0(1-\cos\omega_e t)+\cos\omega_e t\\
L_{23}&=-\sin A_0\sin B_0\cos B_0(1-\cos\omega_e t)+\cos A_0\cos B_0\sin\omega_e t
\end{aligned}
$$

$$L_{31} = -\sin A_0 \cos A_0 \cos^2 B_0 (1 - \cos\omega_e t) - \sin B_0 \sin\omega_e t$$
$$L_{32} = -\sin A_0 \sin B_0 \cos B_0 (1 - \cos\omega_e t) - \cos A_0 \cos B_0 \sin\omega_e t$$
$$L_{33} = \sin^2 A_0 \cos^2 B_0 (1 - \cos\omega_e t) + \cos\omega_e t$$

4.2 环境模型

4.2.1 大气模型

因为空气动力和力矩以及发动机推力都依赖于大气的物理量，所以飞行器运动方程的解算需要大气模型。地球的大气参数是一个随着高度、时间、气候等条件变化的物理量，因而大气参数模型一般使用实测数据库、取平均值、曲线拟合等方法建立。图 4-4 所示为不同大气模型密度的对比曲线。

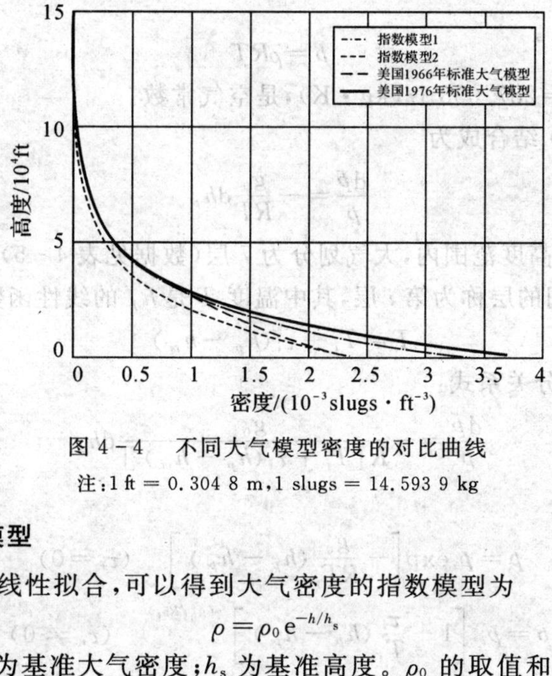

图 4-4 不同大气模型密度的对比曲线

注：1 ft = 0.304 8 m，1 slugs = 14.593 9 kg

1. 大气密度指数模型

对大气密度进行非线性拟合，可以得到大气密度的指数模型为

$$\rho = \rho_0 \mathrm{e}^{-h/h_s} \tag{4.1}$$

式中，ρ 为大气密度；ρ_0 为基准大气密度；h_s 为基准高度。ρ_0 的取值和 h_s 是相关的，例如可取 $h_s = 6\ 700$ m，此时 $\rho_0 = 1.752\ \mathrm{kg/m^3}$。

2. 大气分层模型

所谓标准大气，就是能够粗略反映出周年、中纬度状况下假定的大气温度、气压和密度的垂直分布。经我国国家标准总局批准，在建立我国的标准大气之前，可使用 1976 年美国标准大气模型 USSA76。它的高度范围是 0 ～ 1 000 km，并分成两部分。

现在介绍美国标准大气模型 USSA76。

低层部分是几何高度 $h = 0 \sim 86$ km，在此范围内空气的分子量为常数，大气处在静平衡状态。静平衡方程为

$$\mathrm{d}p = -\rho g\, \mathrm{d}h \tag{4.2}$$

式中，p 为大气压力；ρ 为大气密度；g 为重力加速度，它随高度而变化，即

$$g = g_0\left(\frac{r_0}{r_0+h}\right)^2 \tag{4.3}$$

式中，h 为几何高度；$g_0=9.806\ 65\ \mathrm{m/s^2}$，是标准重力加速度；$r_0=6\ 356\ 766\ \mathrm{m}$，是与 g_0 对应的地球平均半径。

定义位势高度为

$$h_p = \frac{1}{g_0}\int_0^h g\mathrm{d}h \tag{4.4}$$

$$g_0\mathrm{d}h_p = g\mathrm{d}h \tag{4.5}$$

几何高度 h 和位势高度 h_p 的关系式为

$$h_p = \frac{r_0 h}{r_0+h} = \frac{h}{1+h/r_0} \tag{4.6}$$

$$h = \frac{r_0 h_p}{r_0-h_p} = \frac{h_p}{1-h_p/r_0} \tag{4.7}$$

气体的状态方程为

$$p = \rho RT \tag{4.8}$$

式中，T 为大气温度；$R=287.053\ \mathrm{J/(kg\cdot K)}$，是空气常数。

式(4.5) ~ 式(4.8) 结合成为

$$\frac{\mathrm{d}p}{p} = -\frac{g_0}{RT}\mathrm{d}h_p \tag{4.9}$$

在 0 ~ 86 km 这个高度范围内，大气划分为 7 层(数据见表 4－5)。

在 h_{pi} 和 $h_{p(i+1)}$ 之间的层称为第 i 层，其中温度 T 是 h_p 的线性函数，温度变化率为 τ_i，则

$$T = T_i + \tau_i(h_p - h_{pi}) \tag{4.10}$$

由上面两式得到微分关系式：

$$\frac{\mathrm{d}p}{p} = -\frac{g_0}{R[T_i+\tau_i(h_p-h_{pi})]}\mathrm{d}h_p \tag{4.11}$$

此方程的解为

$$p = p_i\exp\left[-\frac{g_0}{RT_i}(h_p-h_{pi})\right] \quad (\tau_i = 0) \tag{4.12}$$

$$p = p_i\left[1+\frac{\tau_i}{T_i}(h_p-h_{pi})\right]^{-(g_0/R\tau_i)} \quad (\tau_i \neq 0) \tag{4.13}$$

表 4－5　大气分层数据表

i	h_{pi}/m	h_i/m	T_i/K	τ_i/(K·m^{-1})	p_i/Pa
0	00 000	00 000	288.15	－0.006 5	$0.101\ 325\times10^6$
1	11 000	11 019	216.65	＋0.000 0	$0.226\ 321\times10^5$
2	20 000	20 063	216.65	＋0.001 0	$0.547\ 488\times10^4$
3	32 000	32 192	228.65	＋0.002 8	$0.868\ 018\times10^3$
4	47 000	47 350	270.65	＋0.000 0	$0.110\ 906\times10^3$
5	51 000	51 413	270.65	－0.002 8	$0.669\ 387\times10^1$
6	71 000	71 802	214.65	－0.002 0	$0.395\ 641\times10^1$
7	84 852	86 000	186.95		$0.373\ 382\times10^0$

声速 c_s 可用下式求出：

$$c_s=\sqrt{\frac{\kappa R}{M_0}T_M} \tag{4.14}$$

式中，κ 是空气的比定压热容与比定容比热容之比，叫做绝热指数或比热比，取值为 1.400；T_M 是 T 与比值 M_0/M 之积，即

$$T_M=T\frac{M_0}{M} \tag{4.15}$$

式中，M 是 1 kmol 气体的质量，数值等于分子量，单位是 kg/mol，在 86 km 高度以下，大气是均匀混合的，扩散和光化学过程对 M 的影响可忽略不计，M 被视为常量，取其海平面值 M_0 等于28.964 4 kg/kmol。

空气动力还与雷诺数 Re 有关，Re 依赖于空气的黏性系数 η，它是两层气体间单位面积上的摩擦应力(切应力)与两层间的速度梯度之比，又称为动力黏度或黏度。各种气体的黏度 η 可用下列 Sutherland 公式计算：

$$\eta=\eta_0\left(\frac{T}{T_0}\right)^{\frac{3}{2}}\frac{T_0+T_s}{T+T_s} \tag{4.16}$$

式中，T_s 是 Sutherland 常数；$T_0=273.15$ K；η_0 为 1 atm(1 atm = 101.325 kPa) 时气体的黏度。对空气 $T_s=110$，$\eta_0=1.789\ 4\times10^{-5}$ kg/(m·s)；于是得空气的黏度公式为

$$\eta=\beta_a\frac{T^{\frac{3}{2}}}{T+T_s} \tag{4.17}$$

式中

$$\beta_a=1.458\times10^{-6}\ \mathrm{kg/(s\cdot m\cdot K^{\frac{1}{2}})}$$

大气地面值(在海平面，地理纬度为45° 32′ 33″) 确定为：气压 p_0 = 1 atm = 101.325 kPa；气温 $T_0=288.15$ K(t= 15℃)；密度 $\rho_0=1.225\ 0\ \mathrm{kg/m^3}$；空气分子量 $M_0=28.964\ 4$ kg/kmol；声速 c_{s0} = 340.294 m/s。

高层部分是几何高度 $h=86\sim1\ 000$ km，在此范围内空气的成分是变化的，因而 R 是变量，大气不是处在静平衡状态的。

大气的热力学温度 T 由以下表达式给出(h 的单位是 m)：

对于 $h/h_u=86\ 000\sim91\ 000$，有

$$T/T_u=186.867\ 3$$

对于 $h/h_u=91\ 000\sim110\ 000$，有

$$T/T_u=263.190\ 5-76.323\ 2\{1-[(h/h_u-91\ 000)/19\ 942.9]^2\}^{1/2}$$

对于 $h/h_u=110\ 000\sim120\ 000$，有

$$T/T_u=240+0.012(h/h_u-110\ 000)$$

对于 $h/h_u=120\ 000\sim1\ 000\ 000$，有

$$\xi=(h/h_u-120\ 000)(r_0/r_u+120\ 000)/(r_0/r_u+h/h_u) \tag{4.18}$$

$$T/T_u=1\ 000-640\exp(-0.000\ 018\ 75\xi) \tag{4.19}$$

式中，$h_u=1$ m；$T_u=1$ K；$r_u=1$ m。

为便于进行飞行动力学计算，这里提供了 USSA76 模型的大气密度对数($\lg\rho$) 的拟合公式，适用于 0 ～ 1 000 km 高度，并适当外延到 1 000 km 以上。

对于 $h_k=0\sim86$ km，有

$$\lg(\rho/\rho_u)=25.3823-6(h_k/h_u)^2-0.063179h_k/h_u+0.08814 \tag{4.20}$$

对于 $h_k=86\sim200$ km，有

$$\lg(\rho/\rho_u)=-3.41173-6(h_k/h_u)^3+0.00181570(h_k/h_u)^2-0.337816h_k/h_u+12.63404 \tag{4.21}$$

对于 $h_k=200\sim600$ km，有

$$\lg(\rho/\rho_u)=-9.595-9.7875-3(h_k/h_u-200)+7.0725-6(h_k/h_u-200)(h_k/h_u-400) \tag{4.22}$$

对于 $h_k=600\sim1\,000$ km，有

$$\lg(\rho/\rho_u)=-12.9442-5.0020-3(h_k/h_u-600)+6.2066-6(h_k/h_u-600)(h_k/h_u-800) \tag{4.23}$$

对于 $h_k>1\,000$ km，有

$$\lg(\rho/\rho_u)=-14.4485-1.2781-3(h_k/h_u-1\,000) \tag{4.24}$$

式中，$h_u=1$ km；$\rho_u=1$ kg/m^3。

4.2.2 地球的参考椭球模型

选择合适的地球自转模型是较精确地计算地球引力、离心力、哥氏(Corilis G. G.)加速度等所必需的。1988年，我国确定采用国际大地测量学和地球物理学联合会(IUGG)推荐的“国际椭球体”模型，也称Clairaut A.椭球模型，其基本常数取第16届国际大地测量学和地球物理学的推荐值：

长半轴 $a_e=6\,378\,140$ m

地心引力常数 $GM=3\,986\,005\times10^8$ m^3/s^2

动力形状因子 $J_2=108\,263\times10^{-8}$

自旋角速度 $\omega_e=7.292\,115\times10^{-5}$ rad/s

该椭球体的导出常数值：

短半轴 $b_e=6\,356\,755.288\,56$ m

第一偏心率 e 的二次方 $e^2=0.006\,694\,384\,875\,25$

第二偏心率 e' 的二次方 $e'^2=0.006\,739\,501\,693\,45$

扁率 $f_e=0.003\,352\,813\,115\,53$

地球平均半径 $R_m=6\,371\,003.781\,4$ m

引力加速度由引力势在引力方向求导数得到，同样，离心惯性加速度(也叫牵连加速度)由离心力势在离心惯性力方向求导数得到。火箭受到的重力加速度等于引力加速度和离心加速度的矢量和。

设火箭质心到地心的距离为 r，地心纬度为 ϕ_e，在子午面内，引力加速度 g_T 可沿 $\boldsymbol{r}$ 方向和子午线方向分解为

$$\left.\begin{aligned} g_{Tr}&=-GM[1+3(a_e/r)^2J_2(1-3\sin^2\phi_e)/2]/r^2\\ g_{T\phi}&=-3J_2GM\frac{\sin2\phi_e}{2r^2}\left(\frac{a_e}{r}\right)^2\end{aligned}\right\} \tag{4.25}$$

为了计算方便，通常又将 $g_{T\phi}$ 沿 $\boldsymbol{r}$ 方向和地球自转角速度 $\boldsymbol{\omega}_e$ 方向分解，这样，在 $\boldsymbol{r}$ 方向又增加了与 g_{Tr} 相反的分量 g'_{Tr}，则

$$\left.\begin{aligned} g'_{Tr} &= 3GMJ_2\sin^2\phi_e(a_e/r)^2/r^2 \\ g_{\omega_e} &= -3GMJ_2(a_e/r)^2\sin\phi_e/r^2 \end{aligned}\right\} \tag{4.26}$$

于是在 $\boldsymbol{r}$ 方向总的引力加速度分量为

$$g'_r = g_{Tr} + g'_{Tr} = -\frac{GM[1+3J_2(a_e/r)^2(1-5\sin^2\phi_e)/2]}{r^2} \tag{4.27}$$

地心纬度 ϕ_e 的计算由 $\boldsymbol{r\omega}$ 得到，即

$$\phi_e = \arcsin(\boldsymbol{r}\cdot\boldsymbol{\omega}_e/r\omega_e) = \arcsin\{[(R_{0x}+x)\omega_{ex}+(R_{0y}+y)\omega_{ey}+(R_{0z}+z)\omega_{ez}]/r\omega_e\} \tag{4.28}$$

式中，R_{0x}, R_{0y}, R_{0z} 为地心至发射点矢径 $\boldsymbol{R}_0$ 在发射坐标系的各分量；$\omega_{ex}, \omega_{ey}, \omega_{ez}$ 为地球自转角速度 $\boldsymbol{\omega}_e$ 在发射坐标系的各分量；x, y, z 为发射点至火箭质心矢径 $\boldsymbol{\rho}$ 在发射坐标系的各分量：

$$\boldsymbol{R}_0 = [R_{0x} \quad R_{0y} \quad R_{0z}]^T$$

$$\boldsymbol{\omega}_e = [\omega_{ex} \quad \omega_{ey} \quad \omega_{ez}]^T$$

$$\boldsymbol{\rho}_n = [x \quad y \quad z]^T$$

它们可以通过以下方式求得：设发射点大地纬度为 B_0，地心纬度为 ϕ_{e0}，发射方位角为 A_0，则

$$\mu_0 = B_0 - \phi_{e0} = \alpha_e\sin(2B_0)[1-\alpha_e(1-4\sin^2B_0)/2] \tag{4.29}$$

μ_0 为发射点大地纬度为 B_0 与地心纬度为 ϕ_{e0} 之差，于是

$$\left.\begin{aligned} R_{0x} &= -R_0\sin\mu_0\cos A_0 \\ R_{0y} &= R_0\cos\mu_0 \\ R_{0z} &= R_0\sin\mu_0\sin A_0 \end{aligned}\right\} \tag{4.30}$$

$$\left.\begin{aligned} \omega_{ex} &= \omega_e\cos B_0\cos A_0 \\ \omega_{ey} &= \omega_e\sin B_0 \\ \omega_{ez} &= -\omega_e\cos B_0\sin A_0 \end{aligned}\right\} \tag{4.31}$$

$$\boldsymbol{r} = \boldsymbol{R}_0 + \boldsymbol{\rho}$$

同样离心惯性加速度 $\boldsymbol{a}_1$ 沿 $\boldsymbol{r}$ 方向和 ϕ 方向分解为

$$\left.\begin{aligned} a_{1r} &= r\omega_e^2\cos^2\phi_e \\ a_{1\phi} &= -r^2\omega_e^2\sin\phi_e\cos\phi_e \end{aligned}\right\} \tag{4.32}$$

重力加速度 $\boldsymbol{g} = \boldsymbol{g}_r + \boldsymbol{a}_e$，设火箭质量为 m，则作用于火箭上的重力等于

$$\boldsymbol{F}_g = m\boldsymbol{g} \tag{4.33}$$

$$\left.\begin{aligned} g_r &= g_{Tr} + a_{1r} = -GM[1+3J_2(a_e/r)^2(1-3\sin^2\phi_e)/2]/r^2 + r\omega_e^2\cos^2\phi_e \\ g_\phi &= g_{T\phi} + a_{1\phi} = -[3GMJ_2(a_e/r)^2/r^2 + r^2\omega_e^2]\sin 2\phi_e/2 \end{aligned}\right\} \tag{4.34}$$

严格地说，导弹的质心和重心并不重合，但它们之间的距离较小，由此产生的力矩也非常小，可忽略不计。

哥氏加速度为

$$\boldsymbol{a}_k = 2(\boldsymbol{\omega}_e \times \boldsymbol{v}) \tag{4.35}$$

式中，$\boldsymbol{v}$ 为火箭质心处的速度矢量。

4.2.3 牵连、哥氏加速度计算模型

$$\left.\begin{aligned} \boldsymbol{a}_1 &= \boldsymbol{\omega}_e \times (\boldsymbol{\omega}_e \times \boldsymbol{r}) \\ \boldsymbol{a}_k &= 2\boldsymbol{\omega}_e \times \boldsymbol{v} \end{aligned}\right\} \tag{4.36}$$

(1) 牵连、哥氏加速度在发射坐标系的分量为

$$\boldsymbol{a}_{\mathrm{l}}=\begin{bmatrix}a_{\mathrm{l}x}\\a_{\mathrm{l}y}\\a_{\mathrm{l}z}\end{bmatrix}=\boldsymbol{A}\begin{bmatrix}x+R_{0x}\\y+R_{0y}\\z+R_{0z}\end{bmatrix}\tag{4.37}$$

$$\boldsymbol{a}_{\mathrm{k}}=\begin{bmatrix}a_{\mathrm{k}x}\\a_{\mathrm{k}y}\\a_{\mathrm{k}z}\end{bmatrix}=\boldsymbol{B}\begin{bmatrix}v_x\\v_y\\v_z\end{bmatrix}\tag{4.38}$$

(2) 牵连、哥氏加速度在返回坐标系的分量为

$$\boldsymbol{a}_{\mathrm{l}}=\begin{bmatrix}a_{\mathrm{l}x}\\a_{\mathrm{l}y}\\a_{\mathrm{l}z}\end{bmatrix}=\boldsymbol{A}\begin{bmatrix}x\\y+R_0\\z\end{bmatrix}\tag{4.39}$$

$$\boldsymbol{a}_{\mathrm{k}}=\begin{bmatrix}a_{\mathrm{k}x}\\a_{\mathrm{k}y}\\a_{\mathrm{k}z}\end{bmatrix}=\boldsymbol{B}\begin{bmatrix}v_x\\v_y\\v_z\end{bmatrix}\tag{4.40}$$

其中，$\boldsymbol{A}$，$\boldsymbol{B}$ 为由 ω_{e}，$\omega_{\mathrm{e}x}$，$\omega_{\mathrm{e}y}$，$\omega_{\mathrm{e}z}$ 组成的 3×3 阶矩阵，即

$$\boldsymbol{A}=\begin{bmatrix}\omega_{\mathrm{e}x}^2-\omega_{\mathrm{e}}^2 & \omega_{\mathrm{e}x}\omega_{\mathrm{e}y} & \omega_{\mathrm{e}x}\omega_{\mathrm{e}z}\\ \omega_{\mathrm{e}x}\omega_{\mathrm{e}y} & \omega_{\mathrm{e}y}^2-\omega_{\mathrm{e}}^2 & \omega_{\mathrm{e}y}\omega_{\mathrm{e}z}\\ \omega_{\mathrm{e}x}\omega_{\mathrm{e}z} & \omega_{\mathrm{e}y}\omega_{\mathrm{e}z} & \omega_{\mathrm{e}z}^2-\omega_{\mathrm{e}}^2\end{bmatrix}\tag{4.41}$$

$$\boldsymbol{B}=\begin{bmatrix}0 & -2\omega_{\mathrm{e}z} & 2\omega_{\mathrm{e}y}\\ 2\omega_{\mathrm{e}z} & 0 & -2\omega_{\mathrm{e}x}\\ -2\omega_{\mathrm{e}y} & 2\omega_{\mathrm{e}x} & 0\end{bmatrix}\tag{4.42}$$

4.3 干扰模型

4.3.1 风干扰

大气压力分布的不均匀是产生风的根源。因为空气吸收太阳的热能与昼夜、季节、地理位置、地形以及大气中的含水量有关，所以在不同的空气层之间将产生很大的温度差，而引起空气密度和压力的变化，使空气质点产生运动而形成风。在飞行力学中常常引用阵风的概念。所谓阵风，其特点是风速和风向均发生剧烈的变化。阵风的量级和方向又是完全不同的，它们是时间和空间的随机函数，因此只能根据实测由统计数据来确定。若要得到阵风的精确统计特性，就必须在整个地球表面、在不同的季节、不分昼夜地对各种高度上的阵风进行全面的实测研究，这是一项十分庞大而复杂的工作，很难实现。因此在工程实际中，也就是只能根据局部的实测数据，对阵风进行估值。经估值分析，阵风可以分为垂直阵风和水平阵风，以 U 代表垂直阵风速度，W 代表水平阵风速度。实测研究证明，在对流层和平流层的下层，可以足够准确地认为阵风速度随着高度而增加，计算阵风速度可以采用经验公式：

$$U=U_0\sqrt{\frac{\rho_0}{\rho}}\tag{4.43}$$

$$W = W_0\sqrt{\frac{\rho_0}{\rho}} \tag{4.44}$$

式中，U_0 和 W_0 分别是地面的垂直和水平风速；ρ_0 为地面空气密度；ρ 为某一高度上的空气密度。飞行器因受到阵风作用，将出现附加迎角和侧滑角，由图 4-5 可以看出，飞行器受到垂直风速 U 的干扰作用后，使吹向飞行器合成气流的方向变为 v_1，由此形成了附加迎角 $\Delta\alpha_1$，从图 4-5 中可以推出它们之间的关系为

$$\Delta\alpha_1 = \arctan\left(\frac{U\cos\theta}{v - U\sin\theta}\right) \tag{4.45}$$

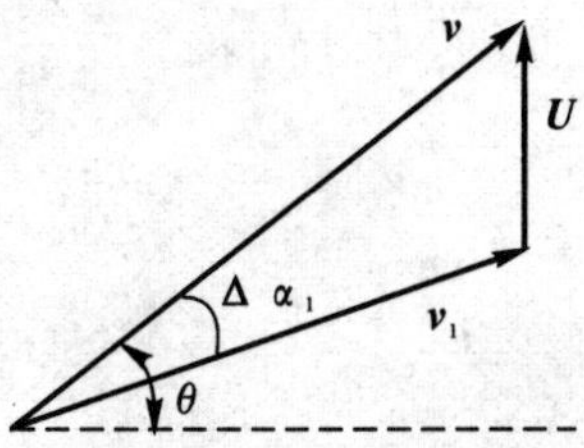

图 4-5 飞行器受到垂直风干扰后的速度

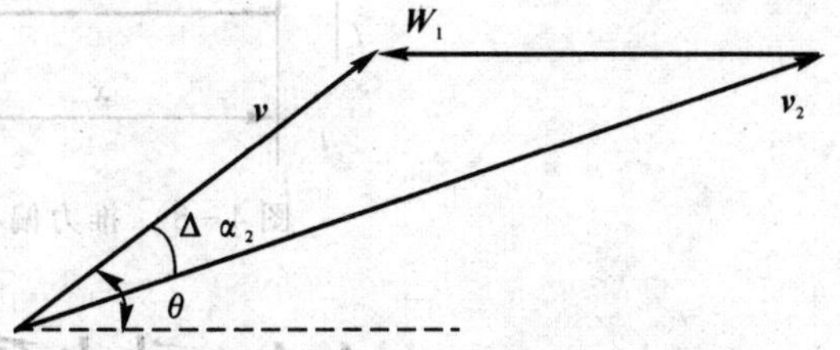

图 4-6 飞行器受到水平风干扰后的速度

同理，由水平风速 W_1 与飞行器速度 v 合成气流方向为 v_2，由此形成了附加迎角 $\Delta\alpha_2$，从图 4-6 中可以推出它们之间的关系为

$$\Delta\alpha_2 = \arctan\frac{W_1\sin\theta}{v + W_1\cos\theta} \tag{4.46}$$

如果风速分量 W_2 在侧滑角平面内垂直飞行速度 v，合成气流方向为 v_3，由此形成附加侧滑角 $\Delta\beta$，从图 4-7 中可以推出它们之间的关系为

$$\Delta\beta = \arctan\frac{W_2}{v} \tag{4.47}$$

由迎角偏差 $\Delta\alpha$ 引起的纵向干扰力和干扰力矩为

$$F'_{yd} = qSC_y^{\alpha}\Delta\alpha \tag{4.48}$$

$$M'_{zd} = qSC_y^{\alpha}\Delta\alpha(x_g - x_p) \tag{4.49}$$

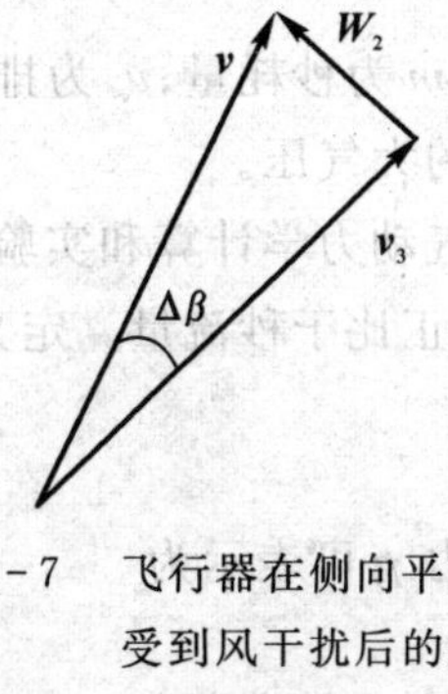

图 4-7 飞行器在侧向平面内受到风干扰后的速度

式中，x_g 为重心至飞行器理论尖点的距离；x_p 为压力中心至理论尖点的距离。同理，侧滑角偏差产生的侧向干扰力和干扰力矩为

$$F'_{zd} = qSC_z^{\beta}\Delta\beta \tag{4.50}$$

$$M'_{yd} = qSC_z^{\beta}\Delta\beta(x_g - x_{p1}) \tag{4.51}$$

4.3.2 推力偏斜干扰

由于制造公差、喷管轴的歪斜、燃气流的不均匀性等原因，推力矢量作用线不通过飞行器几何中心（过质心的横断面与纵轴的交点），也不通过质心。假定推力线偏离飞行器理论轴线的距离为 l_p，简称推力偏心 l_p；同时，由于推力矢量一般并不平行于飞行器体轴，其间夹角以 η_p 表示，则 η_p 称为推力偏心角，同时规定推力偏心朝下为正，反之为负，如图 4-8 所示。

由图 4-8 可以得出由于推力偏心所造成的干扰力和干扰力矩表达式为

$$F'_{yd} = p\sin\eta_p \tag{4.52}$$

$$F'_{xd} = -p(1-\cos\eta_p) \tag{4.53}$$

$$M'_{zd} = -p(x_{pg}+x')\sin\eta_p \quad \left(x' \approx \frac{l_p}{\eta_p}\right) \tag{4.54}$$

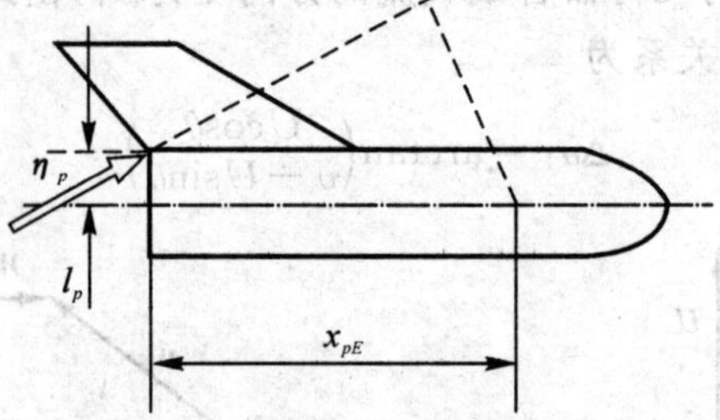

图 4-8 推力偏心示意图

4.4 动力系统模型

4.4.1 单台发动机推力计算

单台发动机的推力(简称台推力)可以由动推力和静推力两部分之和求得,即

$$p = \dot{m}u_e + S_e(p_e - p_H) \tag{4.55}$$

其中,$\dot{m}$ 为秒耗量;u_e 为排气速度;S_e 为发动机出口面积;p_e 为喷口截面积上燃气静压;p_H 为 H 高度的大气压。

气动力学计算和实验表明,在一定范围内可以认为排气速度 u_e 不变,同时,排气截面的压力 p_e 正比于秒流量。定义 u'_e 为有效排气速度,即

$$u'_e = u_e + S_e\frac{p_e}{\dot{m}} \tag{4.56}$$

则推力 p 可表示为

$$p = \dot{m}u'_e - S_e p_H$$

其中,u'_e 可根据地面试车确定。

对上述公式进行简化,得

$$p = p_a + S_e(p_0 - p_H) \tag{4.57}$$

其中,p_a 为地面推力;p_0 为地面大气压力。

4.4.2 发动机的后效冲量处理

发动机从点火后,推力迅速增加,在很短的时间内可以达到额定推力,随着飞行高度的增加,推力逐渐增大,在达到一定高度后,推力基本保持恒定。在发出关机指令后,燃烧室由于有剩余推进剂的燃烧,仍然产生推力,直至燃烧完全结束,推力才为 0,记该瞬时为 $t_{p=0}$。推力变化曲线如图 4-9 所示。

由 t_2 至 $t_{p=0}$ 这段时间剩余燃料产生的推力冲量称为发动机的后效冲量 I,可表示为

$$I=\int_{t_2}^{t_{p=0}} p(t)\mathrm{d}t \tag{4.58}$$

该冲量对于飞行器的运动参数有较大影响。

为了在建模过程中充分描述该后效冲量，根据飞行器的发动机类型，建立后效冲量的等效方程。设从 t_2 开始(即关机指令下达后) 发动机的推力曲线为

$$p(t)=at_p+bt_p+c \tag{4.59}$$

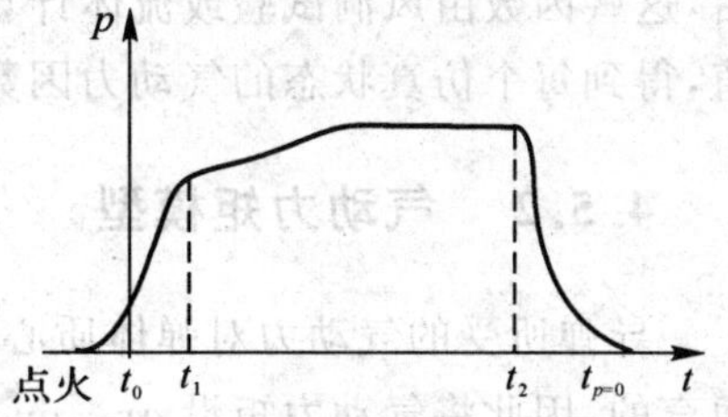

图 4-9　发动机推力变化示意图

其中，$t_p=t-t_2$，为发动机关机后的时间。通过设定该抛物线的形状，可以很好地近似发动机的推力变化过程，从而得到发动机的后效冲量。

4.5　气动力及气动力矩

4.5.1　气动力模型

导弹在飞行过程中所受到的空气动力 R 与其飞行速度、所在高度的大气密度、弹体形状及空间姿态等参数有关，沿速度坐标系的 3 个轴分解为阻力 X、升力 Y 和侧力 Z，即

$$R=X+Y+Z \tag{4.60}$$

作为受控对象，导弹攻击目标的主要方式就是通过改变相对气流的姿态，即改变迎角与侧滑角，从而达到改变飞行速度大小和方向的目的，实现受控飞行。具体过程大致为：制导系统根据导弹与目标间的相对空间关系，按相应的导引规律形成制导指令，控制系统根据制导指令生成控制信号控制执行机构动作(舵面偏转)，从而改变舵面所受的气动力，产生操纵力矩，使导弹绕质心旋转，进而改变导弹相对于气流的迎角或侧滑角，最后改变作用于导弹的升力、侧力和阻力，引起飞行速度大小和方向的变化。

实验分析表明，作用于导弹上的空气动力与来流的动压 q 及导弹的特征面积 S 成正比，即

$$\left.\begin{aligned} X&=c_xqS\\ Y&=c_yqS\\ Z&=c_zqS \end{aligned}\right\} \tag{4.61}$$

式中，S 为特征面积(或参考面积)，对有翼式导弹，常取弹翼面积为特征面积，对无翼式导弹，常取弹身最大横截面积为特征面积。q 为来流动压(或速度头)，其表达式为

$$q=\frac{1}{2}\rho v^2 \tag{4.62}$$

其中，ρ 为导弹所在高度的大气密度；v 为导弹飞行速度。

c_x,c_y,c_z 为无量纲的比例因数，分别称为阻力因数、升力因数和侧力因数。在导弹气动外形及其几何参数与飞行速度、高度等给定的情况下，研究导弹所受到的气动力，可简化为研究这些气动力因数。当迎角 α、侧滑角 β 以及舵偏角 δ_z,δ_y 较小时，满足线性关系式：

$$\left.\begin{aligned} c_x&=c_{x0}+c_{xi}\\ c_y&=c_{y0}+c_y^{\alpha}\alpha+c_y^{\delta_z}\delta_z\\ c_z&=c_z^{\beta}\beta+c_z^{\delta_y}\delta_y \end{aligned}\right\} \tag{4.63}$$

一般而言，c_x,c_y,c_z 是马赫数 Ma、高度 H、迎角 α 以及舵偏角的函数，在飞行器外形确定

后，这些因数由风洞试验或流体计算得到，并形成插值数据表。在仿真时，根据数据表进行插值，得到每个仿真状态的气动力因数，进而计算出气动力。

4.5.2 气动力矩模型

导弹所受的气动力对弹体质心形成气动力矩，研究导弹的转动运动是相对于弹体坐标系而言的，因此将气动力矩沿 ox_1，oy_1，oz_1 3 个坐标轴分解为 3 个分量，即

M_{x_1} —— 倾斜力矩（或滚转力矩），使导弹绕纵轴 ox_1 旋转，副翼偏转正的 δ_x 角（右副翼后缘下偏，左副翼后缘上偏），将产生负的倾斜力矩。

M_{y_1} —— 偏航力矩（或航向力矩），使导弹绕立轴 oy_1 旋转，方向舵偏转正的 δ_y 角（后缘右偏），将产生负的偏航力矩。

M_{z_1} —— 俯仰力矩（或纵向力矩），使导弹绕横轴 oz_1 旋转（抬头或低头），升降舵偏转正的 δ_z 角（后缘下偏 ），将产生负的俯仰力矩，导弹作低头旋转运动。

气动力矩的计算公式为

$$\left.\begin{aligned} M_{x_1} &= m_{x_1} qSL \\ M_{y_1} &= m_{y_1} qSL \\ M_{z_1} &= m_{z_1} qSL \end{aligned}\right\} \tag{4.64}$$

其中，m_{x_1}，m_{y_1}，m_{z_1} 为无量纲因数，分别称为滚转力矩因数、偏航力矩因数以及俯仰力矩因数；L 为参考长度。

1. 俯仰力矩 M_{z1}

俯仰力矩 M_{z1} 是导弹飞行马赫数 Ma、飞行高度 H、迎角 α、升降舵偏角 δ_z、俯仰角速度 ω_{z_1}、迎角变化率 $\dot{\alpha}$、舵面旋转角速度 $\dot{\delta}_z$ 的函数，当迎角和舵偏角不太大时，其一般表达式为

$$M_{z_1} = M_{z_0} + M_{z_1}^{\alpha}\alpha + M_{z_1}^{\delta_z}\delta_z + M_{z_1}^{\omega_{z_1}}\omega_{z_1} + M_{z_1}^{\dot{\alpha}}\dot{\alpha} + M_{z_1}^{\dot{\delta}_z}\dot{\delta}_z \tag{4.65}$$

引入无量纲参数：

$$\bar{\dot{\alpha}} = \frac{\dot{\alpha}L}{v}, \quad \bar{\omega}_z = \frac{\omega_z L}{v}, \quad \bar{\dot{\delta}}_z = \frac{\dot{\delta}_z L}{v}$$

俯仰力矩表达式可写为力矩因数的形式：

$$m_{z_1} = m_{z_0} + m_{z_1}^{\alpha}\alpha + m_{z_1}^{\delta_z}\delta_z + m_{z_1}^{\bar{\omega}_z}\bar{\omega}_z + m_{z_1}^{\bar{\dot{\alpha}}}\bar{\dot{\alpha}} + m_{z_1}^{\bar{\dot{\delta}}_z}\bar{\dot{\delta}}_z \tag{4.66}$$

式中，m_{z0} 为 a，δ_z，ω_{z_1}，$\dot{\alpha}$，$\dot{\delta}_{z_1}$ 均为 0 时的俯仰力矩因数，是由于导弹的几何不对称所引起的，实质是由 c_{y0} 造成的。

2. 偏航力矩 M_{y_1}

偏航力矩产生的物理原因与俯仰力矩完全相似，区别在于它是由侧力产生的，其力矩因数表达式为

$$m_{y_1} = m_{y_1}^{\beta}\beta + m_{y_1}^{\delta_y}\delta_y + m_{y_1}^{\bar{\omega}_{y_1}}\bar{\omega}_{y_1} + m_{y_1}^{\bar{\dot{\beta}}}\bar{\dot{\beta}} + m_{y_1}^{\bar{\dot{\delta}}_y}\bar{\dot{\delta}}_y \tag{4.67}$$

3. 滚转力矩 M_{z_1}

滚转力矩是由于气流不对称地流过导弹时所产生的，其力矩因数表达式为

$$m_{x_1} = m_{x0} + m_{x_1}^{\beta}\beta + m_{x_1}^{\delta_x}\delta_x + m_{x_1}^{\delta_y}\delta_y + m_{x_1}^{\bar{\omega}_{x_1}}\bar{\omega}_{x_1} + m_{x_1}^{\bar{\omega}_{y_1}}\bar{\omega}_{y_1} + m_{x_1}^{\bar{\omega}_{z_1}}\bar{\omega}_{z_1} \tag{4.68}$$

从滚转力矩因数不难发现，δ_y 除了引起偏航力矩外，也会引起滚转力矩的变化。

在以下数学模型叙述中，有时会省略下标"1"，如将 m_{x_1} 省略为 m_x，但均指在弹体坐标系下的力矩因数。

4.6　动力学方程组

导弹在空中的运动可以分解为质心的平移运动和绕质心的旋转运动。描述质心运动一般采用发射坐标系或弹道坐标系，而描述质心的旋转运动采用弹体坐标系。用不同坐标系来描述导弹的运动，其运动方程的表达形式是不同的。导弹运动方程组由动力学方程、运动学方程及其他辅助方程组成。另外，由于一般弹性运动的频率高，不影响质心运动的轨迹，故描述运动方程组时，把导弹视为刚体。

4.6.1　发射坐标系下的质心动力学方程组

1. 动力学方程

现考虑旋转地球模型，在与地球固连的发射坐标系 o_0xyz 上建立动力学方程，其质心动力学方程可写为

$$\left.\begin{aligned}\dot{V}_x&=\ddot{X}=\dot{W}_x+g_{Tx}-\dot{W}_{cx}-\dot{W}_{ex}\\\dot{V}_y&=\ddot{Y}=\dot{W}_y+g_{Ty}-\dot{W}_{cy}-\dot{W}_{ey}\\\dot{V}_z&=\ddot{Z}=\dot{W}_z+g_{Tz}-\dot{W}_{cz}-\dot{W}_{ez}\end{aligned}\right\}\tag{4.69}$$

式中，g_{Tx}，g_{Ty}，g_{Tz} 为火箭所受引力加速度在发射坐标系的三轴分量；$\dot{W}_{cx}$，$\dot{W}_{cy}$，$\dot{W}_{cz}$ 为哥氏加速度在发射坐标系的三轴分量；$\dot{W}_{ex}$，$\dot{W}_{ey}$，$\dot{W}_{ez}$ 为牵连加速度（也称离心惯性加速度）在发射坐标系的三轴分量；$\dot{W}_x$，$\dot{W}_y$，$\dot{W}_z$ 为火箭飞行中所受的全部非质量力的加速度（也称视加速度）在发射坐标系的三轴分量。

视加速度是由全部非质量力引起的，这些力包括气动力、发动机推力、控制力（姿态发动机提供）、其他干扰力，如风干扰引起的附加气动力，分离时爆炸螺栓的冲击力，运载火箭故障爆炸时的冲击力等。考虑不同情况下，火箭所受的力及质量变化，可以分别计算出运载火箭的标准弹道，后面再详细分析不同情况下火箭的受力情况。

现计算引力加速度、牵连加速度和哥氏加速度。

在发射坐标系中，引力加速度各分量可以表示为

$$\left.\begin{aligned}g_{Tx}&=g'_r(R_{0x}+x)/r+g_{\omega_e}\omega_{ex}/\omega_e\\g_{Ty}&=g'_r(R_{0y}+y)/r+g_{\omega_e}\omega_{ey}/\omega_e\\g_{Tz}&=g'_r(R_{0z}+z)/r+g_{\omega_e}\omega_{ez}/\omega_e\end{aligned}\right\}\tag{4.70}$$

运用矢量运算可得牵连加速度 $\dot{\boldsymbol{W}}_e=\boldsymbol{a}_e=\boldsymbol{\omega}_e\times(\boldsymbol{\omega}_e\times\boldsymbol{r})$ 在发射坐标系的投影式为

$$\begin{bmatrix}\dot{W}_{ex}\\\dot{W}_{ey}\\\dot{W}_{ez}\end{bmatrix}=\begin{bmatrix}\omega_{ex}^2-\omega_e^2&\omega_{ex}\omega_{ey}&\omega_{ex}\omega_{ez}\\\omega_{ex}\omega_{ey}&\omega_{ey}^2-\omega_e^2&\omega_{ey}\omega_{ez}\\\omega_{ex}\omega_{ez}&\omega_{ey}\omega_{ez}&\omega_{ez}^2-\omega_e^2\end{bmatrix}\begin{bmatrix}R_{0x}+x\\R_{0y}+y\\R_{0z}+z\end{bmatrix}\tag{4.71}$$

哥氏加速度 $\boldsymbol{W}_c=\boldsymbol{a}_c=2(\boldsymbol{\omega}_e\times\boldsymbol{v})$ 在发射坐标系的投影式为

$$\begin{bmatrix}\dot{W}_{cx}\\\dot{W}_{cy}\\\dot{W}_{cz}\end{bmatrix}=\begin{bmatrix}0&2\omega_{ez}&2\omega_{ey}\\2\omega_{ez}&0&-2\omega_{ex}\\-2\omega_{ey}&2\omega_{ex}&0\end{bmatrix}\begin{bmatrix}v_x\\v_y\\v_z\end{bmatrix}\tag{4.72}$$

令$\boldsymbol{R}$表示气动力，$-X,Y,Z$为气动力在速度坐标系中3个方向的分量。$\boldsymbol{p}$表示推力，p_{x_1}，p_{y_1}，p_{z_1}为$\boldsymbol{p}$在弹体坐标系中的三分量。在发射坐标系下，$\dot{W}_x$，$\dot{W}_y$，$\dot{W}_z$的分量可表示为

$$\begin{bmatrix}\dot{W}_x\\ \dot{W}_y\\ \dot{W}_z\end{bmatrix}=\frac{1}{m}\left\{\boldsymbol{L}^{-1}(\gamma,\psi,\vartheta)\begin{bmatrix}p_{x_1}\\ p_{y_1}\\ p_{z_1}\end{bmatrix}+\boldsymbol{L}^{-1}(\gamma_c,\sigma,\theta)\begin{bmatrix}-X\\ Y\\ Z\end{bmatrix}\right\} \tag{4.73}$$

2. 运动学方程

在动力学方程中，各种力和力矩几乎都与飞行器的位置、速度和姿态角有关，因此需要建立飞行器运动学方程组。

飞行器在发射坐标系中的位置和飞行速度存在下列关系式：

$$\left.\begin{aligned}\dot{x}&=v_x\\ \dot{y}&=v_y\\ \dot{z}&=v_z\end{aligned}\right\} \tag{4.74}$$

3. 辅助方程

3个几何联系欧拉角方程式为

$$\left.\begin{aligned}&\sin\beta=\cos(\theta-\varphi)\cos\sigma\sin\psi\cos\gamma+\sin(\varphi-\theta)\cos\sigma\sin\gamma\\ &\sin\alpha\cos\beta=\sin\sigma\cos\psi\sin\gamma-\cos(\theta-\varphi)\cos\sigma\sin\psi\sin\gamma-\sin(\theta-\varphi)\cos\sigma\cos\gamma\\ &\sin\gamma_c=\frac{1}{\cos\sigma}(\cos\alpha\cos\psi\sin\gamma-\sin\psi\sin\alpha)\end{aligned}\right\} \tag{4.75}$$

质量方程可以通过质量分析得到：

$$\dot{m}=m_s(t) \tag{4.76}$$

式中，$m_s(t)$为推进剂秒耗量。

4. 其他参数计算

(1) 地心矢径：

$$r=|\boldsymbol{r}|=\sqrt{(x+R_{0x})^2+(y+R_{0y})^2+(z+R_{0z})^2} \tag{4.77}$$

(2) 地心纬度。P点地心纬度ϕ_e的计算由$r\omega$得到，即

$$\begin{aligned}\phi_e&=\arcsin(\boldsymbol{r}\cdot\boldsymbol{\omega}_e/r\omega_e)=\arcsin\{[(R_{0x}+x)\omega_{ex}+(R_{0y}+y)\omega_{ey}+(R_{0z}+z)\omega_{ez}]/r\omega_e\}=\\ &\arcsin\left\{\frac{1}{r}[(R_{0x}+x)\cos A_0\cos B_0+(R_{0y}+y)\sin B_0-(R_{0z}+z)\sin A_0\cos B_0]\right\}\end{aligned} \tag{4.78}$$

(3) 经度。首先计算出P点导弹下点的经度与发射点的经度差$\Delta\lambda$。

将发射坐标系o_0xyz绕y轴旋转A_0角，再绕新的侧轴旋转B_0角，得一新的坐标系$o_0x'y'z'$，显然新坐标系的$o_0y'z'$平面与赤道平面平行，o_0x'轴与地轴平行，这两个坐标系的变换矩阵为

$$\boldsymbol{C}=\begin{bmatrix}\cos B_0\cos A_0 & \sin B_0 & -\cos B_0\sin A_0\\ -\sin B_0\cos A_0 & \cos B_0 & \sin B_0\sin A_0\\ \sin A_0 & 0 & \cos A_0\end{bmatrix}$$

现将新的坐标系$o_0x'y'z'$平移至地心o_E，得坐标系$o_Ex''y''z''$，于是可得P点的矢径$\boldsymbol{r}$在坐标系$o_Ex''y''z''$各轴上的分量为

$$\begin{bmatrix} x'' \\ y'' \\ z'' \end{bmatrix} = \boldsymbol{C} \begin{bmatrix} x + R_{0x} \\ y + R_{0y} \\ z + R_{0z} \end{bmatrix}$$

于是得

$$\Delta\lambda = \begin{cases} \arctan(z''/y'') & (y'' > 0) \\ \pi - \arctan(z''/y'') & (y'' < 0) \end{cases} \tag{4.79}$$

因此 P 点导弹下点的经度为

$$\lambda = \lambda_0 + \Delta\lambda \tag{4.80}$$

(4) 航程。导弹在发射坐标系的飞行距离可以表示成

$$\left.\begin{aligned} x &= \int_0^{t_k} v_x \mathrm{d}t \\ y &= \int_0^{t_k} v_y \mathrm{d}t \\ z &= \int_0^{t_k} v_z \mathrm{d}t \end{aligned}\right\} \tag{4.81}$$

x,y 表示的不再为直线距离,而为一段弧长。严格的航程计算应按在地球表面上的铅垂投影距离来计算,而地球表面上两点间的距离是指通过两点的大圆的弧长。

设发射点为 $Q(\lambda_0, \phi_0)$,飞行某一时刻 t_k 导弹在地面上的投影点为 $P(\lambda, \phi)$。

分别通过 Q,P 点作子午线 QN 和 PN,N 为北极(见图 4-10)。在球面三角形 QNP 中:角 $\Delta\lambda = \lambda - \lambda_0$,边 $p = \frac{\pi}{2} - \phi$,边 $q = \frac{\pi}{2} - \phi_0$,根据球面三角关系,有

$$\cos n = \cos p \cos q + \sin p \sin q \cos \Delta\lambda \tag{4.82}$$

即有

$$\cos n = \sin\phi_0 \sin\phi + \cos\phi_0 \cos\phi \cos(\lambda - \lambda_0) \tag{4.83}$$

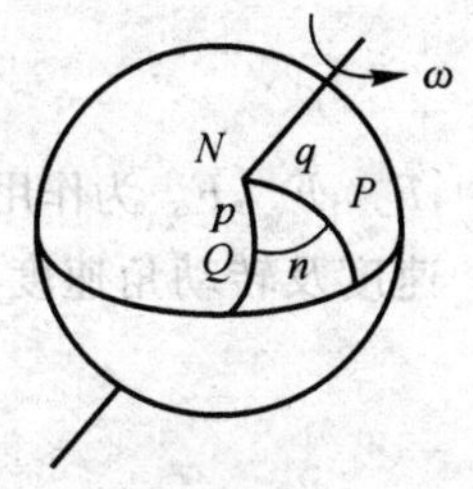

图 4-10　球面三角形示意图

故飞行距离 s 为

$$s = r_e n \tag{4.84}$$

4.6.2　弹道坐标系下的质心动力学方程组

任一自由刚体在空间的运动均可视为由刚体质心的平动和绕质心的转动两部分组成的合成运动。刚体质心的平动可表示为

$$m \frac{\mathrm{d}\boldsymbol{v}}{\mathrm{d}t} = \boldsymbol{F} \tag{4.85}$$

方程式(4.85)的应用条件:

· 运动物体为常质量的刚体;

· 运动是在惯性坐标系内考查的。

由于飞行器在飞行过程中随着燃料的消耗质量是变化的,因此在研究飞行器运动过程时采用固化假设:为了简化问题,在研究导弹的运动时,在每一瞬时,将飞行器视为一个质量不变的,在气动力、推力与重力等外力作用下运动的刚体来处理,也称为固化原理或刚化原理。

由于描述刚体质心空间运动的动力学基本方程式(4.85)是在惯性坐标系内给出的,故在动坐标系内建立动力学方程时,需考虑矢量在惯性坐标系内的绝对导数与动坐标系内的相对导数间的关系,若地面坐标系认为是惯性坐标系,则

$$\frac{\mathrm{d}\boldsymbol{v}}{\mathrm{d}t}=\frac{\partial \boldsymbol{v}}{\partial t}+\boldsymbol{\Omega}\times\boldsymbol{v} \tag{4.86}$$

式中,$\mathrm{d}\boldsymbol{v}/\mathrm{d}t$ 为 $\boldsymbol{v}$ 在惯性坐标系(地面坐标系)内的绝对导数;$\partial\boldsymbol{v}/\partial t$ 为 $\boldsymbol{v}$ 在动坐标系(弹道坐标系)内的相对导数。

设 $\boldsymbol{\Omega}$ 为动坐标系(弹道坐标系)相对于惯性坐标系(地面坐标系)的角速度,其中 $\boldsymbol{i},\boldsymbol{j},\boldsymbol{k}$ 为弹道坐标系各轴方向的单位矢量。

$$\boldsymbol{\Omega}=\Omega_{x_2}\boldsymbol{i}+\Omega_{y_2}\boldsymbol{j}+\Omega_{z_2}\boldsymbol{k} \tag{4.87}$$

根据弹道坐标系和地面坐标系间的关系,又有

$$\boldsymbol{\Omega}=\dot{\boldsymbol{\psi}}_c+\dot{\boldsymbol{\theta}} \tag{4.88}$$

将 $\boldsymbol{F},\boldsymbol{v},\boldsymbol{\Omega}$ 分别在弹道坐标系内分解并考虑式(4.86),即可得到弹道坐标系内描述导弹质心空间平动的动力学方程为

$$\left.\begin{aligned}
m\left(\frac{\mathrm{d}v_{x_2}}{\mathrm{d}t}+\Omega_{y_2}v_{z_2}-\Omega_{z_2}v_{y_2}\right)&=F_{x_2}\\
m\left(\frac{\mathrm{d}v_{y_2}}{\mathrm{d}t}+\Omega_{z_2}v_{x_2}-\Omega_{x_2}v_{z_2}\right)&=F_{y_2}\\
m\left(\frac{\mathrm{d}v_{z_2}}{\mathrm{d}t}+\Omega_{x_2}v_{y_2}-\Omega_{y_2}v_{x_2}\right)&=F_{z_2}
\end{aligned}\right\} \tag{4.89}$$

式中,F_{x_2},F_{y_2},F_{z_2} 为作用在导弹上的合力 $\boldsymbol{F}$(重力、推力与气动力)在弹道坐标系3个轴上的分量。

速度及转动角速度在弹道坐标系内的投影为

$$\left.\begin{aligned}
v_{x_2}&=v\\
v_{y_2}&=0\\
v_{z_2}&=0
\end{aligned}\right\} \tag{4.90}$$

$$\left.\begin{aligned}
\Omega_{x_2}&=\dot{\psi}_c\sin\theta\\
\Omega_{y_2}&=\dot{\psi}_c\cos\theta\\
\Omega_{z_2}&=\dot{\theta}
\end{aligned}\right\} \tag{4.91}$$

不考虑地球旋转,作用在导弹上的重力、推力与气动力在弹道坐标系内的投影:

$$\begin{bmatrix}F_{x_2}\\F_{y_2}\\F_{z_2}\end{bmatrix}=\boldsymbol{L}^{-1}(\gamma_v)\begin{bmatrix}-X\\Y\\Z\end{bmatrix}+\boldsymbol{L}^{-1}(\gamma_v)\boldsymbol{L}^{-1}(\beta,\alpha)\begin{bmatrix}p\\0\\0\end{bmatrix}+\boldsymbol{L}(\psi_v,\theta)\begin{bmatrix}0\\-G\\0\end{bmatrix} \tag{4.92}$$

由式(4.89)可得在弹道坐标系内描述的导弹质心空间平动的动力学方程为

$$\left.\begin{aligned}
m\frac{\mathrm{d}v}{\mathrm{d}t}&=p\cos\alpha\cos\beta-X-G\sin\theta\\
mv\frac{\mathrm{d}\theta}{\mathrm{d}t}&=p(\sin\alpha\cos\gamma_c+\cos\alpha\sin\beta\sin\gamma_c)+Y\cos\gamma_c-Z\sin\gamma_c-G\cos\theta\\
-mv\cos\theta\frac{\mathrm{d}\psi_c}{\mathrm{d}t}&=p(\sin\alpha\sin\gamma_c-\cos\alpha\sin\beta\cos\gamma_c)+Y\sin\gamma_c+Z\cos\gamma_c
\end{aligned}\right\} \tag{4.93}$$

利用速度坐标系与地面坐标系间的关系，可得到导弹质心空间平动的运动学方程为

$$\left.\begin{aligned}\frac{\mathrm{d}x}{\mathrm{d}t}&=\boldsymbol{v}\cos\theta\cos\psi_v\\\frac{\mathrm{d}y}{\mathrm{d}t}&=\boldsymbol{v}\sin\theta\\\frac{\mathrm{d}z}{\mathrm{d}t}&=-\boldsymbol{v}\cos\theta\sin\psi_v\end{aligned}\right\}\tag{4.94}$$

4.6.3 姿态动力学方程组

姿态动力学是在弹体坐标系中进行描述的。根据动量矩定理：

$$\frac{\mathrm{d}\boldsymbol{H}}{\mathrm{d}t}=\boldsymbol{M}\tag{4.95}$$

式中，$\boldsymbol{H}$ 为刚体相对于质心的动量矩；$\boldsymbol{M}$ 为外力对刚体质心的合力矩。

应用条件：

(a) 运动物体为常质量的刚体；

(b) 运动是在惯性坐标系内考查的。

为了简化方程形式，采用弹体坐标系描述导弹绕质心转动的动力学方程。类似的，动量矩矢量 $\boldsymbol{H}$ 在惯性坐标系（地面坐标系）内的绝对导数与其在动坐标系（弹体坐标系）内的相对导数间存在关系式

$$\frac{\mathrm{d}\boldsymbol{H}}{\mathrm{d}t}=\frac{\partial\boldsymbol{H}}{\partial t}+\boldsymbol{\omega}\times\boldsymbol{H}\tag{4.96}$$

式中，$\mathrm{d}\boldsymbol{H}/\mathrm{d}t$ 为 $\boldsymbol{H}$ 在惯性坐标系（地面坐标系）内的绝对导数；$\partial\boldsymbol{H}/\partial t$ 为 $\boldsymbol{H}$ 在动坐标系（弹体坐标系）内的相对导数；$\boldsymbol{\omega}$ 为弹体坐标系相对地面坐标系的转动角速度。

动量矩矢量为

$$\boldsymbol{H}=\boldsymbol{J}\cdot\boldsymbol{\omega}\tag{4.97}$$

其中，$\boldsymbol{J}$ 为惯性张量，可表示为

$$\boldsymbol{J}=\begin{bmatrix}J_{x_1} & -J_{x_1}J_{y_1} & -J_{z_1}J_{x_1}\\-J_{x_1}J_{y_1} & J_{y_1} & -J_{y_1}J_{z_1}\\-J_{z_1}J_{x_1} & -J_{y_1}J_{z_1} & J_{z_1}\end{bmatrix}$$

将 $\boldsymbol{H}$ 沿弹体坐标系的 3 个轴分解为

$$\begin{bmatrix}H_{x_1}\\H_{y_1}\\H_{z_1}\end{bmatrix}=\begin{bmatrix}J_{x_1} & -J_{x_1}J_{y_1} & -J_{z_1}J_{x_1}\\-J_{x_1}J_{y_1} & J_{y_1} & -J_{y_1}J_{z_1}\\-J_{z_1}J_{x_1} & -J_{y_1}J_{z_1} & J_{z_1}\end{bmatrix}\begin{bmatrix}\omega_{x_1}\\\omega_{y_1}\\\omega_{z_1}\end{bmatrix}\tag{4.98}$$

而

$$\frac{\partial\boldsymbol{H}}{\partial t}=\frac{\mathrm{d}H_{x_1}}{\mathrm{d}t}\boldsymbol{i}_1+\frac{\mathrm{d}H_{y_1}}{\mathrm{d}t}\boldsymbol{j}_1\ \frac{\mathrm{d}H_{z_1}}{\mathrm{d}t}\boldsymbol{k}_1\tag{4.99}$$

考虑面对称飞行器，其惯性张量为

$$\boldsymbol{J}=\begin{bmatrix} J_{x_1} & -J_{x_1y_1} & 0 \\ -J_{x_1y_1} & J_{y_1} & 0 \\ 0 & 0 & J_{z_1} \end{bmatrix} \tag{4.100}$$

将以上各式带入到式(4.95)中,可得到

$$\left.\begin{aligned} &J_{x_1}\frac{d\omega_{x_1}}{dt}-J_{x_1y_1}\frac{d\omega_{y_1}}{dt}+(J_{z_1}-J_{y_1})\omega_{z_1}\omega_{y_1}+J_{x_1y_1}\omega_{x_1}\omega_{z_1}=M_x \\ &J_{y_1}\frac{d\omega_{y_1}}{dt}-J_{x_1y_1}\frac{d\omega_{x_1}}{dt}+(J_{x_1}-J_{z_1})\omega_{x_1}\omega_{z_1}+J_{x_1y_1}\omega_{x_1}\omega_{y_1}=M_y \\ &J_{z_1}\frac{d\omega_{z_1}}{dt}+(J_{y_1}-J_{x_1})\omega_{y_1}\omega_{x_1}+J_{x_1y_1}(\omega_{y_1}^2-\omega_{x_1}^2)=M_z \end{aligned}\right\} \tag{4.101}$$

式(4.101)即为姿态动力学方程。

根据弹体坐标系与地面坐标系间的关系,弹体坐标系相对于地面坐标系的转动可分解为3个角速度的和,即

$$\omega=\dot{\psi}+\dot{\vartheta}+\dot{\gamma} \tag{4.102}$$

将该角速度矢量转换到弹体坐标系下,有

$$\left.\begin{aligned} \omega_{x_1}&=\dot{\psi}\sin\vartheta+\dot{\gamma} \\ \omega_{y_1}&=\dot{\psi}\cos\vartheta\cos\gamma+\dot{\vartheta}\sin\gamma \\ \omega_{z_1}&=-\dot{\psi}\cos\vartheta\sin\gamma+\dot{\vartheta}\cos\gamma \end{aligned}\right\} \tag{4.103}$$

经变换后,即可得到导弹绕质心转动的运动学方程为

$$\left.\begin{aligned} \frac{d\vartheta}{dt}&=\omega_{y_1}\sin\gamma+\omega_{z_1}\cos\gamma \\ \frac{d\psi}{dt}&=\frac{1}{\cos\vartheta}(\omega_{y_1}\cos\gamma-\omega_{z_1}\sin\gamma) \\ \frac{d\gamma}{dt}&=\omega_{x_1}-\tan\xi(\omega_{y_1}\cos\gamma-\omega_{z_1}\sin\gamma) \end{aligned}\right\} \tag{4.104}$$

将质心动力学方程组和姿态动力学方程组联立还无法独立求解,为此需要补充几何关系方程(式(4.75))、质量方程(式(4.76))以及控制关系方程。控制关系方程可表示为

$$\left.\begin{aligned} \delta_x&=f(\varepsilon_1) \\ \delta_y&=f(\varepsilon_2) \\ \delta_z&=f(\varepsilon_3) \\ \delta_P&=f(\varepsilon_4) \end{aligned}\right\} \tag{4.105}$$

即描述导弹控制系统执行机构工作情况的参数为舵面偏转角和发动机推力调节规律,它们是参数误差 $\varepsilon_i(i=1,2,3,4)$ 的函数。

导弹控制系统的工作方式通常为误差控制的方式,即当导弹的实际运动参数 x_i 与期望运动参数 x_i^* 不一致,存在偏差:

$$\varepsilon_i=x_i-x_i^* \quad (i=1,\ 2,\ 3,\ 4) \tag{4.106}$$

时,控制系统就会产生控制信号控制执行机构试图消除偏差。

考虑理想控制假设,即操纵机构总能无误差地消除偏差,理想控制关系方程为

$$\left.\begin{aligned}\varepsilon_1&=0\\ \varepsilon_2&=0\\ \varepsilon_3&=0\\ \varepsilon_4&=0\end{aligned}\right\}\tag{4.107}$$

4.6.4 导弹运动方程组的简化

1. 导弹作为可操纵质点的运动方程组

在导弹初步设计阶段，在满足一定精度要求的前提下，为了简单、快捷地了解导弹的弹道特性与动态特性，研究导弹的运动特性通常分两步进行：首先，暂不考虑导弹绕质心的转动，而将导弹视为一个可操纵的质点来研究；然后，在此基础上再研究导弹绕质心的转动运动。

为此，引入以下假设：

(1) 忽略导弹的旋转惯性。导弹绕弹体轴的转动是无惯性的，即 $J_{x_1}=J_{y_1}=J_{z_1}=0$。

(2) 理想控制假设。控制处于理想状态，无误差、无延迟。

(3) 瞬时平衡假设。假设在每一瞬时，作用于导弹上的力与力矩均处于平衡状态，即认为导弹由某一平衡状态改变到另一平衡状态是瞬时完成的。

(4) 忽略随机干扰的影响。

简化后的动力学方程组为

$$\left.\begin{aligned}
&m\frac{\mathrm{d}\boldsymbol{v}}{\mathrm{d}t}=p\cos\alpha\cos\beta-X-mg\sin\theta\\
&m\boldsymbol{v}\frac{\mathrm{d}\theta}{\mathrm{d}t}=p(\sin\alpha\cos\gamma_c+\cos\alpha\sin\beta\sin\gamma_v)+Y\cos\gamma_v-Z\sin\gamma_v-mg\cos\theta\\
&\quad-m\boldsymbol{v}\cos\theta\frac{\mathrm{d}\psi_v}{\mathrm{d}t}=p(\sin\alpha\sin\gamma_v-\cos\alpha\sin\beta\cos\gamma_v)+Y\sin\gamma_v-Z\cos\gamma_v\\
&\quad\frac{\mathrm{d}x}{\mathrm{d}t}=v\cos\theta\cos\psi_v\\
&\quad\frac{\mathrm{d}y}{\mathrm{d}t}=v\sin\theta\\
&\quad\frac{\mathrm{d}z}{\mathrm{d}t}=v\cos\theta\sin\psi_v\\
&\quad\frac{\mathrm{d}m}{\mathrm{d}t}=-m_c\\
&\quad\varepsilon_1=0\\
&\quad\varepsilon_2=0\\
&\quad\varepsilon_3=0\\
&\quad\varepsilon_4=0
\end{aligned}\right\}\tag{4.108}$$

2. 导弹在纵向平面内的运动方程

忽略侧向运动参数，导弹在纵向平面内的运动方程为

$$
\left.\begin{aligned}
& m\frac{\mathrm{d}v}{\mathrm{d}t}=p\cos\alpha-X-G\sin\theta \\
& mv\frac{\mathrm{d}\theta}{\mathrm{d}t}=p\sin\alpha+Y-G\cos\theta \\
& J_{z_1}\frac{\mathrm{d}\omega_{z_1}}{\mathrm{d}t}=\sum M_{z_1} \\
& \frac{\mathrm{d}\vartheta}{\mathrm{d}t}=\omega_{z_1} \\
& \frac{\mathrm{d}x}{\mathrm{d}t}=v\cos\theta \\
& \frac{\mathrm{d}y}{\mathrm{d}t}=v\sin\theta \\
& \frac{\mathrm{d}m}{\mathrm{d}t}=-m_s \\
& \vartheta=\theta+\alpha \\
& \delta_{z_1}=\delta_{z_1}(v,\theta,x,y,\cdots,\omega_{z_1}) \\
& \delta_p=\delta_p(v,\theta,x,y,\cdots,\omega_{z_1})
\end{aligned}\right\}\tag{4.109}
$$

4.6.5 动力学方程组的求解

弹道仿真事实上就是求解这样一组非线性微分方程组。这些微分方程组中的方程相互耦合，构成了完整的弹道计算模型。根据弹道变化的快慢，合理选择积分算法和步长。一般而言，弹道计算主要采用四阶龙格-库塔法。这些闭合的微分方程组并不要求同时求解，可以分解为若干个模型，依次独立求解，如图 4－11、图 4－12 所示。

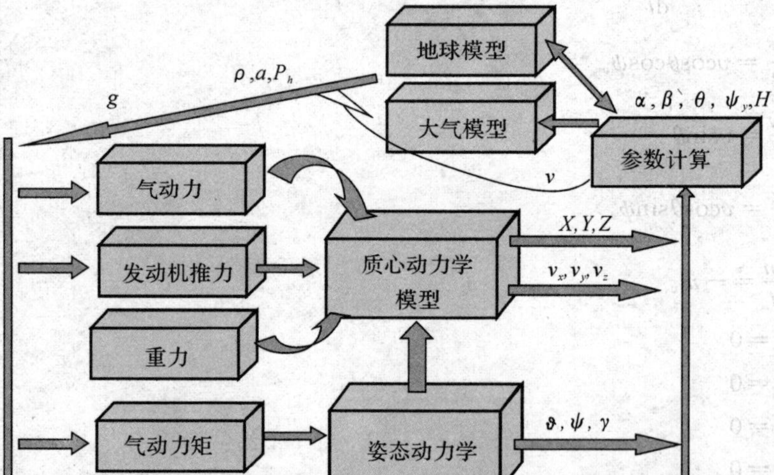

图 4－11 弹道计算模型示意图

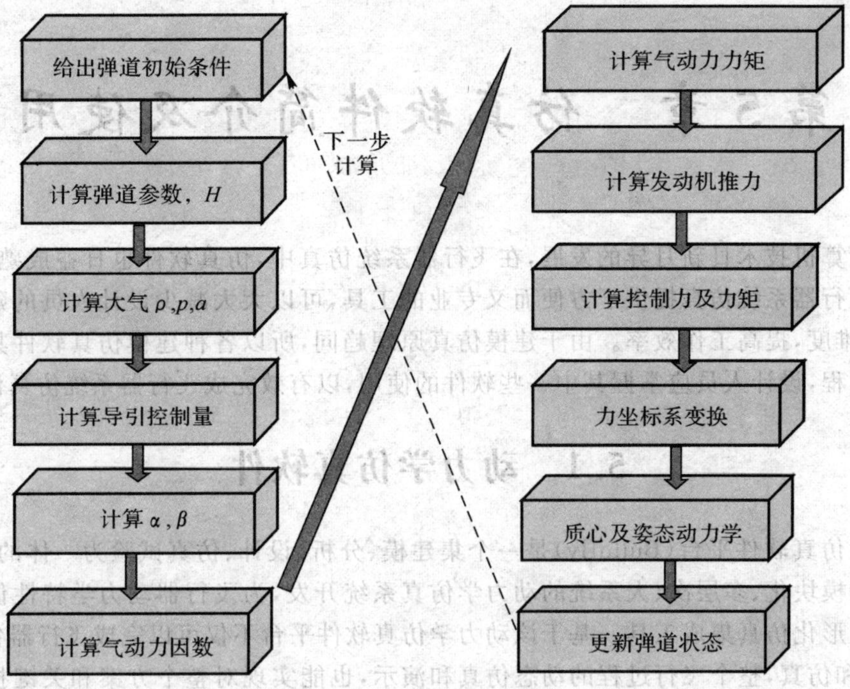

图 4－12　弹道计算流程图

第5章　仿真软件简介及使用

随着计算机技术日新月异的发展，在飞行器系统仿真中，仿真软件也日益成熟和丰富，这些软件为飞行器系统仿真提供了方便而又专业的工具，可以大大减少设计人员的建模仿真工作量，减小难度，提高工作效率。由于建模仿真原理趋同，所以各种建模仿真软件具有类似的建模仿真过程，设计人员应掌握其中一些软件的使用，以有效完成飞行器系统仿真任务。

5.1　动力学仿真软件

动力学仿真软件平台(Buildfly)是一个集建模、分析、设计、仿真试验为一体的集成环境，该平台支持模块化、多层次、大系统的动力学仿真系统开发，为飞行器动力学特性仿真分析提供了一个图形化仿真集成工具。基于该动力学仿真软件平台不仅可以完成飞行器各子系统的设计、建模和仿真，整个飞行过程的动态仿真和演示，也能实现对整个方案和关键技术进行仿真验证和评估，从而成为飞行器总体方案研究、关键技术研究以及分系统研究的有力工具。

5.1.1　系统构成

Buildfly 软件平台主要由底层支持库、数学库、仿真算法库、基础模型库、建模和仿真环境、仿真器(解算器)、模型库管理、仿真结果存储和查看等部分组成，如图 5-1 所示。

· 底层支持库：主要包括用于可视化建模的图形描述库、辅助功能的 API 函数库等。

· 数学库：用于仿真计算以及仿真算法构建的基本数学类库，该类库包含了向量、矩阵、多项式、复数与实数计算、状态方程、传递函数等大部分的数学支持。

· 仿真算法库：用来支持仿真计算的连续系统数值积分方法，离散系统求解方法，插值方法等。

· 模型管理库：实现对模型库文件的存放、路径、模型数据、加载、释放等管理操作，平台通过模型管理库实现模型库的有序存放、添加删除模型等。

· 仿真器(解算器)：生成仿真线程，依据设定的仿真算法、插值算法等对仿真过程进行调度，并在仿真过程中进行网络数据交互等。根据仿真功能的不同，仿真器具有多种，如通用仿真器、定时仿真器、并行仿真器等。

· 建模和仿真环境：建模和仿真环境是一个可视化的工作环境，在软件界面上，设计人员可以通过装配的方式实现快速建模，可以动态修改模型参数，增加和删除模型，建模完成后，在用户界面上可以完成仿真任务，仿真过程动态可控。

· 仿真结果存储和查看：通过数据记录单元和曲线显示单元可以将仿真过程数据实时记录，并存储在文件中，仿真过程中或仿真结束后，可以方便地查看这些数据和曲线。

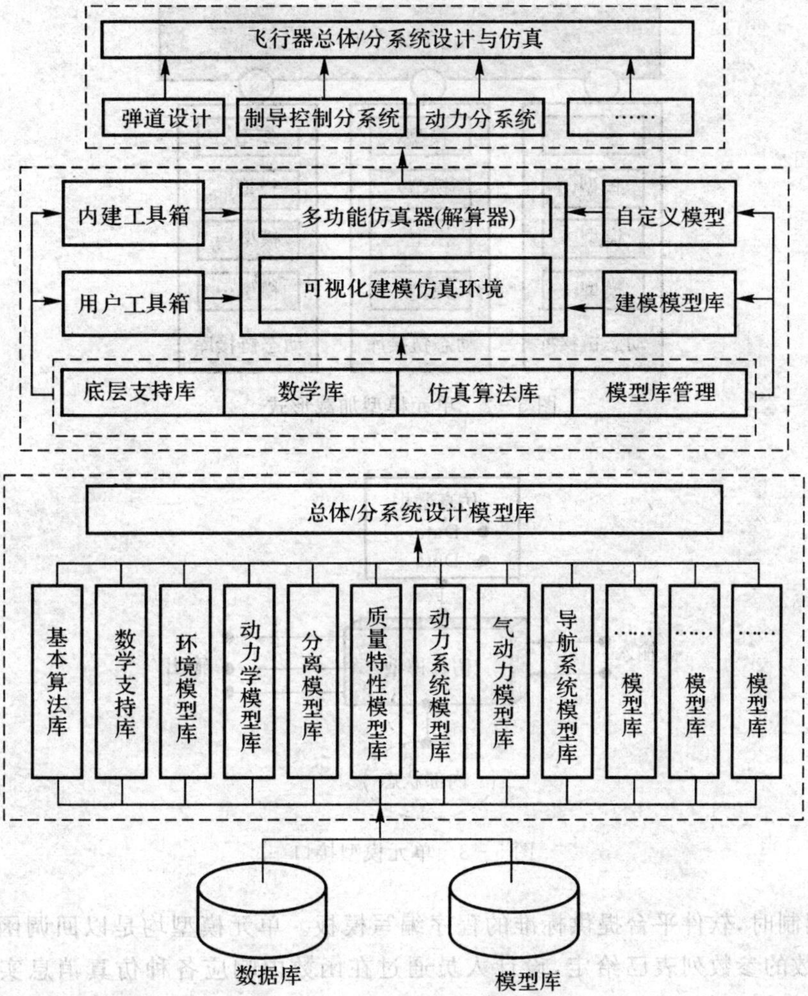

图 5-1 设计软件平台构成示意图

5.1.2 模型结构

1. 单元模型

单元模型是最基本的模型，也可以是由设计人员直接开发的模型。单元模型开发的编程语言以 C 或 C++ 为主，可以兼容 Fortran 语言。模型的软件形式为动态链接库(DLL)，即单元模型开发完成后经编译、链接形成动态链接库文件，该动态链接库被 Buildfly 软件平台自动加载和解析，如图 5-2 所示。由于每个动态链接库里可以包含若干个单元模型，事实上每个动态链接库即为单元模型库，该模型库可在开发模型时设置其标题、说明等属性，Buildfly 软件平台在加载后可显示这些属性。

任何一个单元模型均由输入、输出、状态和数据 4 个元素组成，如图 5-3 所示。任何一个单元模型对于建模过程而言，犹如一个标准化的组件，通过对组件参数的配置、输入、输出数据的耦合，以完成系统的行为仿真。

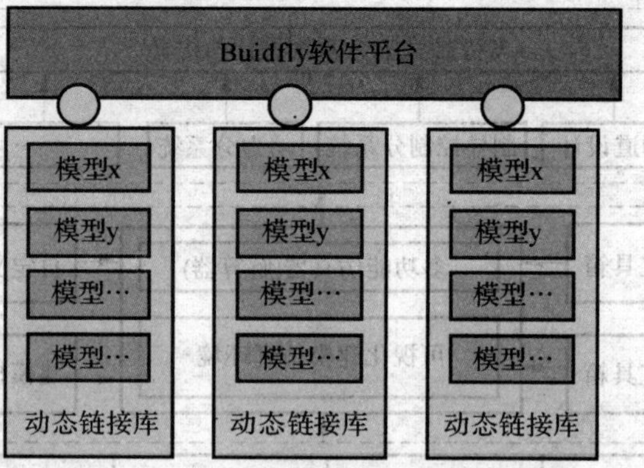

图 5-2　单元模型加载形式

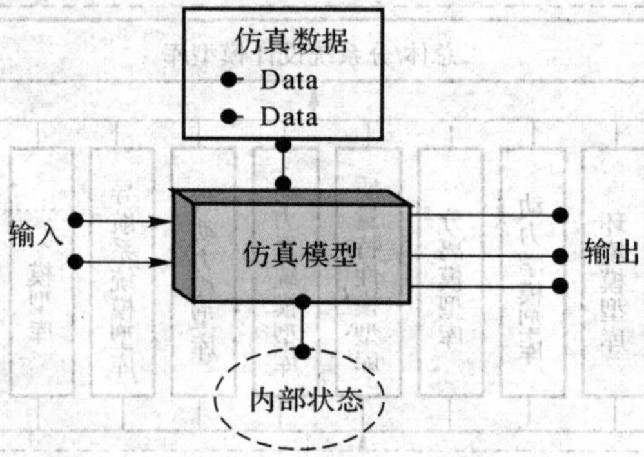

图 5-3　单元模型接口

在程序编制时，软件平台提供标准的程序编写模板。单元模型均是以回调函数的形式编写的，而且函数的参数列表已给定，设计人员通过在函数内响应各种仿真消息实现相应的功能。单元模型回调函数的形式为：

```
extern "C"
int_export FuncName(int msg,int param,DB t,DB s,PDB x,PDB u,PDB y,PDB f) // PDB:double *
{
    switch(msg) {
    case SM_INFO:
      info=(USERINFO *)param;
      ......
      break;
      case SM_CREATE:
      ......
      break;
      case SM_INITIALIZE:
      ......
      break;
      case SM_CONTINUE:
```

```
      ……
      break;
    }
  return 0;
}
```

FuncName:函数名,根据需要选定。不同 DLL 中的函数名可以重名;

msg:系统向用户函数发出的消息;

param:系统向用户函数传递的参数,根据不同的消息,传递参数类型不同;

t:当前仿真时间;

s:当前仿真步长;

x:仿真状态,当用户函数状态维数不为 0 时,传递状态值,用户函数只能使用,不可修改,状态积分过程是由系统自动完成的;

u:输入变量,外部的输入参数;

y:输出变量,计算结果通过该参数输出;

f:状态导数变量指针,用来计算状态的导数。

2. 子系统(部件)模型

部件模型是结构化、层次化建模中的一种支撑模型。由于在结构化、层次化的建模过程中,单元模型的功能相对单一,因而对功能更复杂的模型提出了要求,这就是部件模型。

部件模型并不是通过编程实现的,而是在建模平台上通过对单元模型的聚合、装配而实现的,也就是说,将功能相对单一的单元模型通过一定的关系装配起来从而形成功能更复杂的部件模型,如图 5-4 所示。

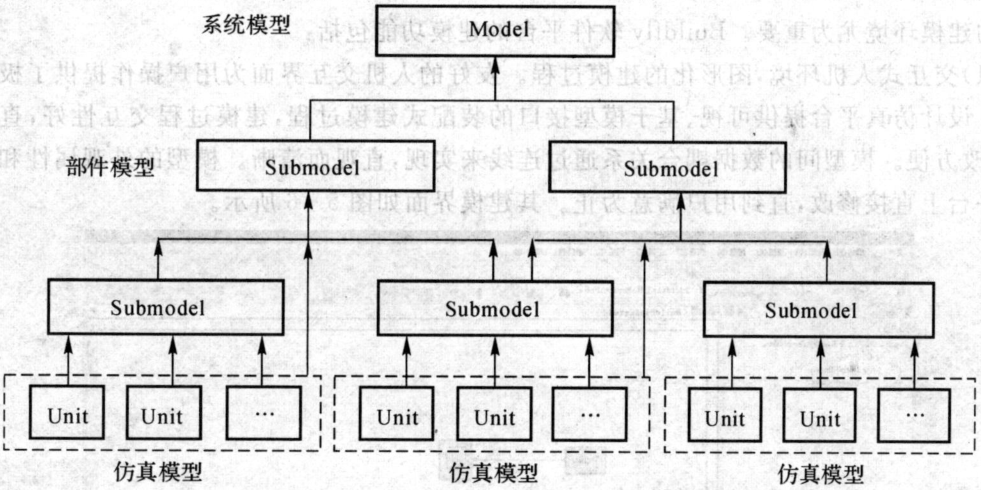

图 5-4　单元模型聚合为部件模型示意图

从图中可以看出,部件模型除了由单元模型组成外,部件模型还可以组成更高一级的部件模型,直至系统模型,因而整个模型就实现了由小到大、功能逐渐完善的过程。此外,从图中可以看出,部件模型是一种树形结构的组织形式,这样,其下的节点和子节点可以无限地扩展。

由于部件模型是由单元模型或更低一级的部件模型装配而成的,因而部件模型是模型装配信息及模型数据的集合，采用基于 xml 的文本文件予以存储，并且每个部件模型对应于一个模型文件。

· 模型生成方式：在建模界面上装配而成。

· 模型的形式：基于 xml 的文本文件。

部件模型的外部数据交互接口与单元模型的接口方式一致，表现形式为输入、输出、状态和数据，如图 5－5 所示。

其中输入是该模型的输入端口，输出为模型的输出端口，状态为该部件模型内所有组成单元模型状态的集合，其模型数据是指组成该模型单元模型的数据，这些数据存储在模型文件中。

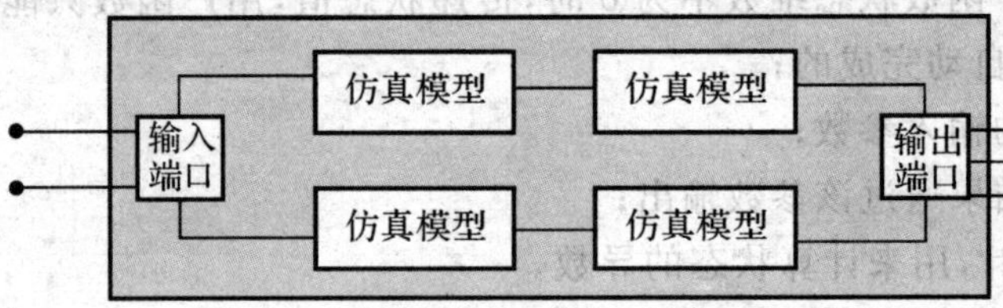

图 5－5　部件模型接口示意图

5.1.3　系统功能

1. 仿真建模

建模是仿真、设计的基础，设计过程的大部分工作均是在建模过程完成的，因而一个易用、方便的建模环境尤为重要。Buildfly 软件平台的建模功能包括：

(1)交互式人机环境，图形化的建模过程。友好的人机交互界面为用户操作提供了极大的方便。设计仿真平台提供可视、基于模型接口的装配式建模过程，建模过程交互性好，直观灵活，修改方便。模型间的数据耦合关系通过连线来实现，直观而清晰。模型的外观属性和数据可在平台上直接修改，直到用户满意为止。其建模界面如图 5－6 所示。

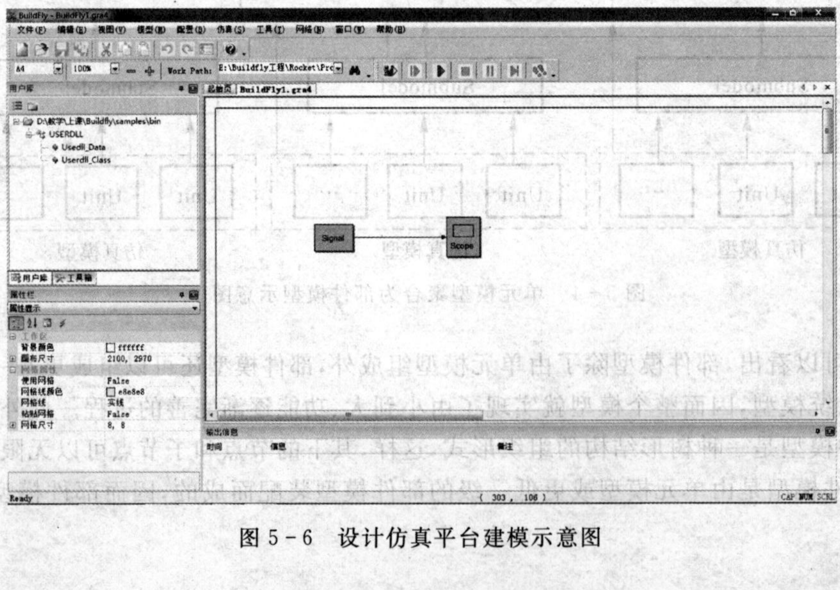

图 5－6　设计仿真平台建模示意图

(2)软件平台支持大系统、多层次、结构化模型设计。Buildfly 不仅能够完成系统行为的精确建模，还能清晰描述系统的层次化、结构化组成。对于复杂大系统的模型设计，可以采用由上而下的系统设计方法，先建立样机框架，然后再逐层细化，从而可以将复杂大系统划分为若干个子系统，每个子系统完成一定功能，可多人共同设计后集成。此外，还可以由下到上，逐层建模，逐层集成，最终形成系统模型。

每个系统模型可以由若干个子系统组成，而每个子系统可以由若干个更小的子系统构成，如此逐级构成，如同一个物理部件是由多个小部件组成的。这样的虚拟样机模型，其结构清晰，而且模型可以由多个层级无限细化。

采用层次化、结构化的建模方法，可以将一个复杂的大系统分解为若干个小系统，还可以根据功能分解为若干个分系统，从而不仅可以大大降低建模难度，还可以实现多部门、多人员的协同建模，如图 5-7 所示。

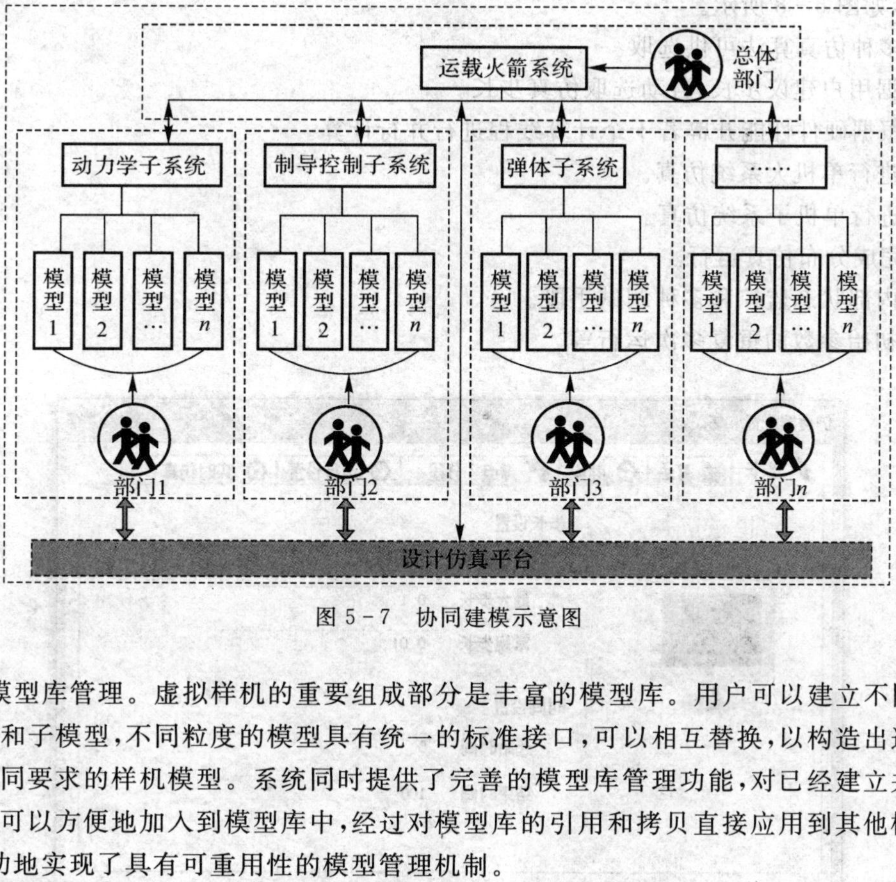

图 5-7　协同建模示意图

(3)模型库管理。虚拟样机的重要组成部分是丰富的模型库。用户可以建立不同粒度的系统模型和子模型，不同粒度的模型具有统一的标准接口，可以相互替换，以构造出适应各设计阶段不同要求的样机模型。系统同时提供了完善的模型库管理功能，对已经建立并得到验证的模型可以方便地加入到模型库中，经过对模型库的引用和拷贝直接应用到其他样机的模型中，成功地实现了具有可重用性的模型管理机制。

2. 数字仿真

(1)数字仿真功能。除了强大的建模功能外，数字仿真功能也非常完善。数字仿真主要有以下特点：

a)支持连续系统仿真。

b)支持离散事件的仿真。

c)仿真过程中用户可参与性。用户可以动态打开、关闭子系统模型，修改变量的值等。

d)Buildfly 平台是基于 C++语言构建的建模和仿真平台，因此，系统具有较快的仿真速度和较高的仿真效率。

e)消息驱动机制。虚拟样机以消息驱动为运行机制，完成仿真过程的初始化、仿真步递推、仿真同步等功能。

f)支持用户消息，用户可以在自定义模块中发送消息控制仿真进程和仿真策略。

仿真进程采用消息驱动机制，通过封装各子模块功能，使仿真进程达到同步、协调、有序，消息驱动在分布式仿真的运行过程中还起到了控制各节点时钟同步的作用。仿真管理器独立于仿真模型，通过加载模型，完成模型相容性检验，驱动仿真运行，实现进程管理、消息驱动和消息循环，处理浮点计算异常，启动与终止仿真。同时，仿真管理器根据用户对仿真的精度和速度的要求，采用不同的仿真算法和时间步长，使仿真运行达到更高的效率。

(2)灵活可配的仿真策略。仿真运行时，Buildfly 平台自动进行初始化工作，完成仿真策略的生成，如图 5-8 所示。

a)有多种仿真算法可供选取。

b)根据用户建议步长，自动选取仿真步长。

c)可根据硬件性能开辟若干个计算线程进行并行计算。

d)可进行单机大系统仿真。

e)可进行单机子系统仿真。

f)可完成分布仿真运行。

g)对内部状态监控和多种调试手段。

h)多初始参数的重复多次运行等。

图 5-8　仿真策略配置

(3)仿真结果观察手段。为了使得设计人员能够直观、方便地监控仿真过程，分析仿真结果，平台提供了各种方便的仿真结果查看手段(见图 5-9)：

a)模型文件中，任意地方都可以放置示波器，仿真过程中，可以通过示波器来查看相关参数的曲线；

b)仿真的曲线可以实时地保存在文件中，并可以查看数据及曲线；

c)也可以把仿真参数输出到视景子系统中，直观地观看仿真中物体的参数、状态等。

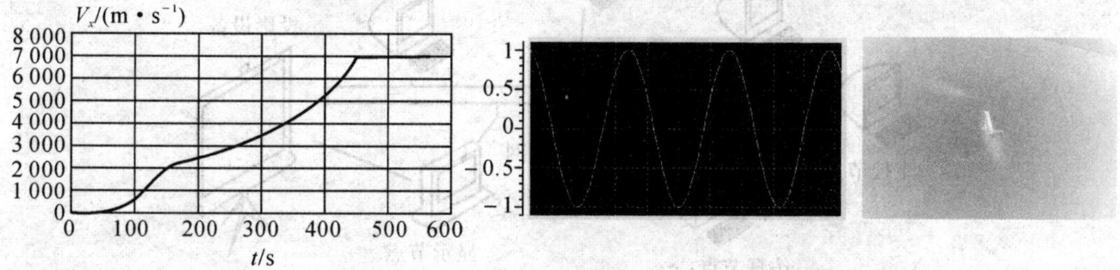

图 5－9　仿真过程和结果数据观察

(4)容错机制和断点调试功能。仿真过程中，若仿真模型参数出现异常，软件系统提示用户选择处理方式。包括忽略错误、修改参数继续运行、停止运行、进入调试状态、进入单步运行等。

仿真过程中，用户可以暂停仿真，也可以进入调试状态并进行单步调试，调试过程中可以查看每个模型的输入输出值。用户也可以根据需求设置仿真断点，运行到断点处，系统暂停运行，进入调试状态。

3. 分布式仿真

分布式仿真功能可用于多人协同建模、仿真，或通过将不同子系统分布到不同仿真节点进行分布仿真以提高复杂大系统的仿真效率。分布仿真采用客户/服务机制，通过指定子系统模型的分布运行方式，实现多台计算机模型自动远程加载和同步运行，完成仿真运算。

将多台参与仿真的计算机分为主控计算机和仿真计算机，主控计算机不仅可以运行仿真模型，还可用于仿真过程的消息管理、进程调度等。系统或分系统模型在集成环境下进行统一建模，样机模型由不同的部分组成，通过指定子模型的分布运行方式，这些子模型可在多台计算机自动完成模型远程加载和同步运行，完成仿真。仿真时，可以将不同的节点上的子系统联系起来，基于实时网时，随着仿真计算机数量的增加，各计算机的负载势必减小，仿真速度显著加快。

在该分布式软件平台下，构建分布仿真模型可以采取两种方式：

(1)根据飞行器样机系统的各个子系统，直接在各个节点机上构造运行于该节点的分布子系统模型。

(2)首先建立整个飞行器样机系统的虚拟样机单机模型，根据各个子系统模型的实际仿真运行情况，对单机模型进行合理分割，构造出运行于各个分布节点的子系统模型。发送到相应节点完成分布系统的仿真试验。

主控计算机和仿真计算机组成同步星形网。网络硬件采用实时网或以太网，网络软件包采用分布网络软件包，如图 5－10 所示。除了支撑自身子系统节点外，通过网络还可以实现与视景系统等的数据交互和传输。

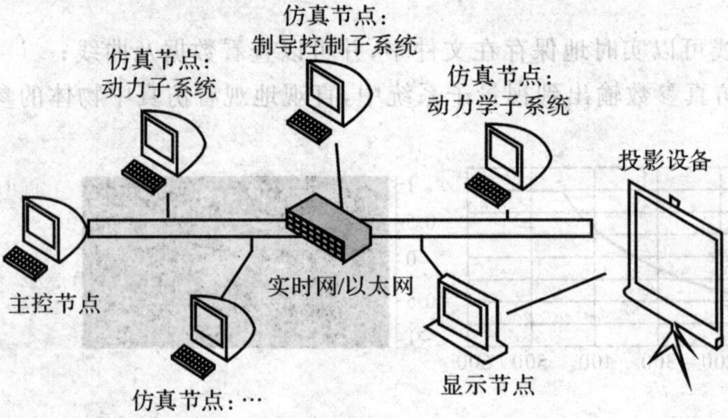

图 5－10　分布仿真示意图

4. 试验设计与评估

为了实现对总体方案或参数的试验评估，Buildfly 仿真平台支持一系列的试验设计方法，以实现对系统性能的评估，如 MonteCarlo 仿真试验、全析因设计、正交设计、均匀设计、最大最小偏差管道等试验设计方法。

试验设计是对飞行器性能评估非常重要的一方面，为了实现通用、灵活、简便的飞行器性能试验设计仿真，试验设计的功能主要有：

a)模型与试验设计方法分离。试验设计方法可应用于不同的仿真模型，不与仿真模型耦合。

b)试验设计方法可动态选择、更换。同一组模型可应用不同的试验设计方法，试验设计方法可根据需求动态选择。

c)试验设计参数可动态设定和调整。通过平台的试验设计管理器，可动态添加或删除试验设计参数，并可动态为每个参数配置相关参数、分布特性等。

d)试验设计表和参数抽样由平台自动完成。设定试验设计参数的水平数、分布特性、试验次数等，可由平台自动生成试验表，试验参数的试验值也由平台自动抽样得到，用户可进行调整，从而减轻用户负担。

e)试验设计批量完成。可一次性将所有试验条件全部运行完成，也可以由用户选择其中部分试验条件进行批量运行。

f)具有完善的数据记录功能。可将不同试验条件的仿真结果分别存储；将失败试验条件的初始参数值记录等。

g)提供一定的数据后处理及分析能力。

飞行器的试验设计与评估具有快速、可重复试验、不受条件限制、可进行全系统试验的优点，在仿真设计平台上建立的系统模型经过验证后，可以基于试验设计功能完成飞行器方案、性能及其子系统特性等的全面分析。还可以和飞行试验、半实物仿真试验相互验证，优势互补，共同完成对飞行器方案、性能等的评估。

5. 用户自定义开发接口

设计人员在设计过程中会遇到形形色色、各种各样的问题，因而对仿真模型的需求也不一而足，大不相同，因此，仅依靠内建工具箱是无法完成建模任务的，需要设计人员依据需求进行单元模型开发。设计仿真任务平台提供了完善的模型开发机制，设计人员只需“填写式”地编程即可完成相关模型的开发，而不必关心模型与平台的交互、数据存储等。

(1)基于函数的用户模块开发。

1)若工具箱中的模块不能满足用户需求，用户可以依据 Buildfly 的向导自行开发自定义模块。

2)用户可以使用 C 或 C++语言来编写程序，主体程序在向导中已经完成，用户只需关注自身功能的实现即可。

3)用户开发的模块是以函数的形式封装在动态链接库(dll)中的，被 Buildfly 动态调用，并接受用户函数库的管理。

4)用户在使用自定义模块和工具箱中的模块时，其使用方法是一致的。

(2)基于类的仿真模块开发。

1)此外还支持基于 C++类的仿真模块开发，可以实现代码和模块的重用。

2)平台为基于类的仿真模块开发提供了模版和向导，用户可以根据需求从功能不同的基类中派生自己的新类。用户在类中，只需关注自身算法的实现即可。

3)基于类的仿真模块以动态链接库的形式被仿真平台动态调用。

4)把多个类或多个函数放在一个动态库中，可以形成工具箱。在仿真平台中注册后，可以添加到用户工具箱中，让多个虚拟样机系统使用，实现模块的重用。

5.1.4 用户模型开发与建模仿真示例

1. 配置编程环境

在 Buildfly 软件平台路径下，一般包含 5 个文件夹：

(1)Bin：Buildfly 软件平台的可执行文件目录，通过执行该目录下的 Buildfly. exe 运行软件。

(2)Include：用户编写用户模型时需要包含的头文件目录。

(3)Lib：用户编写用户模型时需要包含的动态库的导入库文件目录。

(4)Examples：用户模型开发示例。

(5)Help：帮助文档和说明。

用户可直接打开 Examples 目录下已经编写完成的开发用例，进行修改完成单元模型的开发。代码编译运行前，需要对 VC++ 6.0 的环境进行配置：

(1)包含 include 路径：菜单→Tools→options→弹出配置属性页，点击 Directories 属性页，将 Buildfly 软件平台 include 路径包含在编辑框中，如图 5-11 所示。

(2)包含 lib 路径：菜单→Tools→options→弹出配置属性页，点击 Directories 属性页，在“Show directories for：”下拉框中选择“Library files”，将 Buildfly 软件平台 lib 路径包含在编辑框中，如图 5-12 所示。

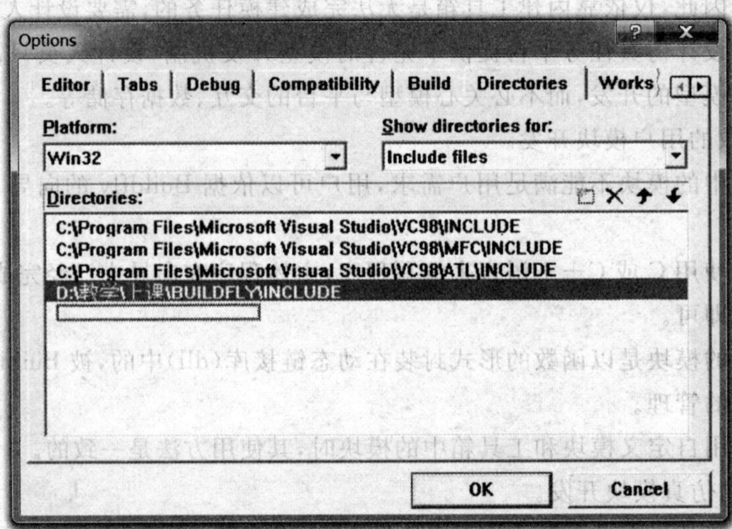

图 5-11　包含 include 路径

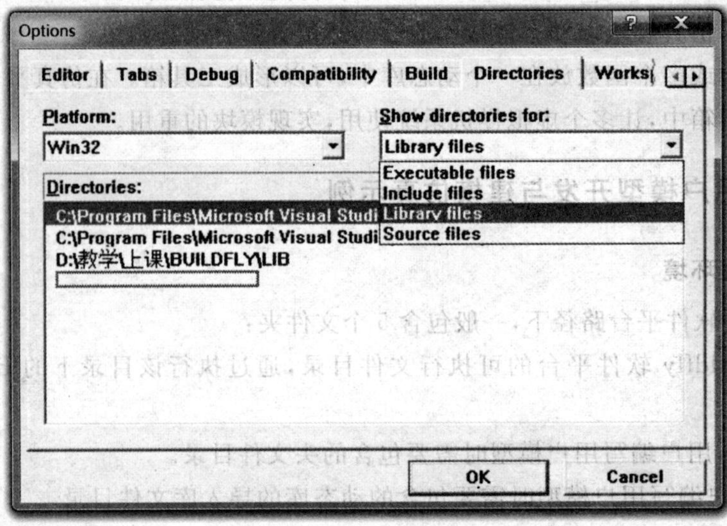

图 5-12　包含 lib 路径

2. 模型开发示例

求解一质量为 $m=1$ kg 的小球自由落体运动，设小球初始高度为 100 m，初始速度为 0。其中，物体所受到的重力由其他模型计算，并输入到本模型。运行时要求输出物体运行的高度和速度。

分析：采用如图 5-13 所示坐标系，建立小球的数学模型为

$$\begin{cases}\dot{H}=v\\ \dot{v}=-G/m\end{cases}$$

其中，$H_0=100$ m，$v_0=0$。

输入输出关系如图 5-14 所示。

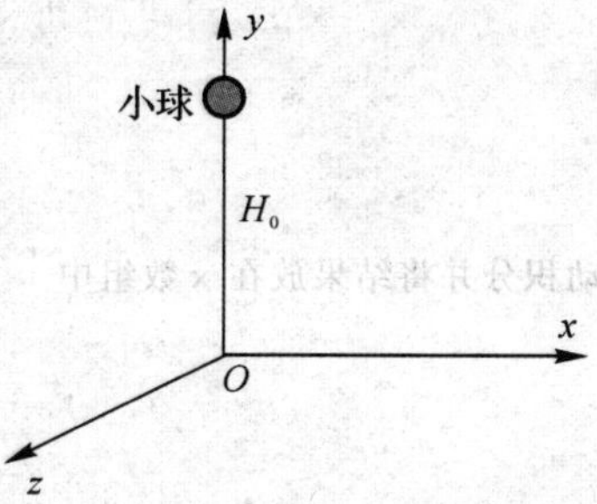

图 5－13　坐标系示意图

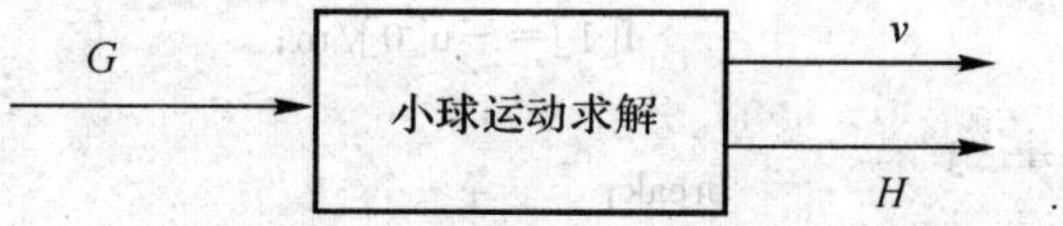

图 5－14　输入输出示意图

不难发现，该模型的输入维数为 1，输出维数为 2，由于微分方程组有两个状态，因此，状态维数为 2。以下是代码实现：

```
char * xText_ball[]={"高度","速度",""};
char * uText_ ball []={"重力",""};
char * yText_ ball []={"速度","高度",""};

extern "C" int _export
Ball(int msg,int param,DB t,DB s,PDB x,PDB u,PDB y,PDB f) //固定格式的模型参数列表
  {
     switch(msg)
     {
     case SM_INFO:
            {
            USERINFO * info=(USERINFO *)param;
            info->mask=UFI_ALL;
            info->xDim=2; //2 个状态
            info->uDim=1; //1 个输入
            info->yDim=2; //2 个输出
            info->title="Ball Fall ";
            info->text="example for ball ";
            info->xText=xText_ ball;
            info->uText=uText_ ball;
            info->yText=yText_ ball;
            info->image=-1;
            info->step=0.01; //仿真建议步长
            info->datasize=-1;
            }
            break;
     case SM_INITIALIZE: //仿真初始，此处对状态变量进行初始化
        {
            x[0]=100;
            x[1]=0;
        }
```

```
            break;
        case SM_CONTINUE: //求状态的微分
            {
                double  m=1;
                f[0]=x[1]; //计算微分方程组,平台自动积分并将结果放在 x 数组中
                f[1]=-u[0]/m;
            }
            break;
        case SM_OUTPUT: //计算系统输出
            y[0]=x[1]; //将速度输出
            y[1]=x[0]; //将高度输出
        case SM_STOP:
            break;
    }
    return 0;
}
```

3. 建模仿真

基于上节中编写的模型,进行仿真分析。上述的小球模型经编译后形成 ball. dll 动态链接库,现执行 Buildfly. exe 以启动软件平台,并加载该动态链接库。加载的方式是将该动态链接库所在的路径添加到软件的模型库路径中,软件平台将自动加载,如图 5-15 所示。

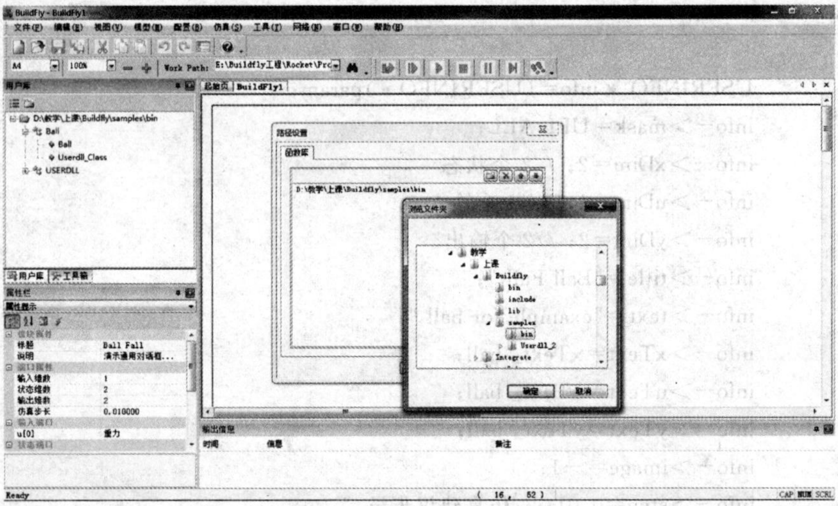

图 5-15　用户开发模型载入软件平台

该模型载入平台后在模型管理器的"用户库"属性页中出现,此时就可以将该模型拖放到建模工作区进行建模和仿真了。

在该软件平台上的建模过程可归纳为 3 个步骤:

(1)模型拖入:从工具箱或用户库中选中一个模块,然后按住鼠标左键不放,将其拖动到建模工作区中,可实现一个仿真模型的加入。如在图 5-16 所示建立的模型中,从工具箱中拖放入一个初始条件生成模块"initializer",从用户库中拖放一个"ball"模块,从工具箱中拖放入 2

个“scope”单元。

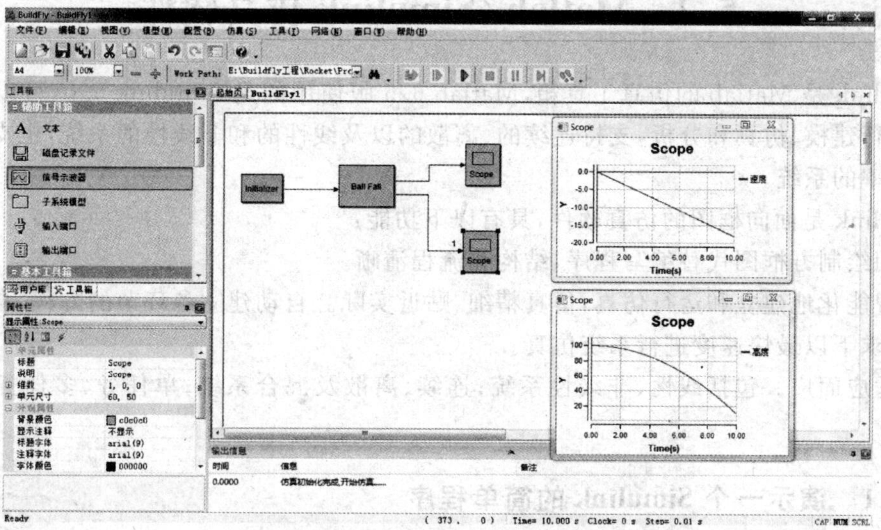

图 5-16 建模与仿真结果

(2)编辑模块属性:双击任意模块,弹出该模块的属性设置对话框,可以设定这些模块的参数。

(3)连线:当用户选中其中一个模块时,该模块的输入和输出端口会自动显示,此时,通过选中输入或输出端口并按住鼠标左键不放,可进行连线,连线表示两个模型进行输入、输出的数据交互。双击连线可弹出连线设置窗口,在其中可设置连线的端口、维数,增加或删除连线,如图 5-17 所示。

所建立的模型可以保存为模型文件,其扩展名为.gra4,存储文件形式为 xml 格式。保存的模型文件还可以再次由软件平台打开,打开后可以直接进行配置或者仿真。

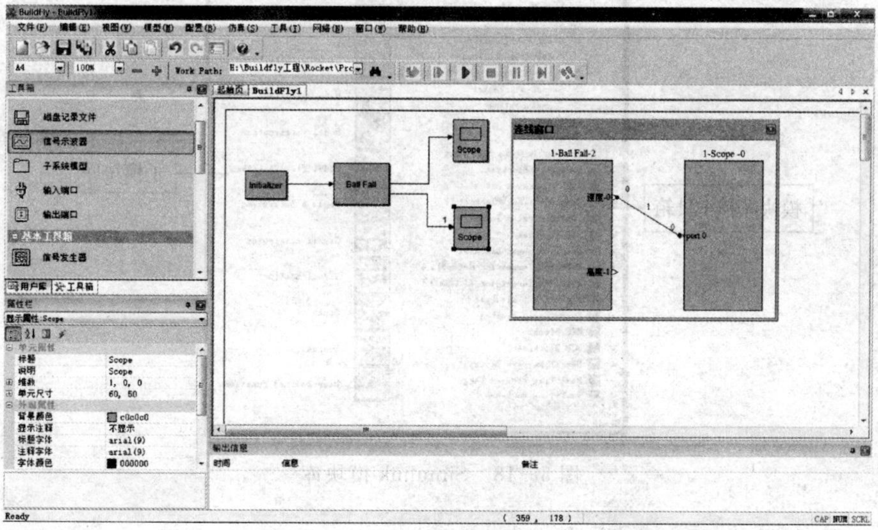

图 5-17 连线窗口

5.2 Matlab/Simulink 仿真软件

Simulink 是 Matlab 的仿真工具箱，Matlab 6.5 版使用的是 Simulink 5.0，可以用来对动态系统进行建模、仿真和分析，支持连续的、离散的以及线性的和非线性的系统，也支持具有多种采样速率的系统。

Simulink 是面向框图的仿真软件，具有以下功能：

(1)用绘制方框图代替编写程序，结构和流程清晰。

(2)智能化地建立和运行仿真，仿真精细、贴近实际。自动建立各环节的方程，自动地在给定精度要求下以最快速度进行系统仿真。

(3)适应面广。包括线性、非线性系统；连续、离散及混合系统；单任务、多任务离散事件系统。

5.2.1 演示一个 Simulink 的简单程序

演示一个 Simulink 的简单程序，可以看出建立模型的步骤。

例 5-1 创建一个正弦信号的仿真模型。

步骤如下：

(1)在 Matlab 的命令窗口运行 simulink 命令，或单击工具栏中的图标，就可以打开 Simulink 模块库浏览器(Simulink Library Browser)窗口，如图 5-18 所示。

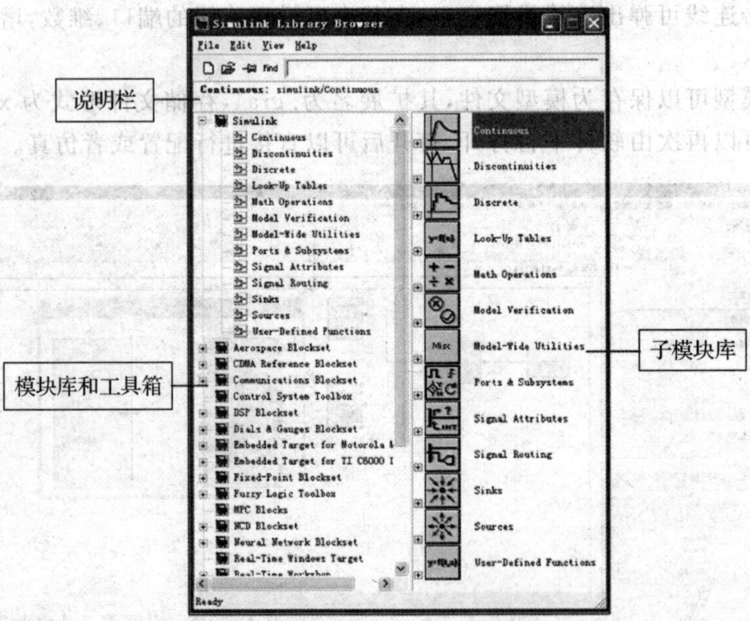

图 5-18 Simulink 模块库

图 5-18 所示的窗口界面分为左、右两列，左侧以树状结构列出的是模块库和工具箱，右侧列出的是左侧所选模块的子模块库。当前显示的是 Simulink 模块库。

(2)单击工具栏上的□图标或选择菜单“File”→“New”→“Model”，新建一个名为“untitled”的空白模型窗口。

(3)在图 5-18 所示的右侧子模块窗口中，单击“Source”子模块库前的“+”(或双击 Source)，或者直接在左侧模块和工具箱栏单击 Simulink 下的 Source 子模块库，便可看到各种输入源模块。

(4)用鼠标单击所需要的输入信号源模块“Sine Wave”(正弦信号)，将其拖放到的空白模型窗口“untitled”，则“Sine Wave”模块就被添加到 untitled 窗口；也可以用鼠标选中“Sine Wave”模块，单击鼠标右键，在快捷菜单中选择“add to 'untitled'”命令，就可以将“Sine Wave”模块添加到 untitled 窗口，如图 5-19 所示。

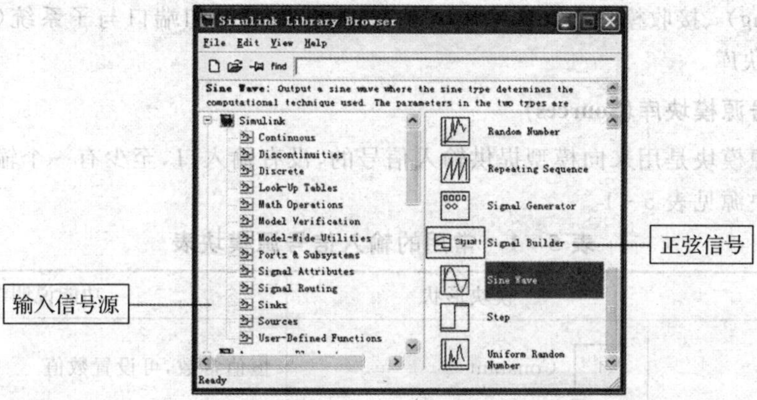

图 5-19 选取模块

(5)用同样的方法打开接收模块库“Sinks”，选择其中的“Scope”模块(示波器)并将其拖放到“untitled”窗口中。

(6)在“untitled”窗口中，用鼠标指向“Sine Wave”右侧的输出端，当光标变为十字符时，按住鼠标拖向“Scope”模块的输入端，松开鼠标按键，就完成了两个模块间的信号线连接，一个简单模型已经建成，如图 5-20 所示。

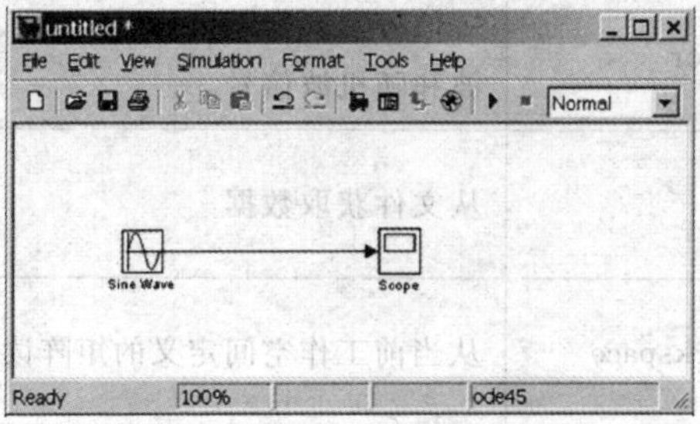

图 5-20 简单仿真模型

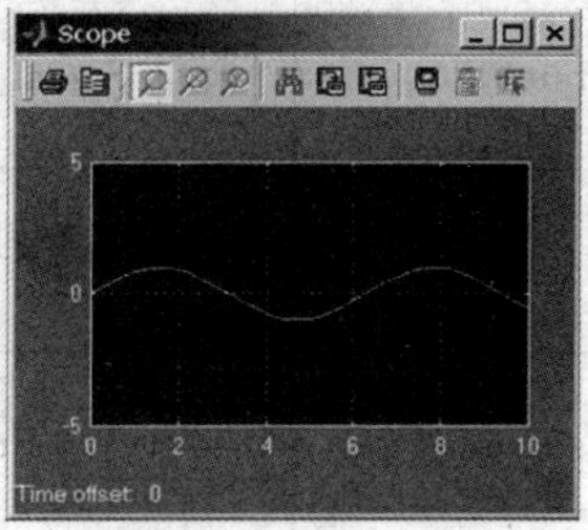

图 5-21 仿真结果

(7)开始仿真，单击“untitled”模型窗口中“开始仿真”图标▶，或者选择菜单“Simulink”→“Start”，则仿真开始。双击“Scope”模块出现示波器显示屏，可以看到黄色的正弦波形，如图 5-21所示。

(8)保存模型，单击工具栏的■图标，将该模型保存为“Ex0401.mdl”文件。一个简单的仿真模型就建立了,可以看出 Simulink 提供了友好的图形用户界面,模型由模块框图连接来表示,通过简单的鼠标单击和拖动就可以建立模型,模型文件的扩展名为“. mdl”。

在 Matlab 的帮助导航/浏览器窗口的 Demos 选项卡中,可以查看各种复杂的仿真例题演示。

5.2.2 基本模块

Simulink 的基本模块库包括 11 个子模块库,分别是连续系统(Continuous)、非连续系统(Discontinuities)、离散系统(Discrete)、查阅表(Look-up Tables)、数学运算(Math Operations)、模型确认(Model Verification)、宽模型功能(Model-wide Utilities)、信号线路安排(Signals Routing)、接收模块(Sinks)、输入信号源(Sources)和端口与子系统(Ports & Subsystems) 子模块库。

1. 输入信号源模块库(Sources)

输入信号源模块是用来向模型提供输入信号的,没有输入口,至少有一个输出口。常用的输入信号源模块源见表 5-1。

表 5-1 常用的输入信号源模块表

名 称	模块形状	功能说明
Constant	 Constant	恒值常数,可设置数值
Step	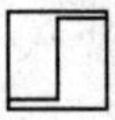 Step	阶跃信号
Ramp	 Ramp	线性增加或减小的信号
Sine Wave	 Sine Wave	正弦波输出
Signal Generator	 Signal Generator	信号发生器,可以产生正弦、方波、锯齿波和随机波信号
From File	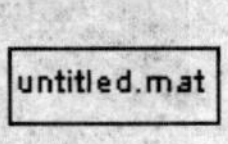 From File	从文件获取数据
From Workspace	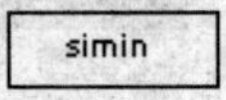 From Workspace	从当前工作空间定义的矩阵读数据
Clock	 Clock	仿真时钟,输出每个仿真步点的时间
In	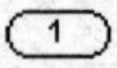 In1	输入模块

2. 接收模块库(Sinks)

接收模块是用来接收模块信号的,常用的接收模块见表 5-2。

表 5-2 常用的接收模块表

名　称	模块形状	功能说明
Scope	Scope	示波器，显示实时信号
Display	Display	实时数值显示
XY Graph	XY Graph	显示 $X-Y$ 两个信号的关系图
To File	untitled.mat To File	把数据保存为文件
To Workspace	simout To Workspace	把数据写成矩阵输出到工作空间
Stop Simulation	STOP Stop Simulation	输入不为零时终止仿真，常与关系模块配合使用
Out	1 Out	输出模块

3. 连续系统模块库(Continuous)

连续系统模块是构成连续系统的环节，常用的连续系统模块见表 5-3。

表 5-3 常用的连续系统模块表

名　称	模块形状	功能说明
Integrator	$\frac{1}{s}$ Integrator	积分环节
Derivative	du/dt Derivative	微分环节
State-Space	$x=Ax+Bu$ $y=Cx+Du$ State-Space	状态方程模型
Transfer Fcn	$\frac{1}{s+1}$ Transfer Fcn	传递函数模型
Zero-Pole	$\frac{(s-1)}{s(s+1)}$ Zero-Pole	零-极点增益模型
Transport Delay	Transport Delay	把输入信号按给定的时间做延时

4. 离散系统模块库(Discrete)

离散系统模块是用来构成离散系统的环节，常用的离散系统模块见表 5-4。

表 5-4　常用的离散系统模块表

名　称	模块形状	功能说明
Discrete Transfer Fcn	$\frac{1}{z+0.5}$ Discrete Transfer Fcn	离散传递函数模型
Discrete Zero-Pole	$\frac{(z-1)}{z(z-0.5)}$ Discrete Zero-Pole	离散零极点增益模型
Discrete State-Space	Discrete State-Space	离散状态方程模型
Discrete Filter	$\frac{1}{1+0.5z^{-1}}$ Discrete Filter	离散滤波器
Zero-Order Hold	Zero-Order Hold	零阶保持器
First-Order Hold	First-Order Hold	一阶保持器
Unit Delay	$\frac{1}{z}$ Unit Delay	采样保持，延迟一个周期

5.2.3　仿真的设置

Simulink 的模型实际上是定义了仿真系统的微分或差分方程组，而仿真则是用数值解算法来求解方程的。

Simulink 的仿真参数都有默认的设置，但如果需要修改仿真参数，则可以在仿真运行前对仿真参数进行设置。在模型窗口选择菜单"Simulation"→"Simulation parameters…"，则会打开参数设置对话框，如图 5-22 所示。

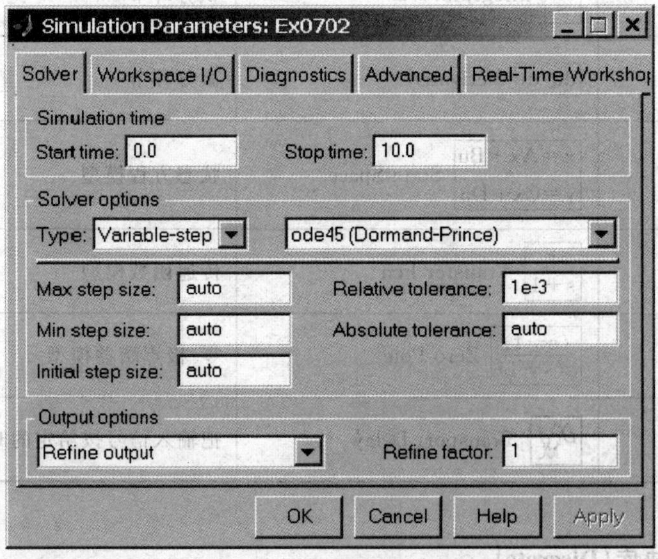

图 5-22　仿真设置

1. 仿真的起始和结束时间

Simulink 的仿真从起始时间起到结束时间止，在此处设置仿真起始和终止时间：

- 仿真的起始时间(Start time)：默认为 0，单位为 s。
- 仿真的结束时间(Stop time)：默认为 10，单位为 s。

2. 仿真步长

仿真的过程一般是求解微分方程组，"Solve options"的内容是针对解微分方程组的设置。

"Type"：设置求解的类型，"Variable - step"（变步长）表示仿真步长是变化的，"Fixed - step"（定步长）表示固定步长。采用变步长解法，当仿真开始时，信号变化大，步长较小；当信号变化小时步长可以变长。应该先指定一个容许误差限，当误差超过误差限时自动修正仿真步长，在变步长仿真时误差限的设置将关系到微分方程组解的精度。

当求解类型为变步长时，有以下设置：

- "Max step size"：设置最大步长，默认为 auto，最大步长＝(Stop time－Start time)/50。
- "Min step size"：设置最小步长，默认为 auto。
- "Initial step size"：设置初始步长，默认为 auto。
- "Relative tolerance"：设置相对容许误差限。
- "Absolute tolerance"：设置绝对容许误差限。

在变步长算法中，每一步运算积分器都会将计算的值与预期值相减得出误差 e，必须满足：

$$e \leqslant \max(\mathrm{reltol} \times \mathrm{abs}(y(i)), \mathrm{abstol}(i))$$

才是成功的运算一步，reltol 为相对容许误差限，abstol 为绝对容许误差限。

当求解类型为定步长时，有以下设置：

- "Fixed step size"：设置固定步长，默认为 auto，不能对误差限作要求。
- "Mode"：设置模型类型，有"MuliTasking""Single Tasking" 和"Auto"3 种。

3. 仿真解法

Type 的右边：设置仿真解法的具体算法类型。

变步长的解法：discrete，ode45，ode23，ode113，ode15s，ode23s，ode23t 和 ode23tb，默认使用 ode45 算法。

定步长的解法：discrete，ode5，ode4，ode3，ode2 和 ode1。

这些算法选择时可参考以下依据：

- 如果模型全部是离散的，则对于变步长和定步长，解法都采用 discrete 方式；
- ode45 和 ode23 都是采用 Runge - Kutta 法，ode23 达到同样精度时比 ode45 的步长小；
- ode23s 和 ode15s 可以解 Stiff 方程；
- ode113 是变阶的 Adams 法，为多步预报校正算法。

4. 输出模式

根据需要选择输出模式（Output options），可达到不同的输出效果。变步长的输出模式有：

- "Refine output"：细化输出，可以增加输出数据的点数，使输出数据更平滑。在"Refine factor"栏设置细化系数，如果为 2 则在每段时间步长中插入一个平滑数据。

•“Produce additional output”：产生附加输出，在指定输出时刻产生仿真输出，在“Output times” 栏中设置输出时刻。

•“Produce specified output only”：只产生指定输出，只在指定时刻产生输出，在“Output times”栏中设置输出时刻。

5.2.4 连续系统仿真

连续系统是指可以用微分方程来描述的系统。用于建立连续系统的模块大多在 Simulink 模块库的 Continuous，Math Operations 以及 Discontinuities 子模块库中。

例 5-2 建立二阶系统的仿真模型。

方法一：

输入信号源使用阶跃信号，系统使用开环传递函数$\frac{1}{s^2+0.6s}$，接收模块使用示波器构成模型。

(1)在“Sources”模块库选择“Step”模块，在“Continuous”模块库选择“Transfer Fcn”模块，在“Math Operations”模块库选择“Sum”模块，在“Sinks”模块库选择“Scope”。

(2)连接各模块，从信号线引出分支点，构成闭环系统。

(3)设置模块参数，打开“Sum”模块参数设置对话框，如图 5-23 所示。将“Icon shape”设置为“rectangular”，将“List of signs”设置为“|＋－”，其中“|”表示上面的入口为空。

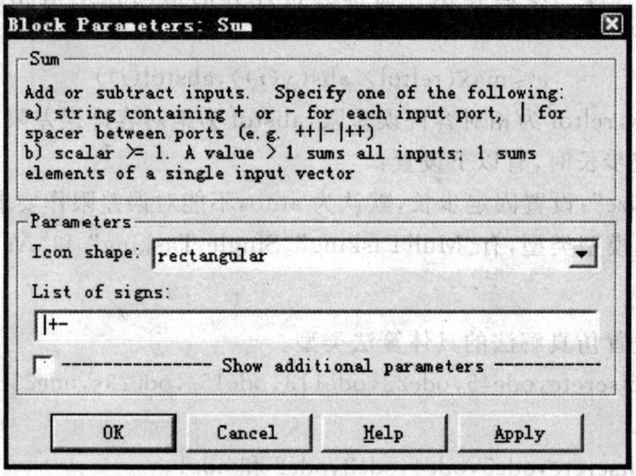

图 5-23 “Sum”模块参数修改

“Transfer Fcn”模块的参数设置对话框中，将分母多项式“Denominator”设置为“[1 0.6 0]”。

在“Step”模块的参数设置对话框中，将“Step time”修改为 0。

(4)添加信号线文本注释。双击信号线，出现编辑框后，就输入文本，则模型如图 5-24 所示。

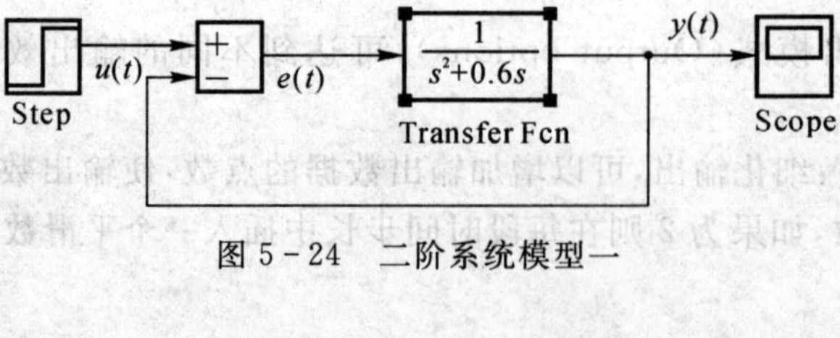

图 5-24 二阶系统模型一

(5)仿真并分析。单击工具栏的“Start simulation”按钮，开始仿真，在示波器上就显示出阶跃响应。

在 Simulink 模型窗口，选择菜单“Simulation”→“Simulation parameters…”命令，在“Solver”页将“Stop time”设置为 15，然后单击“Start simulation”按钮，示波器显示的就到15 s结束。

打开示波器的 Y 坐标设置对话框，将 Y 坐标的“Y-min”改为 0，“Y-max”改为 2，将“Title”设置为“二阶系统时域响应”，则示波器如图 5-25 所示。

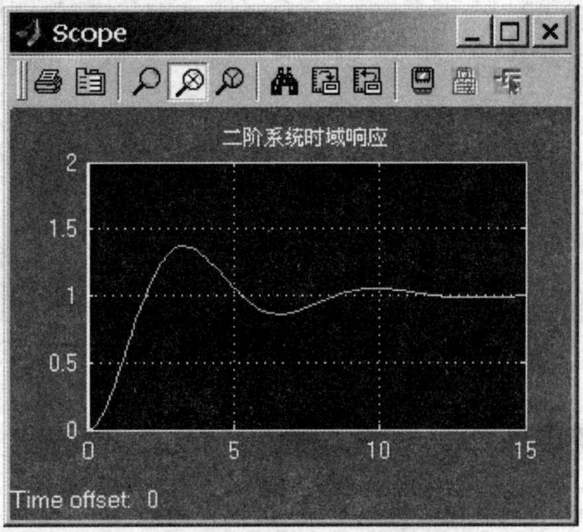

图 5-25　示波器显示

再单击示波器工具栏的自动刻度按钮(Autoscale)，将波形以窗口的最大、最小值为纵坐标的上下限。

方法二：

(1)系统使用积分模块(Integrator)和零极点模块(zero-pole)串联，反馈使用“Math Operations”模块库中的“Gain”模块构成反馈环的增益为−1。

(2)连接模块，由于“Gain”模块在反馈环中，因此需要使用“Flip Block”翻转该模块。

(3)设置模块参数，将“zero-pole”模块参数对话框中的“Zeros”栏改为“[]”，将“Poles”栏改为[−0.6]。将“Gain”模块的“Gain”参数改为−1。模型如图 5-26 所示。

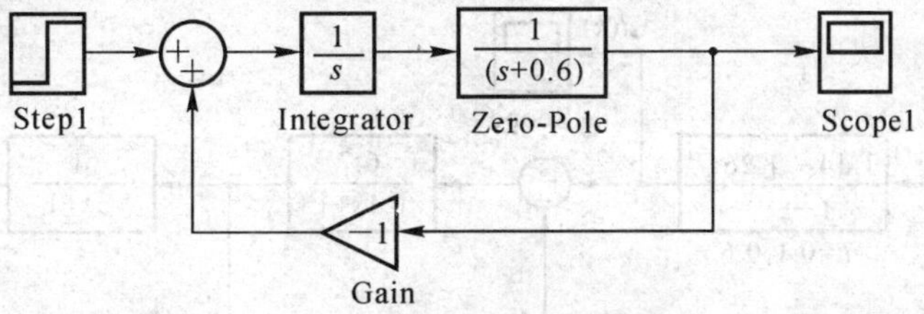

图 5-26　二阶系统模型二

如果将示波器换成“Sinks”模块库中的“Out”模块 (1) Out1；然后在仿真参数设置对话框的“Workspace I/O” 页(工作空间输入输出)，将“Time”和“Output”栏勾选，并分别设置保存在工作空间的时间量和输出变量为“tout”和“yout”，仿真后在工作空间就可以使用这两个变量来绘制曲线，如图 5－27 所示。

```
>> plot(tout,yout)
```

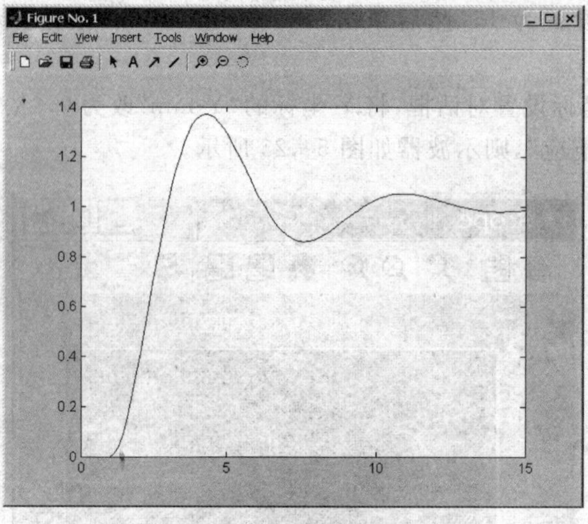

图 5－27　plot 绘制的时域响应曲线

5.2.5　离散系统仿真

在实际中经常有复杂系统既包含连续环节，也包含离散环节，有时不同的离散环节还具有多个采样速率，Simulink 提供了快速、便捷的建模和仿真方法。

例 5－3　控制部分为离散环节，被控对象为两个连续环节，其中一个有反馈环，反馈环引入了零阶保持器，输入为阶跃信号。

创建模型并仿真：

(1)选择一个“Step”模块，选择两个“Transfer Fcn”模块，选择两个“Sum”模块，选择两个“Scope”模块，选择一个“Gain”模块，在“Discrete”模块库选择一个“Discrete Filter”和一个“Zero-Order Hold”模块。

(2)连接模块，将反馈环的“Gain”模块和“Zero－Order Hold”模块翻转。

(3)设置参数，“Discrete Filter”和“Zero－Order Hold”模块的“Sample time”都设置为 0.1 s。

(4)添加文本注释，系统框图如图 5－28 所示。

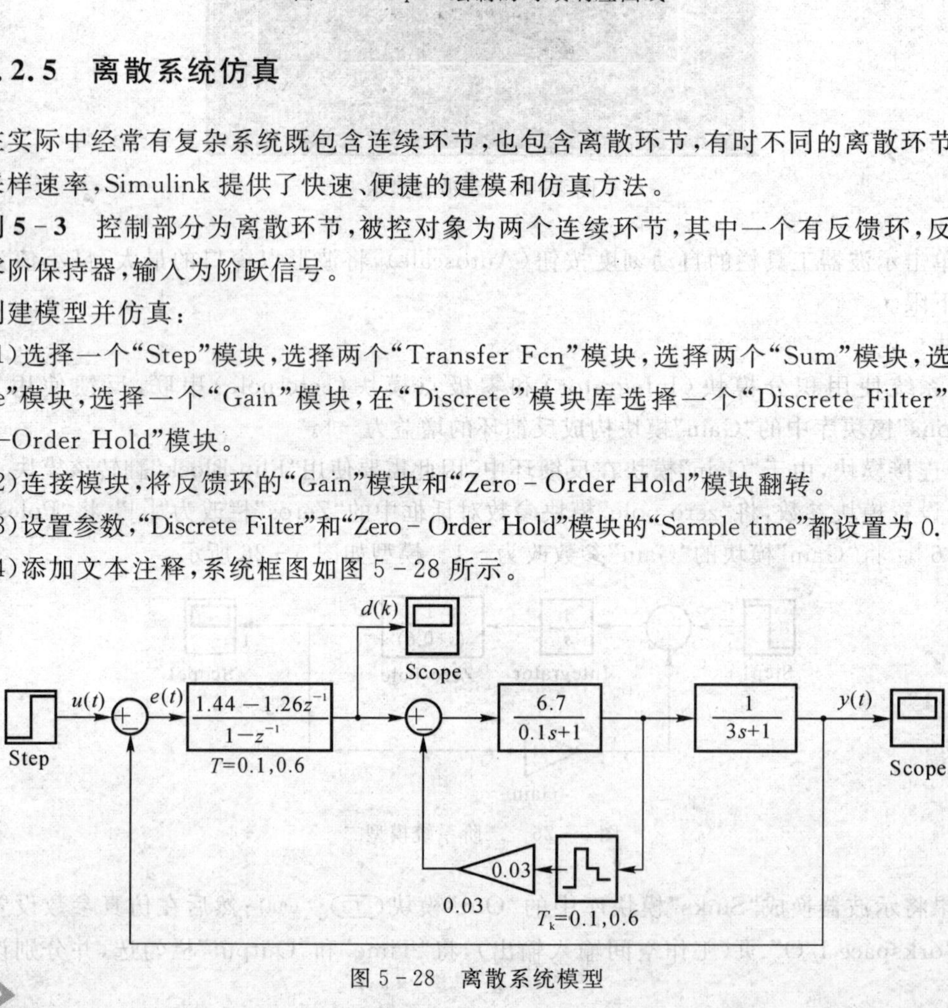

图 5－28　离散系统模型

(5)设置颜色，Simulink 为帮助用户方便地跟踪不同采样频率的运作范围和信号流向，可以采用不同的颜色表示不同的采样频率，选择菜单“Format”→“Sample time color”，就可以看到不同采样频率的模块颜色不同。

(6)开始仿真，在 Simulink 模型窗口，选择菜单“Simulation”→“Simulation parameters …”，将“Max step size”设置为 0.05 s，则两个示波器“Scope”和“Scope1”的显示如图 5－29 所示。

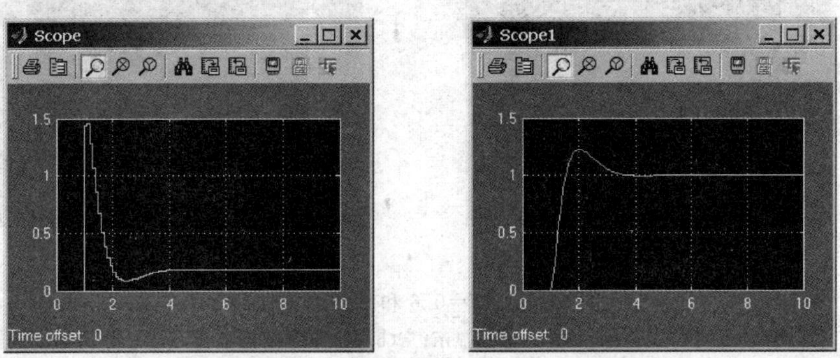

(a)　　(b)

图 5－29　$T=T_k=0.1$ 曲线

(a)$d(k)$示波器显示；　(b)$y(t)$示波器显示

可以看出当 $T=T_k=0.1$ 时系统的输出响应较平稳。

(7)修改参数，将“Discrete Filter”模块的“Sample time”设置为 0.6 s，“Zero－Order Hold”模块的“Sample time”不变；选择菜单“Edit”→“Update diagram”命令修改颜色，就可以看到“Discrete Filter”模块的颜色变化了；然后开始仿真，则示波器显示如图 5－30 所示。

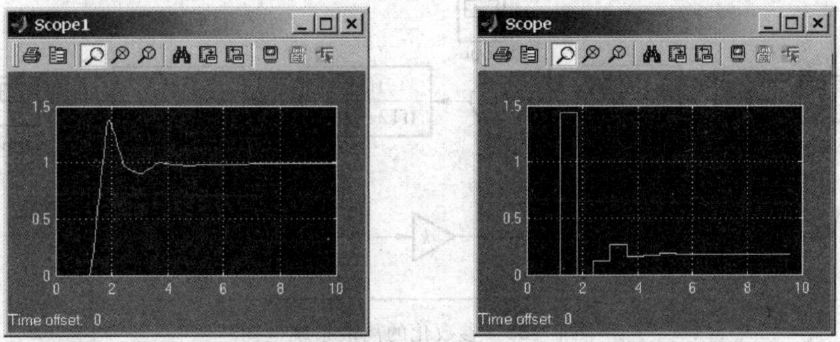

(a)　　(b)

图 5－30　$T=0.6$ 和 $T_k=0.1$ 曲线

(a)$d(k)$示波器显示；　(b)$y(t)$示波器显示

可以看出当 $T=0.6$ 而 $T_k=0.1$ 时，系统出现振荡。

(8)修改参数，将“Discrete Filter” 和“Zero－Order Hold”模块的“Sample time”都设置为 0.6 s，更新框图颜色，开始仿真，则示波器显示如图 5－31 所示。

当 $T=T_k=0.6$ 时，系统出现强烈的振荡。

因此，可以得出系统的结构参数不变，仿真步长不变，而离散环节的采样时间发生变化，则系统的输出响应也会发生变化。仿真步长的设置是按照连续系统的仿真要求设置的，一般要求设置较小的步长；而离散系统的采样时间的选择，要充分考虑系统各环节的时间特性、闭环响应等因素，应正确选择各离散环节的采样时间。

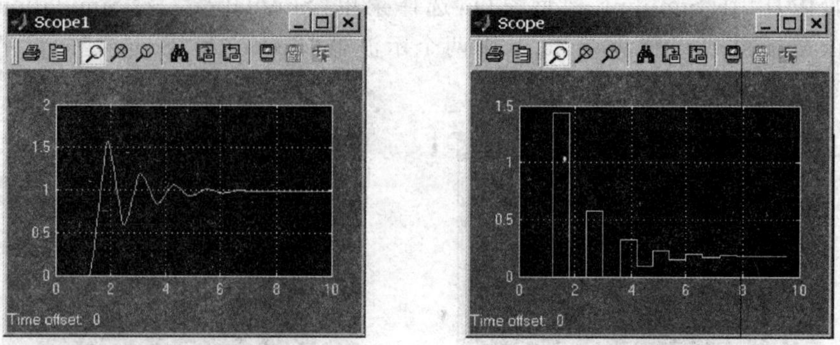

(a) (b)

图 5-31　T=0.6 和 T_k=0.6 曲线

(a)$d(k)$示波器显示；　(b)$y(t)$示波器显示

5.2.6　仿真结构参数化

仿真结构框图中各模块的参数可以是实际数值，也可以是变量名，当系统参数需要经常改变或由函数得出时，可以使用变量来作为模块的参数，变量的赋值通过 Matlab 的工作空间或 M 文件等。

例 5-4　将例 5-3 中的模块结构参数用变量表示，结构图如图 5-32 所示。

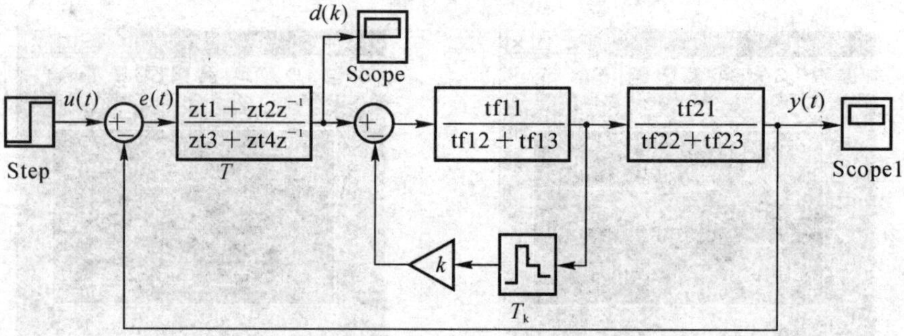

图 5-32　参数化的离散系统框图

将参数设置放在 Ex0504_1.m 文件中：

```
%参数设置
T=0.1;                        %控制环节采样时间
Tk=0.6;                       %零阶保持器采样时间
k=0.03;                       %Gain 增益
zt1=1.44;zt2=-1.26;zt3=1;zt4=-1;
tf11=6.7;tf12=0.1;tf13=1;
tf21=1;tf22=3;tf23=1
```

在 Matlab 工作空间运行该文件：

```
>> Ex0504_1
```

然后在 Simulink 模型窗口中，开始仿真，示波器显示结果和图 5－30 相同。

5.2.7　子系统封装

如果被研究系统结构复杂、多层次，则模型中信号的流向就不清晰，如果把整个模型按实现的功能划分为子系统模块，就会使系统结构和层次简洁而清楚。

子系统类似于编程语言中的子函数，使用子系统可以使模型按功能模块化，可读性更强，更容易调试和维护。建立子系统有两种方法：在模型中新建子系统和在已有的子系统基础上建立。

1. 在已建立的模型中新建子系统

如果要在模型中新建一个子系统，可以按以下步骤：

(1)先打开或新建一个模型，将模型中的各模块建立并用信号线连接。

(2)在模型窗口中，用鼠标拖一个虚线框，将需要建立子系统的部分框起来，然后选择菜单“Edit”→“Create subsystem”，这时原来虚线框中的部分就被一个“Subsystem”模块代替。

可能在新建子系统后，原来的信号线会比较混乱，需要重新调整一下。

(3)更改子系统名，新建的子系统名默认为“Subsystem”，以后建立的子系统则在名称后面加数字，因此可以更改为有一定含义的名称，以便于分析时方便查看。

(4)重命名输入输出端口名称，新建的子系统中的默认输入端口名为“In1”“In2”…输出端口名为“Out1”“Out2”…

例 5－5　打开例 5－3 建立的模型，将控制对象中的第一个连续环节中的反馈环建立为一个子系统。

在模型窗口中，将控制对象中的第一个连续环节的反馈环用鼠标拖出的虚线框框住，选择菜单“Edit”→“Create subsystem”，则系统图 5－33 所示。

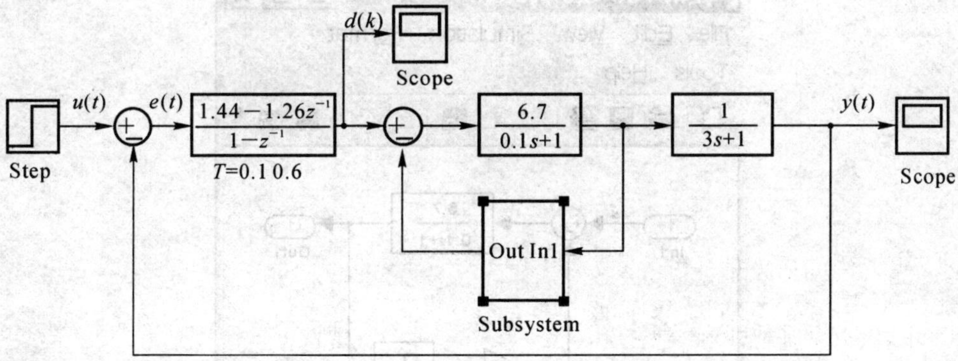

图 5－33　反馈环节封装为子系统

双击子系统，则会出现“Subsystem”模型窗口，如图 5－34 所示。可以看到子系统模型除了用鼠标框住的两个环节，还自动添加了一个输入模块“In1”和一个输出模块“Out1”。然后，在模型窗口中开始仿真，可以看到示波器的显示和原来相同。

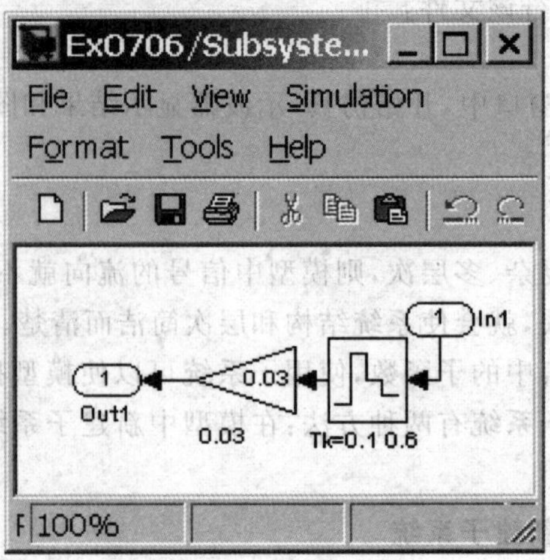

图 5-34 封装的子系统

2. 在已有的子系统基础上建立

在已有子系统基础上封装子系统模型，步骤为：

(1)将已有的子系统复制到新窗口；

(2)双击打开子系统模型窗口，重新放置模块，建立连接和输入输出端口；

(3)将子系统与其他模块连接。

(4)修改子系统名和其他参数。

例 5-6 在例 5-5 的基础上建立新子系统，将例 5-5 模型的控制对象中的第一个对象环节整个作为一个子系统。

双击打开子系统“Subsystem”，则出现如图 5-34 所示的子系统模型窗口，添加模型构成反馈环，形成闭环系统，如图 5-35 所示，然后将系统模型修改为如图 5-36 所示的系统。

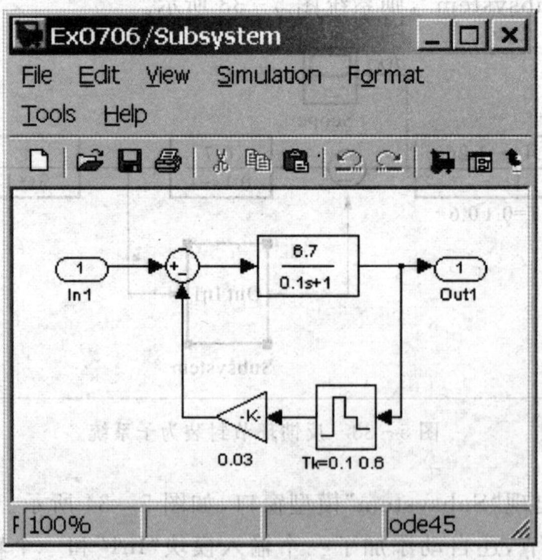

图 5-35 新构建的子系统模型

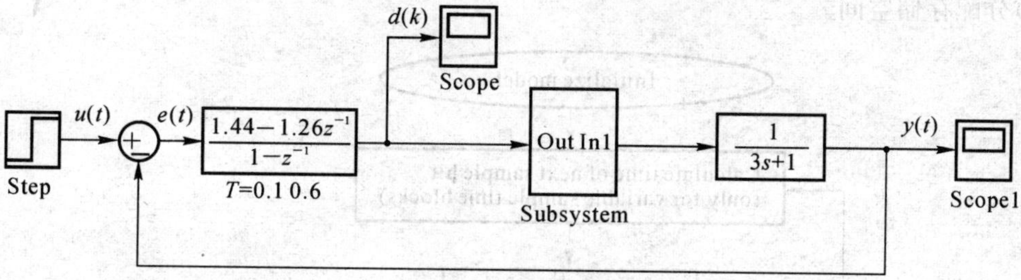

图 5 - 36　封装子系统后的系统模型

5.2.8　S 函数的编写

尽管在 Simulink 的模型库中已经提供了很多仿真模型，但是不同的仿真对象，不同的仿真应用往往需要千差万别的仿真模型，而 Simulink 模型库中的模型并不能够涵盖所有的仿真应用。因此针对自身的仿真问题，大多数情况下需要开发人员去开发 Simulink 的模型。特别是当对仿真速度要求比较高，或者需要与硬件交互的时候，更需要开发人员进行定制开发。

Simulink 通过 S 函数(System function)的方式满足用户开发自定义模块的需求。S 函数根据开发语言的不同，分为 M 文件 S 函数以及 C 语言 S 函数，本节针对 M 文件的 S 函数进行介绍。

1. S 函数运行流程

在 Simulink 的建模过程中，任何一个模型可以表述为

$$y=f_o(t,x,u) \qquad \text{(Outputs)}$$

$$\dot{x}_c=f_d(t,x,u) \qquad \text{(Derivatives)}$$

$$x_{d_{k+1}}=f_u(t,x_c,x_{d_k},u) \qquad \text{(Update)}$$

$$\text{whrer} \quad x=[x_c;x_d]$$

该模型有输入(u)、状态(x)、输出(y)，如图 5 - 37 所示。其中状态是依据其导数而变化的，状态等由 Simulink 软件平台通过积分方法来自动更新。输入变量的值存放在 u 数组中，软件平台积分更新后的状态存放在 x 数组中，将输出放在 y 数组中以便其他模型能够获取该输出。

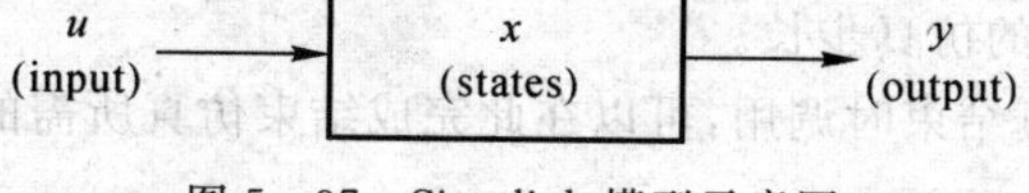

图 5 - 37　Simulink 模型示意图

S 函数的仿真过程如图 5 - 38 所示，可以概括为：

(1)初始化：在仿真开始前，Simulink 在这个阶段初始化 S 函数，每次仿真过程只调用一次初始化阶段。初始化工作包括：

1)初始化结构体 SimStruct，它包含了 S 函数的所有信息；

2)设置输入输出端口数；

3)设置采样时间；

4)分配存储空间。

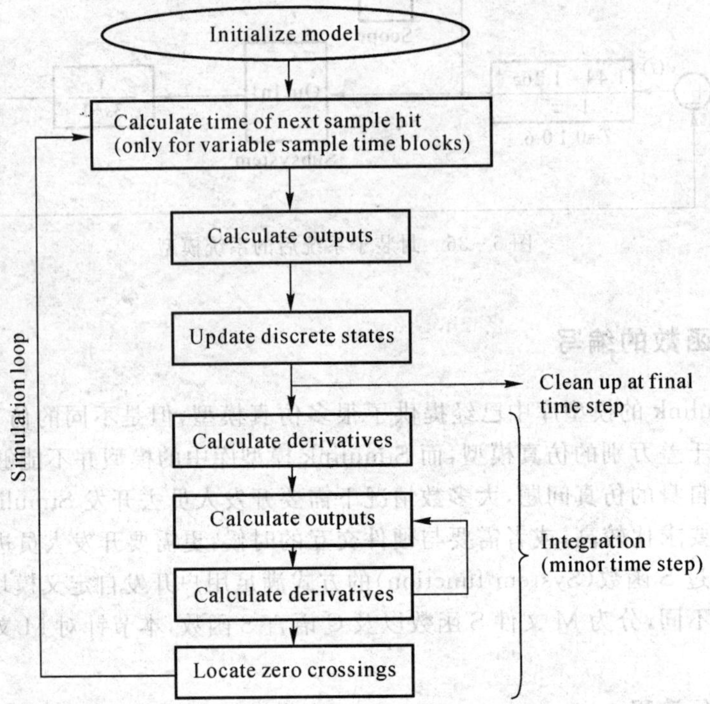

图 5-38　Simulink 仿真流程

(2)数值积分:用于连续状态的求解和非采样过零点。如果 S 函数存在连续状态,Simulink 就在 minor step time 内调用 mdlDdrivatives 和 mdlOutput 两个 S 函数子函数。如果存在非采样过零点,Simulink 将调用 mdlOutput 和 mdlZeroCrossings 子函数(过零点检测子函数),以定位过零点。minor step time 是指不管高阶还是低阶算法,一个求导周期。如欧拉法积分一步只有一次 minor step time,而四阶龙格-库塔法积分一步则有 4 次 minor step time。

(3)更新离散状态:此子函数在每个步长处都要执行一次,可以在这个子函数中添加每一个仿真步都需要更新的内容,例如离散状态的更新。

(4)计算输出:计算所有输出端口的输出值。

(5)计算下一个采样时间点:只有在使用变步长求解器进行仿真时,才需要计算下一个采样时间点,即计算下一步的仿真步长。

(6)仿真结束:在仿真结束时调用,可以在此完成结束仿真所需的必要工作。

2. S 函数开发模板及说明

在 Simulink 模块库中,已提供了 S 函数的编写模板以及实例,如图 5-39 所示。用户双击该模块可弹出模板库中的模板和实例,如图 5-40 所示。用户编写 S 函数时可直接打开该模板进行编辑,然后将该 S 函数模型另存为自己命名的文件即可。需要说明的是,S 函数本质上还是一个函数型 M 文件,因此保存的 M 文件名要与文件中的函数名相同。

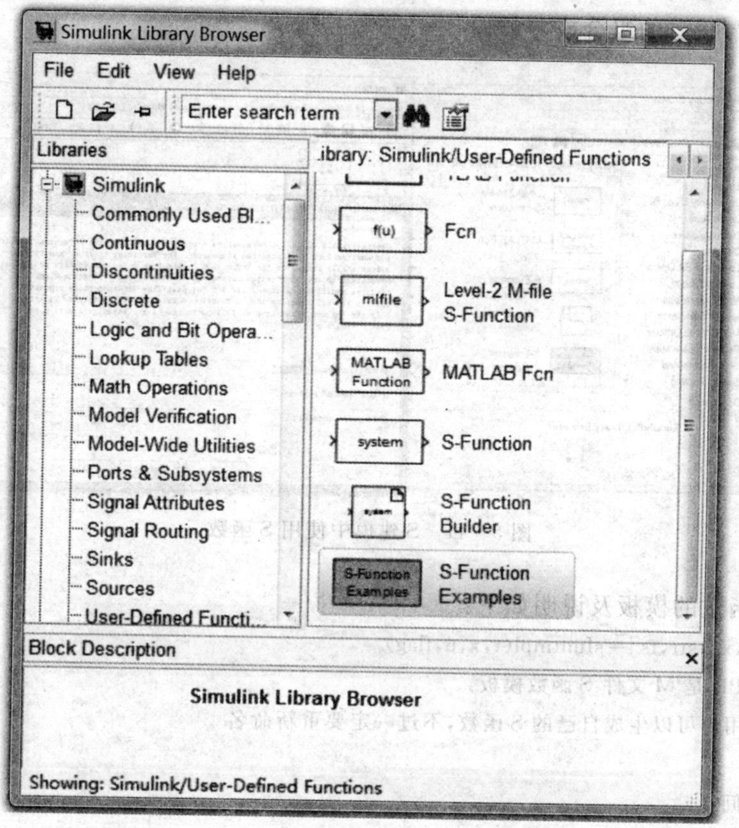

图 5 - 39　Simulink 模块库中的 S 函数模板和实例

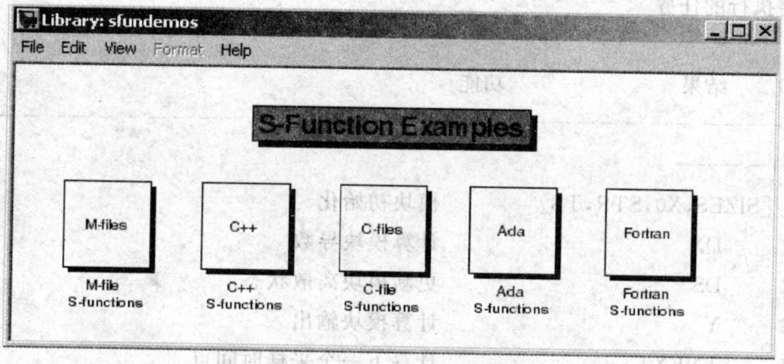

图 5 - 40　S 函数的模板和示例

在一个 S 函数编写完成后，就可以在建模中使用该 S 函数了，使用的方法是：

· 从 Simulink 模型库中选择“User defined functions”库，然后从该库中选择“System(S - Function)”模块，并将其拖放入模型中，如图 5 - 41 所示；

· 双击建模工作区拖放入的“System”模块，弹出属性设置页，在属性页中的“S - Function name”输入框中输入待使用的 S 函数函数名；

· 点击确定即可，若 S 函数有错误或不符合 S 函数规则，则会报错；

• 若 S 函数有多维输入或输出时，当与其他模块进行连线时，需要使用“Mutex 模块”和“Detex 模块”进行信号的组合或分解。

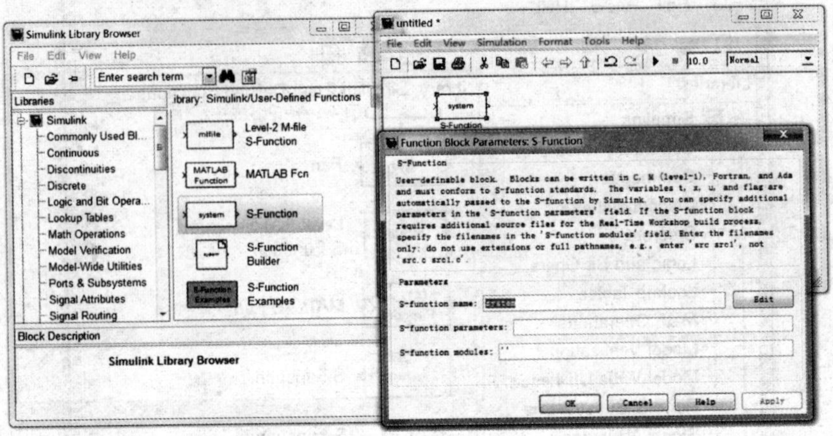

图 5-41　S 建模中使用 S 函数

M 文件 S 函数的模板及说明如下：

```
function [sys,x0,str,ts]=sfuntmpl(t,x,u,flag)
% SFUNTMPL 是 M 文件 S 函数模板
%通过剪裁，用户可以生成自己的 S 函数，不过一定要重新命名
%参数含义：
%t 是当前时间
%x 是 S 函数相应的状态向量
%u 是模块的输入
%flag 是所要执行的任务
%
%   FLAG   结果                       功能
%-------------------------------------------------------------
%   0      [SIZES,X0,STR,TS]          模块初始化
%   1      DX                         计算模块导数
%   2      DS                         更新模块离散状态
%   3      Y                          计算模块输出
%   4      TNEXT                      计算下一个采样时间点
%   9      []                         结束仿真
%
% 用户切勿改动输出参数的顺序、名称和数目
% 输入参数的数目不能小于 1，这 4 个参数的名称和排列顺序不能改动
% 用户可以根据自己的要求添加额外的参数，位置依次为第 5,6,7,8,9,…
% S 函数的 flag 参数是一个标记变量，具有 6 个不同值，分别为 0,1,2,3,4,9
% flag 的 6 个值分别指向 6 个不同的子函数
% flag 所指向的子函数也成为回调方法(Callback Methods)
```

```
    switch flag,
case 0,%初始化,调用"模块初始化"子程序%
    [sys,x0,str,ts]=mdlInitializeSizes;

    case 1,%连续状态变量计算,调用"计算模块导数"子函数%
sys=mdlDerivatives(t,x,u);

case 2,%更新,调用"更新模块离散状态"子函数%
    sys=mdlUpdate(t,x,u);

    case 3,%输出,调用"计算模块输出"子函数%
sys=mdlOutputs(t,x,u);

    case 4,%计算下一时刻采样点,调用"计算下一个采样时刻点"子函数%
        sys=mdlGetTimeOfNextVarHit(t,x,u);

    case 9,%结束,调用"结束仿真"子函数%
sys=mdlTerminate(t,x,u);
    otherwise%其他的 flag%
DAStudio.error('Simulink:blocks:unhandledFlag',num2str(flag));
    end
    % end sfuntmpl
%===============================================================
=========================================
    %"模块初始化"子函数
% 返回大小、初始条件和样本
    function [sys,x0,str,ts]=mdlInitializeSizes
    % 调用 simsizes 函数,返回规范格式的 sizes 构架
% 这条指令不要修改
    sizes=simsizes;
    % 模块的连续状态个数,0 是默认值
% 用户可以根据自己的要求进行修改
    sizes.NumContStates    =0;
    % 模块的离散状态个数,0 是默认值
% 用户可以根据自己的要求进行修改
    sizes.NumDiscStates    =0;
    % 模块的输出个数,0 是默认值
% 用户可以根据自己的要求进行修改
    sizes.NumOutputs       =0;
    % 模块的输入个数,0 是默认值
% 用户可以根据自己的要求进行修改
    sizes.NumInputs        =0;
    % 模块中包含的直通前向馈路个数,1 是默认值
```

```
% 用户可以根据自己的要求进行修改
    sizes.DirFeedthrough=1;
    % 模块中采样时间的个数,1是默认值,至少需要一个样本时间
% 用户可以根据自己的要求进行修改
    sizes.NumSampleTimes=1;
    % 初始化后的构架 sizes 经 simsizes 函数处理后向 sys 赋值
% 这条指令不要修改
    sys=simsizes(sizes);
    % 给模块初始值变量赋值,[]是默认值
% 用户可以根据自己的要求进行修改
    x0=[];
    % 系统保留变量
% 切勿改动,保持为空
    str=[];
    % "二元对"描述采样时间及偏移量。[0 0]是默认值
% [0 0]适用于连续系统
% [-1 0]则表示该模块采样时间继承其前的模块采样时间设置
    Ts=[0 0];

%==========================================================================

    % 计算导数向量
function sys=mdlDerivatives(t,x,u)
    % 此处填写计算导数向量的指令
% []是模块的默认值
% 用户必须把算得的离散状态的导数向量赋给 sys
    sys=[];

    %==========================================================================

    % 计算离散状态向量
function sys=mdlUpdate(t,x,u)
    % 此处填写计算离散状态向量的指令
% []是模块的默认值
% 用户必须把算得的离散状态向量赋给 sys
    sys=[];

    %==========================================================================

    % 计算模块输出向量
function sys=mdlOutputs(t,x,u)
    % 此处填写计算模块输出向量的指令
% []是模块的默认值
```

```
% 用户必须把算得的模块输出向量赋给 sys
    sys=[];

    %=================================================
=========================================

    % 计算下一采样时刻
function sys=mdlGetTimeOfNextVarHit(t,x,u)
% 该子函数仅在"采样时间"情况下使用
% sampleTime=1 是模块默认设置,表示在当前时间 1 s 后再调用本模块
% 用户可以根据自己的要求修改
sampleTime=1;
% 将计算得到的下一采样时刻赋给 sys
% 切勿改动
sys=t+sampleTime;

    %=================================================
=========================================

    function sys=mdlTerminate(t,x,u)
    % 模板默认设置,一般情况不要改动
sys=[];
```

第 6 章　蒙特卡罗打靶法

蒙特卡罗(Monte Carlo，MC)方法，又称随机抽样法、统计试验法或随机模拟法，是一种用计算机模拟随机现象，通过仿真试验，得到试验数据，再进行分析推断，得到某些现象的规律或某些问题的求解的方法。蒙特卡罗方法的基本思想是，为了求解数学、物理、工程技术或生产管理等方面的问题，首先建立一个与求解有关的概率模型或随机过程，使它的参数等于所求问题的解，然后通过对模型或过程的观察或抽样试验来计算所求参数的统计特征，最后给出所求解的近似值。概率统计是蒙特卡罗方法的理论基础，其手段是随机抽样或随机变量抽样。

随着现代计算机技术的出现和飞速发展，用计算机模拟概率过程，实现多次模拟试验并统计计算结果，也得到了快速发展。特别是在飞行器设计与研究中，蒙特卡罗方法得到了大量的应用。利用高速、大容量计算机，针对飞行器生产工艺、器件、环境干扰、目标机动等影响，实现大批量的弹道仿真，进而可以全面分析飞行器接近真实飞行状况下的飞行性能，可以说蒙特卡罗打靶法是飞行器仿真中必不可少的一项内容。

6.1　统计打靶意义

在飞行器飞行过程中，会遇到大量的干扰和偏差的存在，这些干扰和偏差客观存在，是无法消除的，这些干扰和偏差有时候对飞行过程起着十分重要的影响，因此对这些干扰和偏差进行仿真分析是飞行器系统仿真的一项重要内容，它为飞行器的飞行性能分析、飞行包线分析、发射条件分析、分系统指标考核、工艺设计规范等提供了分析设计依据。

例如，对于地空导弹初始发射时，速度小、攻角小、升力小，干扰和偏差对其飞行轨迹、控制特性等有着重要影响。地空导弹有两种发射方式，如图 6－1 所示。

· 倾斜发射：导弹离开发射筒时受到干扰，此时需要针对干扰对后续可控飞行的影响进行分析；

· 垂直发射：受到初始干扰在导弹起控时是否能够满足起控条件。

当地空导弹一、二级在分离时，也需要充分考虑干扰的影响，主要有：

· 级间分离期间的扰动力和扰动力矩；

· 影响一、二级基本运动状态的扰动因素，如风、推力误差、弹体结构和装配误差等；

· 与分离过程有关的扰动因素，如第一级发动机关车时的推力偏差，后效阶段推力变化，连接螺栓工作的不同步等。

· 与控制系统、弹体动态特性有关的因素，如第二级控制系统能否正常工作，分离瞬间质心突然前移带来的稳定性和气动特性突变等。

分析诸多干扰或偏差对飞行过程的影响时，由于飞行器造价昂贵，不可能通过多次飞行试验来进行评估，因而通过飞行轨迹仿真来评估导弹相关飞行特性以及命中精度，再通过数校导弹飞行试验给予验证，是主要的分析途径。

(a)

(b)

图 6-1　地空导弹发射

(a)地空导弹倾斜发射；（b)地空导弹垂直发射

统计打靶：为了分析某型飞行器干扰或偏差下的飞行性能或命中精度，考虑武器系统的各种随机干扰，进行大量的弹道计算，然后对计算结果进行统计，从而定量给出各种干扰因素对导弹飞行性能或命中精度的影响关系，这种方法称为统计打靶。

蒙特卡罗法：统计打靶的一种方法，它通过随机变量的统计试验（或随机模拟），求解数学、物理、工程技术问题近似的数值方法，又称为统计试验法（或随机模拟法）。用蒙特卡罗法进行数学模拟打靶，可以减少复杂而又昂贵的飞行器飞行试验，借以完成飞行器研制、试验、定型等方面的统计分析工作。

可以分析的内容包括：

(1)各种干扰下的飞行器飞行特性；

(2)各种干扰下的飞行包线；

(3)导弹命中目标概率；

(4)导弹击毁目标概率；

(5)制导精度；

(6)起控点散布等。

6.2　蒙特卡罗法思想

针对待求问题，根据物理现象本身的统计规律，或人为构造一合适的依赖随机变量的概率模型，使某些随机变量的统计量为待求问题的解，进行大统计量（$N\to\infty$）的统计试验方法或计算机随机模拟方法。其理论依据概括起来主要有：

· 大数定理：均匀分布的算术平均收敛于真值；

· 中心极限定理：置信水平下的统计误差。

1. 收敛性：大数定理

由前面介绍可知，蒙特卡罗方法是由随机变量 X 的简单子样 $X_1, X_2, \cdots, X_N$ 的算术平均值

$$\overline{X}_N = \frac{1}{N}\sum_{i=1}^{N} X_i \tag{6.1}$$

作为所求解的近似值。由大数定理可知，如果 $X_1, X_2, \cdots, X_N$ 独立同分布，且具有有限期望值（$E(X) < \infty$），则

$$P(\lim_{N\to\infty} \overline{X}_N = E(X)) = 1 \tag{6.2}$$

即随机变量 X 的简单子样的算术平均值 $\overline{X}_N$，当子样数 N 充分大时，以概率 1 收敛于它的期望值 $E(X)$。

2. 中心极限定理：统计误差

由大数定理知，当蒙特卡罗方法的子样数足够大时，可用子样试验结果的均值作为试验结果的数学期望。而子样均值与数学期望的误差问题，概率论的中心极限定理给出了答案。该定理指出，如果随机变量序列 $X_1, X_2, \cdots, X_N$ 独立同分布，且具有有限非零的方差 σ^2（方差已知），即

$$0 \neq \sigma^2 = \int (x - E(X))^2 f(x) \mathrm{d}x < \infty \tag{6.3}$$

$f(x)$ 是 X 的分布密度函数。则当 N 充分大时，有近似式：

$$P\left(|\overline{X}_N - E(X)| < \frac{\lambda_\alpha \sigma}{\sqrt{N}}\right) \approx \frac{2}{\sqrt{2\pi}} \int_0^{\lambda_\alpha} \mathrm{e}^{-t^2/2} \mathrm{d}t = 1 - \alpha \tag{6.4}$$

其中，α 称为置信度；$1-\alpha$ 称为置信水平。这表明，不等式

$$|\overline{X}_N - E(X)| < \frac{\lambda_\alpha \sigma}{\sqrt{N}} \tag{6.5}$$

近似地以概率 $1-\alpha$ 成立，且误差收敛速度的阶为 $O(N^{-1/2})$。

通常，蒙特卡罗方法的误差 ε 定义为

$$\varepsilon = \frac{\lambda_\alpha \sigma}{\sqrt{N}} \tag{6.6}$$

式中，λ_α 与置信度 α 是一一对应的，根据问题的要求确定出置信水平后，查标准正态分布表，就可以确定出 λ_α。表 6-1 给出了置信度及其对应分位数的值。

表 6-1　置信度 α 及其对应分位数 λ_α 的值

α	0.5	0.05	0.003
λ_α	0.6745	1.96	3

(1)MC(蒙特卡罗）方法的误差为概率误差，这与其他数值计算方法是有区别的。

(2) 误差中的均方差 σ 若未知，则必须使用其估计值来代替，此时误差估计需要构建 t 检验统计量。

显然，在给定置信度 α 后，误差 ε 由 σ 和 N 决定。减小误差有下述方法。

(1) 增大试验次数 N。在 σ 固定的情况下，要把精度提高一个数量级，试验次数 N 需增加两个数量级。因此，单纯增大 N 不是一个有效的办法。

(2) 减小估计的均方差 σ，比如降低一半，那误差就减小一半，这相当于 N 增大 4 倍的效果。

6.3 实现流程

蒙特卡罗法实现统计打靶的基本步骤(流程图如图6-2所示):

(1) 确定导弹飞行过程中的各种随机扰动因素及其分布;

(2) 根据各种随机扰动变量的分布律,构造相应的数学概率模拟,以产生各随机扰动变量的抽样值;

(3) 建立一个比较精确的导弹系统数学模型;

(4) 将随机变量的抽样值输入导弹系统的数学模型(即导弹系统运动方程组),进行计算机解算弹道,也就是进行计算机模拟打靶,即可得到随机扰动弹道参数;

(5) 重复(4),进行多次模拟打靶,可以得到随机弹道参数子样;

(6) 对模拟打靶结果进行处理,得到弹道参数的统计特征值。

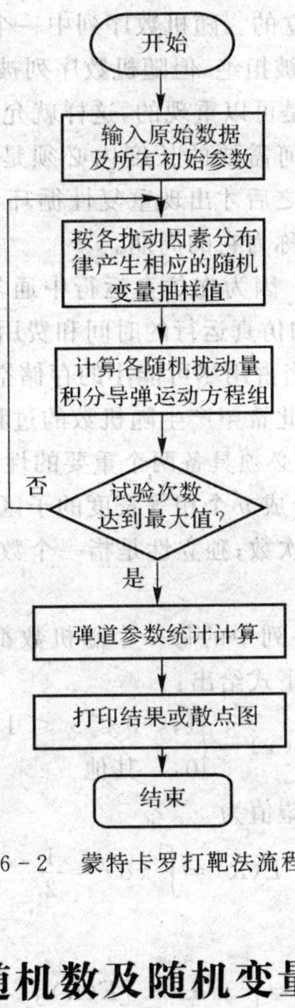

图6-2 蒙特卡罗打靶法流程图

6.4 随机数及随机变量的产生

由于飞行器飞行过程中随机因素的存在,在建模过程中就可能需要用服从各种分布的随机变量来描述系统中存在的随机和偶然性问题。随机变量的产生基础是随机数,随机数可以通过对[0,1]区间上均匀分布抽样生成,曾经使用过的真正随机数的发生源包括:

(1) 一袋小球,进行可替换抽样;

(2) 微秒级时钟上的低阶数字;

(3) 一个随机电子噪声源的周期性量化输出值。

这些方法都可以产生真正的随机数,但它们有一个共同的缺点,就是当其应用在仿真研究中时,这些方法产生的随机数序列通常不能复现。而在很多情况下,系统决策需要进行多次仿真比较才能确定,因此上述重现性是非常必要的。

6.4.1 伪随机数

大量的方法被应用于克服随机数序列所固有的不可重现性,在讨论这些方法之前,首先研究对随机数发生器的要求:

(1) 所产生的数必须服从均匀分布。至于拟合的优良程度,建议采用大样本量的 χ^2 检验。样本容量 N 可以取 1 000 ~ 10 000 之间的数。

(2) 所产生的数必须是统计独立的。随机数序列中一个数的值不能影响下一个数的值。如果随机数序列缺少独立性就可能被拒绝,但随机数序列被接受并不能证明它的独立性。

(3) 所产生的随机数序列必须是可以重现的,这样就允许仿真试验重复进行。

(4) 所产生的随机数序列在任何需要的长度内必须是不重复的。这在理论上可能做不到,但从实践的角度讲,在很多数目之后才出现重复性循环,这项要求已经能充分保证。随机数发生器的重复性循环出现的长度称为它的周期。

(5) 随机数产生的速度必须快。因为在仿真运行中通常需要处理大量的随机数,如果随机数发生器速度慢,就必然大大增加仿真运行的时间和费用。

(6) 用于产生随机数的方法应当占用尽可能小的存储空间。仿真模型通常需要大量的存储空间,而存储空间总是有限的,因此希望产生随机数的过程中占用的存储空间越少越好。

一个随机数序列 $R_1, R_2, \cdots, R_n$ 必须具备两个重要的性质,即均匀性和独立性。所谓均匀性是指,如果把随机数的采样区间分成 n 个相等长度的子区间,那么在每一个子区间上观察到的期望数为 N/n,其中 N 为观察总次数;独立性是指一个数值出现在一个特定子区间的概率,与前面已经取到的数值无关。

最简单的情况下,一个随机数序列中的每一个随机数都是 [0,1] 区间上均匀分布的独立采样值。该分布的概率密度函数由下式给出:

$$p(x) = \begin{cases} 1, & 0 \leqslant x \leqslant 1 \\ 0, & \text{其他} \end{cases} \tag{6.7}$$

这样还可以得到每一个随机数的期望值为

$$E(R) = \int_0^1 x \mathrm{d}x = \frac{1}{2} \tag{6.8}$$

而方差为

$$V(R) = \int_0^1 x^2 \mathrm{d}x - [E(R)]^2 = \frac{1}{12} \tag{6.9}$$

根据对随机数发生器的要求,就可以评价为了补偿随机数序列所缺乏的重现性而采用的一些方法。第一种方法是利用某种手段生成一个随机数序列并将它永久保存起来,例如存在计算机硬盘上。这种方法并不能使人满意,因为每次对随机数的需求都必须进行一次读操作,而这种操作是非常浪费时间的，而且这种方法为了满足随机数重复周期的要求，必须存储一个很大的随机数序列。第二种方法是利用某种手段生成一个随机数序列并将其保存在计算机内存中。这种方法可以克服第一种方法中的速度问题，但是要满足多个仿真研究的需要就应存储一个相当大的随机数序列，这就要求有非常大的内存量。第三种方法也是最常用的一种方法，是利用某种算法根据指定的输入值来产生随机数。这种方法克服了速度和内存容量上的问题，但同时又带来了在独立性和可重复性方面的问题。

运用某种算法产生随机数可能会破坏随机的基本性质，因此利用算法所产生的随机数被称为伪随机数。这些数满足一定的随机性准则，但它们的产生总是以某个称之为种子的确定的初始值开始，并且是一个完全确定的、重复的过程。当使用伪随机序列时必须极其小心才能保证有良好的随机度以及重复周期才能足够地长。在仿真研究中对利用算法产生的伪随机数序列进行合理性检验也是非常重要的。

注意伪随机数中的“伪”字。所谓的“伪”并不意味着产生了一个假的随机数和随机数序列。这里使用“伪”字是指由一个已知的方法所产生的随机数的真正作用是排除了真正的随机性。如果知道了产生随机数的方法，那么任何一个随机数序列便可以重复地产生出来，这样就会认为这些数不是真正的随机数。然而，不管采用什么方法，产生随机数的目的是使所产生的随机数序列尽可能地接近均匀分布和独立性的理想性质。

当然，利用这种方法产生的伪随机数会与理想随机性产生一定的偏差。例如所产生的数可能不服从均匀分布，数的均值太高或太低，数的方差可能太高或太低，可能存在一定的周期性变化等。正因为如此，才需要对所产生的伪随机数序列进行均匀性和独立性检验。如果检验的偏差超出许可范围，就不能接受相应的伪随机数产生方法。

6.4.2　伪随机数产生方法

1. 平方取中法

平方取中法是冯·纽曼(John von Neumann)在20世纪40年代中期提出的。这个方法首先从某个初始的种子数开始，求出这个数的二次方，取这个平方数的中间几位作为随机数序列中的第2个数；再求出第2个数的二次方，又取这个平方数的中间几位作为随机数序列中的第3个数；不断按这个方式继续多次运算，即可得到相应的伪随机序列。

例6-1　利用平方取中法产生4位数的随机数序列，序列的种子数取为 $x_0=3\ 187$。

通过计算得到

$$x_0=3\ 187$$

$$(3\ 187)^2=10\ 156\ 969 \Rightarrow x_1=1\ 569$$

$$(1\ 569)^2=02\ 461\ 761 \Rightarrow x_2=4\ 617$$

$$(4\ 617)^2=21\ 316\ 680 \Rightarrow x_3=3\ 166$$

$$(3\ 166)^2=10\ 023\ 556 \Rightarrow x_4=0\ 235$$

$$(0\ 235)^2=00\ 055\ 225 \Rightarrow x_5=0\ 552$$

$$(0\ 552)^2=00\ 304\ 704 \Rightarrow x_6=3\ 047$$

$$(3\ 047)^2=09\ 284\ 209 \Rightarrow x_7=2\ 842$$

将此过程继续下去，还可以得到0 769，5 913，9 635，8 332，4 222，8 542，…

这个方法有 3 个缺点。第一，利用这个方法产生的伪随机数序列的重复周期通常较短。第二，对于较长的伪随机数序列，利用这种方法可能无法通过随机性的统计检验。第三，当 0 在任何时候生成之后，其后产生的数都将为 0。如果这种现象在一个较复杂的仿真研究过程中出现，它将会使仿真分析人员误入歧途。这种现象如下例所示。

例 6－2 利用平方取中法产生两位数的随机数序列，种子数取为 $x_0=44$。

通过计算得到

$$x_0=44$$
$$(44)^2=1\ 936 \Rightarrow x_1=93$$
$$(93)^2=8\ 649 \Rightarrow x_2=64$$
$$(64)^2=4\ 096 \Rightarrow x_3=09$$
$$(09)^2=0\ 081 \Rightarrow x_4=08$$
$$(08)^2=0\ 064 \Rightarrow x_5=06$$
$$(06)^2=0\ 036 \Rightarrow x_6=03$$
$$(03)^2=0\ 009 \Rightarrow x_7=00$$
$$(00)^2=0\ 000 \Rightarrow x_8=00$$

这样，随机数就无法继续产生了。

利用平方取中法的另一个问题是这个方法可能会产生退化，即总是得到相同的 x_i 值。

例 6－3 设在产生 4 位数的随机数过程中，得到了一个 x_i 值为 4 500，即

$$x_i=4\ 500$$

从而

$$(4\ 500)^2=20\ 250\ 000 \Rightarrow x_{i+1}=2\ 500$$
$$(2\ 500)^2=06\ 250\ 000 \Rightarrow x_{i+2}=2\ 500$$

相继产生的数值总为 2 500。

由于这些原因，平方取中法已经被许多新的能提供更可靠的随机数序列的算法所取代。

2. 线性同余法

线性同余法在 1951 年由莱默尔(Lehmer) 首先提出，目前大多数随机数发生器都采用这种方法。在这个算法中，随机数序列中的数由如下的递推关系产生：

$$x_{n+1}=(ax_n+c)\mathrm{mod}m \quad (n \geqslant 0) \tag{6.10}$$

初始值 x_0 称为种子，常数 a 称为乘子，常数 c 称为增量，而常数 m 称为模数。

在式(6.10) 中，显然可以得出

$$0 \leqslant x_0 \leqslant m-1 \tag{6.11}$$

为了得到[0,1] 区间上分布的随机数，可以令

$$R_n=\frac{x_n}{m} \tag{6.12}$$

R_n 即为满足要求的随机数。

从式(6.10) 中得到的序列 $x_0, x_1, \cdots$ 实质上不是完全随机的，若设

$$k_i=(ax_{i-1}+c)\mathrm{mod}m \tag{6.13}$$

则有

$$\begin{cases} x_1 = ax_0 + c - mk_1 \\ x_2 = a^2 x_0 + ac - mak_1 + c - mk_2 = a^2 x_0 + c(1+a) - m(k_2 + k_1 a) \\ \cdots\cdots \\ x_n = a^n x_0 + c(1 + a + \cdots + a^{n-1}) - m(k_n + k_{n-1} a + \cdots + k_1 a^{n-1}) = \\ \qquad \left[a^n x_0 + c\dfrac{a^n - 1}{a - 1}\right] \bmod m \end{cases}$$

即一旦 m,a,c,x_0 确定，x_i 就完全被唯一地确定下来了。而且在[0,1]区间上得到的数值 R，最多只能取到 m 个值。

常数 m,a,c 的值对所产生的随机数序列的周期长度有很大的影响。

例 6-4　设 $a=5,c=3,m=16$，取 $x_0=7$，利用线性同余法产生随机数序列。

$x_0 = 7$

$x_1 = (5\times7+3)\bmod16 = 6$　　$R_1 = 0.375$

$x_2 = (5\times6+3)\bmod16 = 1$　　$R_2 = 0.063$

$x_3 = (5\times1+3)\bmod16 = 8$　　$R_3 = 0.500$

$x_4 = (5\times8+3)\bmod16 = 11$　　$R_4 = 0.688$

$x_5 = (5\times11+3)\bmod16 = 10$　　$R_5 = 0.625$

$x_6 = (5\times10+3)\bmod16 = 5$　　$R_6 = 0.313$

$x_7 = (5\times5+3)\bmod16 = 12$　　$R_7 = 0.750$

$x_8 = (5\times12+3)\bmod16 = 15$　　$R_8 = 0.938$

$x_9 = (5\times15+3)\bmod16 = 14$　　$R_9 = 0.875$

$x_{10} = (5\times14+3)\bmod16 = 9$　　$R_{10} = 0.563$

$x_{11} = (5\times9+3)\bmod16 = 0$　　$R_{11} = 0.000$

$x_{12} = (5\times0+3)\bmod16 = 3$　　$R_{12} = 0.188$

$x_{13} = (5\times3+3)\bmod16 = 2$　　$R_{13} = 0.125$

$x_{14} = (5\times2+3)\bmod16 = 13$　　$R_{14} = 0.813$

$x_{15} = (5\times13+3)\bmod16 = 4$　　$R_{15} = 0.250$

$x_{16} = (5\times4+3)\bmod16 = 7$　　$R_{16} = 0.438$

$x_{17} = (5\times7+3)\bmod16 = 6$　　$R_{17} = 0.375$

$x_{18} = (5\times6+3)\bmod16 = 1$　　$R_{18} = 0.063$

$x_{19} = (5\times1+3)\bmod16 = 8$　　$R_{19} = 0.500$

当 $n=16$ 时出现循环。

对于式(6.10)，当 $c=0$ 时，该算法称为乘同余法；当 $c\neq0$ 时，该算法称为混合同余法。从例 6-4 中可以看出利用这种方法产生的序列的重复性，一般来讲任何由此方法产生的序列都存在重复性。在大多数情况下，合理地选择常数 a,c,x_0 和 m 可以使重复周期充分地长。对于常数的选择讨论如下：

(1)m 的选择。由于重复周期的长度总是小于 m，因此需要将 m 取大的数值，更进一步，所选用的 m 的值应能简化同余关系的解。在计算机中数字都是用二进制表达的，因此已经证明 m 取值为(2^k-1)是很好的，其中 k 为计算机的字长。

(2)a 和 c 的选取。当且仅当满足下列条件时,一个由线性同余法产生的随机数序列的重复周期为 m。

a)c 与 m 互质,即同时能被 c 和 m 整除的正整数只有 1。

b)$(a-1)$ 是每个能整除 m 的质数的倍数,即如果 q 是整除 m 的质数,则 q 能整除 $(a-1)$。

c) 如果 m 能被 4 整除,则 $(a-1)$ 也能被 4 整除。

这些限制使得乘子值满足形式为 $a=z^p+1$,其中 z 是计算机中用于表示数字的基数;模数的形式为 $m=z^k$,k 为计算机的字长,且有 $z\leqslant p<k$,特别地,当选择 $a=2^{16}+5=65\ 541$ 或 $a=2^{16}+3=65\ 539$ 时可以得到满意的结果。至于 c 的选择,只要满足 c 与 m 互为质数的条件即可。

(3)x_0 的选取。如果随机数序列的周期为 m,因为能产生完全的序列,即在一个周期内可以取到 0 至 $(m-1)$ 的所有值,所以 x_0 的选取是不重要的。但仍然要小心,例如取 $x_0=0$ 时会产生退化的序列。

对于乘同余法,由于 $c=0$,无论怎样选取 m,都无法满足 c 与 m 互质的条件,因而不可能得到满周期。若选择 $m=2^k$,则所产生的随机数序列的周期 $p\leqslant 2^{k-2}$,即在 0 至 $(m-1)$ 之间的整数至多只有四分之一可能成为 x_0 的值,而这四分之一的整数在 0 至 $(m-1)$ 之间是如何分布的尚难以确定,这与种子数 x_0 的选取有关,若取乘子为 $a=8L+3$ 或 $a=8L+1$ 形式的整数,种子 x_0 选取为奇数,则可以达到最长的周期 $p=2^{k-2}$。

3. 加同余法

加同余法需要 n 个数的序列作为它的种子,这 n 个数的序列可以应用其他方法产生,应用加同余法可以使这个序列不断扩大。加同余法的算法是

$$x_i=(x_{i-1}+\cdots+x_{i-n})\bmod m,\quad i\geqslant n \tag{6.14}$$

这种方法的主要好处是速度快,因为它不需要作乘法运算。它可以得到大于 m 的周期,但这种方法产生随机数的过程不像混合同余法那样清楚,因此由此方法产生的随机数序列需要经过仔细的确认。

4. 平方同余法

平方同余法适合用于 m 为 2 的幂次的情况,这种方法的递推关系式为

$$x_{n+1}=[x_n(x_n+1)]\bmod m,\quad n>0 \tag{6.15}$$

种子 x_0 须满足条件

$$x_0 \bmod 4=2 \tag{6.16}$$

6.4.3 随机变量的产生

1. 非标准均匀分布

标准均匀分布的取值范围为[0,1]区间,而非标准均匀分布则由下式给出:

$$F(x)=\begin{cases}0, & (x<a)\\ (x-a)/(b-a), & (a\leqslant x\leqslant b)\\ 1, & (x>b)\end{cases} \tag{6.17}$$

因为非标准均匀分布可以看成是标准均匀分布在尺度上的变化,而并未改变均匀分布的性质,故在区间 $[a,b]$ 上均匀分布的随机变量可由下式确定:

$$x = a + (b - a)r \tag{6.18}$$

其中，r 是标准均匀分布产生的随机数。

2. 指数分布

服从指数分布的随机变量可以很方便地通过反变换方法生成。

参数为 a 的指数分布的密度函数为

$$p(x) = a\mathrm{e}^{-ax}, \quad x > 0 \tag{6.19}$$

而累积分布函数则为

$$F(x) = 1 - \mathrm{e}^{-ax}, \quad x > 0 \tag{6.20}$$

从而 $F(x)$ 的反函数为

$$F^{-1}(a) = -\frac{1}{a}\ln(1 - r) \tag{6.21}$$

显然，如果 r 是 $[0,1]$ 区间上的均匀分布，则 $1 - r$ 在 $[0,1]$ 区间上也是均匀分布的。因此用于产生服从指数分布随机变量的随机数 r 可以用 $1 - r$ 代替，即随机变量

$$x = -\frac{1}{a}\ln r \tag{6.22}$$

为所求的服从指数分布的随机变量。

利用这种方法产生服从指数分布的随机变量非常简单，但也有一个缺点，就是每产生一个随机变量都必须做一次对数运算。

3. 正态分布

首先讨论标准正态分布随机变量的产生。标准正态分布的密度函数为

$$p(x) = \frac{1}{\sqrt{2\pi}}\mathrm{e}^{-\frac{x^2}{2}} \tag{6.23}$$

但是，标准正态分布不存在封闭形式的分布函数，因此无法应用反变换法，需要考虑采用其他的方法。早期采用的产生标准正态分布随机变量的方法是函数变换法，即将分布密度函数转换为极坐标下的形式，就可以得到分布函数的封闭形式。

设 x，y 是两个独立的服从标准正态分布的随机变量，它们的联合分布密度函数为

$$p(x,y) = \frac{1}{2\pi}\mathrm{e}^{-\left(\frac{x^2+y^2}{2}\right)} \tag{6.24}$$

进行坐标变换，即

$$\left.\begin{aligned} x &= r\cos\theta \\ y &= r\sin\theta \end{aligned}\right\} \tag{6.25}$$

从而有

$$p(r,\theta) = p(r\cos\theta, r\sin\theta) \cdot |\boldsymbol{J}| \tag{6.26}$$

而

$$|\boldsymbol{J}| = \begin{vmatrix} \dfrac{\partial x}{\partial r} & \dfrac{\partial x}{\partial \theta} \\ \dfrac{\partial y}{\partial r} & \dfrac{\partial y}{\partial \theta} \end{vmatrix} = \begin{vmatrix} \cos\theta & -r\sin\theta \\ \sin\theta & r\cos\theta \end{vmatrix} = r \tag{6.27}$$

从而得到

$$p(r,\theta)=\frac{1}{2\pi}re^{-\frac{r^2}{2}} \tag{6.28}$$

将联合分布密度函数写成如下形式：

$$p(r,\theta)=p(r)p(\theta) \tag{6.29}$$

其中

$$\left.\begin{aligned}p(r)&=re^{-\frac{r^2}{2}}\\ p(\theta)&=\frac{1}{2\pi}\end{aligned}\right\} \tag{6.30}$$

由此可以得出它们相应的分布函数为

$$\left.\begin{aligned}F(r)&=1-e^{-\frac{r^2}{2}}\\ F(\theta)&=\frac{\theta}{2\pi}\end{aligned}\right\} \tag{6.31}$$

得到的是随机变量 r 和 θ 的封闭形式的分布函数，因而可以采用反变换法。独立地产生两个[0,1]区间上均匀分布的随机数 u_1 和 u_2，分别对 $F(r)$ 和 $F(\theta)$ 进行反变换，得到随机变量 r 和 θ 取值为

$$\left.\begin{aligned}\theta&=2\pi u_1\\ r&=\sqrt{-2\ln(1-u_2)}\end{aligned}\right\} \tag{6.32}$$

由于 $1-u_2$ 也是[0,1]区间上的均匀分布，故可令

$$r=\sqrt{-2\ln u_2} \tag{6.33}$$

利用 x,y 与 r,θ 之间的变换关系，得到随机变量 x,y 为

$$\left.\begin{aligned}x&=(-2\ln u_2)^{1/2}\cos 2\pi u_1\\ y&=(-2\ln u_2)^{1/2}\sin 2\pi u_1\end{aligned}\right\} \tag{6.34}$$

它们服从标准正态分布。

利用函数变换法求标准正态分布下的随机变量，方法直观，但由于要进行三角函数和对数函数运算，因而影响计算速度。后来，出现了基于拒绝法的效率较高的方法，这种方法的一般步骤为：

1）独立产生两个[0,1]区间上均匀分布的随机数 u_1 和 u_2；

2）令

$$V_1=2u_1-1,\quad V_2=2u_2-1,\quad W=V_1^2+V_2^2 \tag{6.35}$$

3）若 $W>1$，则拒绝 u_1 和 u_2，返回第1）步；

4）若 $W\leqslant 1$，则令

$$\left.\begin{aligned}x&=V_1\left[(-2\ln W)/W\right]^{1/2}\\ y&=V_2\left[(-2\ln W)/W\right]^{1/2}\end{aligned}\right\} \tag{6.36}$$

即为所求的一对随机变量，其拒绝概率为 $1-\frac{1}{\pi}$。若要产生单个的标准正态分布的随机变量，则可以直接应用上节中介绍的拒绝法。

标准正态分布的随机变量还可以利用近似法求得。由概率论中的中心极限定理可知，n 个均值为 μ_x 和方差为 σ_x^2 的独立且同一分布的随机变量 $x_1,x_2,\cdots,x_n$ 的和服从具有均值为

$n\mu_x$ 和方差为 $n\sigma_x^2$ 的近似正态分布，取 n 个[0,1]区间上均匀分布的随机变量 $r_1, r_2, \cdots, r_n$，其均值为1/2，而方差为1/12，从而得随机变量：

$$\zeta = \frac{\sum_{i=1}^{n} r_i - \frac{n}{2}}{(n/12)^{1/2}} \tag{6.37}$$

服从均值为0、方差为1的近似标准正态分布。n 值越大，近似程度越好。为了计算上的方便，在不影响逼近度的前提下，一般取 $n=12$，从而避免求二次方根和除法运算，由此得到

$$\zeta = \sum_{i=1}^{n} r_i - 6 \tag{6.38}$$

由此可以近似产生均值为0、方差为1的正态分布随机变量。

以上讨论的都是产生标准正态分布下的随机变量。如果要求产生均值为 μ、方差为 σ^2 的正态分布下的随机变量 x，可先用前面的方法产生标准正态分布下的随机变量 z，然后进行线性变换：

$$x = \mu + \sigma z \tag{6.39}$$

即得到随机变量。

6.5 用蒙特卡罗法计算导弹命中概率

某反坦克导弹武器系统（以下简称导弹）战术技术指标要求：当射程大于100 m和小于400 m时，命中概率大于80%；而当射程大于400 m时命中概率为90%。

在导弹的设计阶段，要在选定的总体方案和参数条件下，计算导弹的命中概率，考核其能否满足技术战术指标要求。或者对几种不同方案（或几组参数）计算命中概率，然后加以比较，选出最佳方案或最佳参数。在各部件的方案确定后，开始各部件的具体设计之前，总体部门还要给出各部件的误差限制，即误差分配，以保证战术技术指标得以实现。

在导弹定型前，要根据各种目标特性和外界环境条件，计算导弹的实际命中概率，作为使用部门的勤务指南。

要知道导弹命中概率，必须知道导弹飞行弹道的散布和命中精度。可以采用计算机模拟打靶（即蒙特卡罗法或统计试验法），计算出导弹的命中概率，然后用少量的导弹进行飞行试验加以验证。现在介绍通过计算机模拟打靶计算导弹命中概率的步骤。

6.5.1 确定各种随机干扰因素及其分布律

导弹在飞行中，受到各种干扰因素的作用，使导弹的弹道参数偏离预定的弹道，从而产生偏差。这些干扰一般都是随机的，如发动机推力偏心、风、初始扰动、弹体质量分布不对称、制造和安装工艺误差、导引系统和控制系统各元部件参数误差等。在模拟打靶试验之前应对各种干扰因素（误差）进行细致、深入的分析研究，进行试验及测试，取得一批数据。

根据测试数据或经验确定干扰分布律及数字特征。一般来说，干扰及误差量服从正态分布，误差的相位服从均匀分布。

本例中引入的干扰和误差包括参数误差和水平横风总共19个（见表6-2）。表中列出了各个干扰的最大误差范围及分布规律。

表 6-2　干扰的最大误差范围及分布规律

序　号	干扰(误差)名称	最大误差范围	分布规律
1	炮口速度 v_0	± 5 m/s	正态分布
2	初始射角 ψ_{10}, ψ_{20}	$\pm 3°$	正态分布
3	炮口转速 ω_{x0}	± 0.16 r/s	正态分布
4	初始扰动 $\varphi_{10}, \varphi_{20}$	± 0.5 rad/s	正态分布
5	弹体质量偏心 R_S	0.00 036 m	正态分布，相位均匀分布
6	弹体质心位置 X_{T0}	± 0.001 m	正态分布
7	控制力臂 N_{p0}	± 0.001 m	正态分布
8	质量偏差 m_0	± 0.98 kg	正态分布
9	测量仪时间常数 T_E	± 0.005 s	正态分布
10	续航发动机推力 p_C	± 4.9 N	正态分布
11	增速发动机推力 p_D	± 24.5 N	正态分布
12	起控时间 t_0	± 0.008 s	正态分布
13	发动机点火时间 t_H	± 0.008 s	正态分布
14	增速发动机工作时间 t_D	± 0.05 s	正态分布
15	水平风速 W	± 10 m/s	正态分布
16	发动机推力偏心角 β_W	± 0.024 rad/s	正态分布
17	转速大小视场时间 t_{10}	± 0.008 s	正态分布
18	舵机时间常数 T_{D1}	± 0.003 s	正态分布
19	舵机系统补偿 T_{T0}	± 0.003 s	正态分布

6.5.2　构造各随机干扰变量的数学概率模型

由概率论中知，正态分布随机变量 $X \sim N(\mu, \sigma^2)$ 与标准正态分布随机变量 X' 之间的关系式为

$$X = \mu + \sigma X' \tag{6.40}$$

式中，μ，σ 分别为随机变量 X 的均值和均方差。

当干扰或误差服从正态分布时，根据公式(6.40)，其数学表达式可写为

$$A_j^{(i)} = M(A_j) + a_j^{(i)} \Delta A_{j\max} \tag{6.41}$$

式中，j 为干扰或误差分量序号；i 为抽样的次序；$M(A_j)$ 为 A_j 的数学期望；$\Delta A_{j\max}$ 为 A_j 分布区间的一半(3σ)；$a_j^{(i)}$ 为正态分布的随机数，近似服从 $N(0, \frac{1}{3})$ 分布。

当干扰或误差服从均匀分布时，可得数学表达式为

$$A_j^{(i)} = A_{j0} + a_j^{(i)} \Delta A_{j\max} \tag{6.42}$$

式中，A_{j0} 为 A_j 分布区间的下界；$\Delta A_{j\max}$ 为区间长度；$a_j^{(i)}$ 为在(0,1) 区间服从均匀分布的随机数。

6.5.3 建立导弹系统数学模型

建立一个比较精确的某反坦克导弹系统的数学模型，该数学模型是描述某导弹在空间作六自由度运动的一组非线性微分方程组，方程组由以下各类型方程组成：

(1) 导弹质心运动的动力学方程(3 个)；

(2) 导弹绕质心转动的动力学方程(3 个)；

(3) 导弹质心运动的运动学方程(3 个)；

(4) 导弹绕质心转动的运动学方程(3 个)；

(5) 导弹质量方程；几何关系方程；

(6) 控制系统方程；

(7) 考虑风影响的附加关系方程；

(8) 目标运动方程；

(9) 目标与导弹相对运动方程。

方程组中包含了表 6-2 中的随机扰动因素，都以随机量形式出现在方程中。

6.5.4 计算机模拟打靶

1. 目标靶及其运动

目标靶设想为地面运动的坦克，尺寸为 1.8 m×2.7 m。不考虑坦克在铅垂方向的运动。关于目标的机动(运动速度大小及方向) 是由敌方所采用的战术及战地可能情况所决定的。一般情况下，不能用一个确定的值或函数来表示，而是一个随机函数，但在本例中作了简化。因为例中导弹采用三点法导引，即要求射手始终瞄准目标，认为目标的机动就是瞄准线的机动。只要导弹位于瞄准线上或始终靠近瞄准线，就认为导弹命中目标。这样对不同的目标运动速度就可以用对不同的瞄准线运动速度来代替。

例中去瞄准线的运动角速度 $v_w=0.01$ rad/s，相当于当目标在 $X=1\ 000$ m 时，横向运动速度为 $v=10$ m/s，而当目标在 $X=3\ 000$ m 时，横向运动速度为 $v=30$ m/s。

2. 随机干扰变量抽样

例中随机的 19 个干扰近似认为都是随机变量型的，实际上有的干扰是随机函数型的，也就是随时间而变化的随机过程。这样，在每一次试验中对某一种扰动而言，虽然其值是随机的，但是在试验过程中是不变的。

每次试验时，首先要对 19 个随机干扰量进行抽样，产生 19 个服从所需分布的随机抽样值。

3. 计算机解算弹道

输入运动方程组原始数据(气动参数、发动机参数、结构参数、控制系统参数、大气参数……)，其中包含了随机干扰的抽样值；输入所有的初始参数，其中包含初始参数误差抽样值。

进行计算机解算飞行弹道，得到了这一次试验的弹道参数，从而可求得相对目标的偏差。

重复进行 2,3 步骤，一直到选定试验次数 n，$n=300$ 次。

4. 目标靶位设置及命中概率计算

由于射程不同时导弹的命中概率是不一样的，因此在导弹的全射程(70 ～ 3 000 m) 内每隔 50 m 设置一靶位，共分布 19 个靶位，靶位设置如下：

瞄准线直接瞄准靶的中心，距地面为 1 m，在模拟飞行试验中，若导弹穿过靶，即命中；若从靶上方或侧方飞过，则认为脱靶，但以后飞行仍有效。若导弹碰地(纵向偏差距离 $y<$ 1 m)，则认为该发导弹寿命就此结束，以后再中靶也无效。

进行了 n 次抽样及弹道计算，则 n 发导弹“飞行试验”的结果在某个靶上(例如第 i 个靶) 中弹数为 k_i，命中概率近似认为

$$PP_i=\frac{k_i}{n} \tag{6.43}$$

鉴于导弹起控后需要有个过渡过程，才能稳定到瞄准线附近飞行，在这一段理想弹道与瞄准线的偏差较大，因此依靠控制很难命中目标，故在射程 $X<200$ m 范围内，用改变初始射角方法射击目标，作为无控火箭使用。命中概率计算结果见表 6-3。

表 6-3　命中概率计算结果

射程 x/m	70 ～ 200	200 ～ 400	400 ～ 3000
命中概率 PP	100%(平均)	96.13%(平均)	96%(平均)

6.5.5　试验结果精度分析

试验结果的精度主要取决于以下 4 个因素：

· 干扰因素描述的准确性；

· 系统数学模型的准确性；

· 抽样误差的大小；

· 抽样次数 n 的取值。

干扰因素描述的准确性要靠大量试验，以及对试验结果的精确统计。系统数学模型准确性要靠对系统物理本质的确切了解和准确的数学概括。抽样误差主要与抽样方法和抽样容量有关。

本例中抽样次数 $n=300$，相当于计算机上导弹打靶 300 发。在 19 个设靶点上记下了试验数据，处理出弹着点的数学期望估计值、均方差估计值以及对目标靶命中概率的估计值。

1. 弹着点的数学期望估计值及置信区间

(1) 数学期望估计值。统计处理 300 组弹着点坐标，弹着点对靶心的偏差 y_i，z_i 数学期望估计值为

$$m_y^*=\frac{1}{300}\sum_{i=0}^{300}y_i \tag{6.44}$$

$$m_z^*=\frac{1}{300}\sum_{i=0}^{300}z_i \tag{6.45}$$

(2) 置信区间。用 300 次试验结果的算术平均值代替数学期望，即用估计值代替真值会产生一定的误差。误差不超过 ε 的概率为

$$PP(|m^{*}-m^{0}|<\varepsilon)=1-\alpha \tag{6.46}$$

式中，m^{*} 为试验结果的均值；m^{0} 为试验结果的数学期望。$m^{*}\pm\varepsilon$ 为置信线，$(m^{*}-\varepsilon, m^{*}+\varepsilon)$ 为置信区间，$1-\alpha$ 为置信概率。期望估计值 m^{*} 也是个随机变量，当试验条件一定时，m^{*} 与抽样次数 n 有关，因此 m^{*} 也围绕其理论值形成散布，即期望值以 $1-\alpha$ 概率落在 $m^{*}\pm\varepsilon$ 中。

引入统计量

$$t_y=\frac{m_y^{*}-m_y^{0}}{\sigma_y^{*}/\sqrt{n}}\sim T(n-1) \tag{6.47}$$

式中，σ_y^{*} 为弹着点偏差 y 的均方差估计值，即

$$\sigma_y^{*}=\sqrt{\frac{\sum\limits_{i=1}^{n}(y_i-m_y^{*})}{n-1}} \tag{6.48}$$

已知 t_y 服从 T 分布，给定 α，可以找到相应的 t_α，满足

$$PP(|t_y|<t_{\alpha/2}(n-1))=1-\alpha \tag{6.49}$$

则可得到估计误差为

$$\varepsilon_{my}=t_{\alpha/2}(n-1)\sigma_y^{*}/\sqrt{n} \tag{6.50}$$

同上，可求出：

$$\varepsilon_{mz}=t_{\alpha/2}(n-1)\sigma_z^{*}/\sqrt{n} \tag{6.51}$$

当 $n=300$ 时，给定 $\alpha=0.1$，得 $t_{\alpha/2}(n-1)=1.645$。弹着点数学期望估计值 m_y^{*}，m_z^{*} 及置信区间误差 ε_{my}，ε_{mz} 计算结果见表 6-4。

表 6-4　试验结果精度分析

x/m	y_0/m	m_y^{*}	ε_{my}	σ_y^{*}	$\varepsilon_{\sigma y}$	z_0/m	m_z^{*}	ε_{mz}	σ_z^{*}	$\varepsilon_{\sigma z}$
70	1.46	1.46	0.018	0.197	0.014 2	−0.61	−0.60	0.015 7	0.159	0.015 5
100	1.12	1.12	0.022	0.232	0.016 8	−1.12	−1.08	0.030 0	0.319	0.023 1
150	0.86	0.88	0.028	0.299	0.021 6	−0.53	−0.53	0.057 5	0.609	0.044 1
200	0.43	0.55	0.028	0.301	0.021 7	0.67	0.072	0.041 8	0.442	0.032
250	0.08	0.14	0.027	0.289	0.020 9	0.90	0.363	0.037 9	0.403	0.029 2
300	0.39	0.16	0.043	0.454	0.032 9	0.54	0.212	0.034 0	0.356	0.025 8
350	0.26	−0.03	0.037	0.392	0.028 4	0.285	0.165	0.034 0	0.361	0.026 1
400	0.25	−0.03	0.038	0.403	0.029 2	0.543	0.171	0.036 6	0.394	0.028 5
450	0.35	−0.03	0.037	0.392	0.028 4	0.257	0.134	0.030 0	0.32	0.023 2
500	0.20	−0.11	0.034	0.365	0.026 4	0.506	0.221	0.027 4	0.29	0.021
600	0.41	0.04	0.038	0.403	0.029 2	0.483	0.537	0.022 2	0.239	0.017 3
700	0.51	0.23	0.028	0.301	0.021 8	−0.163	0.176	0.030 0	0.311	0.022 5
800	0.27	0.17	0.021	0.227	0.016 4	−0.241	−0.34	0.019 6	0.211	0.015 3
900	0.46	0.27	0.001	0.128	0.009 2	−0.149	−0.21	0.008 5	0.089	0.064 4
1 000	0.48	0.45	0.003	0.035	0.002 5	−0.098	−0.13	0.003 9	0.417	0.003
1 500	0.39	0.39	0.001	0.016	0.001 1	0.05	0.049	0.004 0	0.043	0.003 1
2 000	0.29	0.29	0.002	0.019	0.001 4	0.243	0.247	0.002 4	0.024	0.001 8
2 500	0.09	0.09	0.004	0.047	0.003 4	0.437	0.441	0.001 7	0.017	0.001 2
3 000	−0.14	−0.13	0.004	0.048	0.003 5	0.552	0.55	0.002 4	0.025	0.001 8

表中，x 为靶位距离；y_0 为理想弹道偏离靶心高低坐标；z_0 为理想弹道偏离靶心左右坐标。

2. 弹着点的均方差估计值及置信区间

(1) 均方差估计值。弹着点方差的估计值为

$$\sigma_y^* = S_y = \sqrt{\frac{\sum_{i=1}^{300}(y_i - m_y^*)^2}{300-1}} \tag{6.52}$$

$$\sigma_y^* = S_z = \sqrt{\frac{\sum_{i=1}^{300}(y_i - m_y^*)^2}{300-1}} \tag{6.53}$$

(2) 置信区间。引入统计量

$$K = \frac{(n-1)S^2}{\sigma^2} \sim \chi^2(n-1) \tag{6.54}$$

则由式

$$P\left(\chi^2_{1-\frac{\alpha}{2}} < \frac{(n-1)S^2}{\sigma^2} < \chi^2_{\frac{\alpha}{2}}\right) = 1-\alpha \tag{6.55}$$

得 σ^2 的置信区间为(见图 6-3)

$$\left(\frac{(n-1)S^2}{\chi^2_{\frac{\alpha}{2}}(n-1)}, \frac{(n-1)S^2}{\chi^2_{1-\frac{\alpha}{2}}(n-1)}\right) \tag{6.56}$$

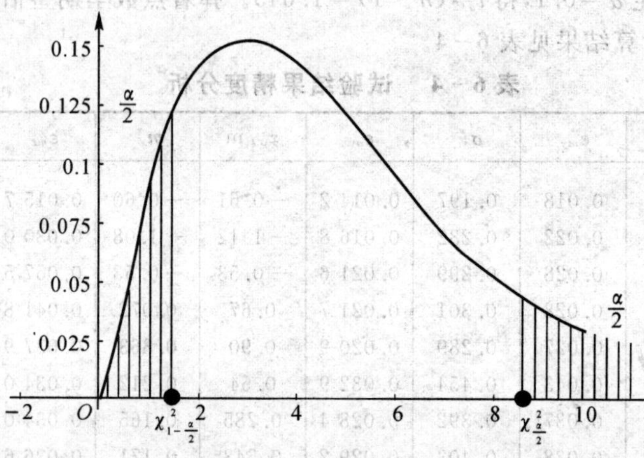

图 6-3　置信区间示意图

因而 σ 的置信区间为

$$(\sigma-\varepsilon_\sigma, \sigma+\varepsilon_\sigma) = \left(\frac{S}{\chi_{\alpha/2}(n-1)}\sqrt{(n-1)}, \frac{(n-1)S}{\chi_{1-\frac{\alpha}{2}}(n-1)}\sqrt{(n-1)}\right) \tag{6.57}$$

对于本例中，当 $n=300$，$1-\alpha=90\%$ 时，$\varepsilon_\sigma = 0.072\,4S$。则

$$\varepsilon_{\sigma_y} = 0.072\,4S_y \tag{6.58}$$

$$\varepsilon_{\sigma_z} = 0.072\,4S_z \tag{6.59}$$

弹着点均方差估计值 σ_y^*，σ_z^* 及置信区间 $\varepsilon_{\sigma y}$，$\varepsilon_{\sigma z}$ 计算结果见表 6-4。

3. 命中概率估计值及置信区间

(1) 命中概率估计值。大量试验中事件 A 出现的概率与一次试验中 A 出现的概率一致。

因此命中概率近似地由式

$$PP^{*}=\frac{k}{n} \tag{6.60}$$

确定。式中，PP^{*} 是样本估计的命中概率；k 为命中数；n 为试验次数。各靶命中概率的估计值见表6－5。

(2) 置信区间。不难发现，导弹是否命中目标只有两个状态，即命中或不命中。设 X_1，X_2，…，X_n 为一试验样本，则 X_i 服从 0－1 分布，且它们相互独立。设 PP^{*} 为样本估计概率，PP^{0} 为事件发生总体概率，根据中心极限定理，有

$$U=\frac{PP^{*}-PP^{0}}{\sqrt{\dfrac{PP^{0}(1-PP^{0})}{n}}}\sim N(0,1) \tag{6.61}$$

当样本量足够大时，可用 PP^{*} 近似代替命中概率的真值 PP^{0}，即

$$U=\frac{PP^{*}-PP^{0}}{\sqrt{\dfrac{PP^{*}(1-PP^{*})}{n}}}\sim N(0,1) \tag{6.62}$$

用 PP^{*} 近似代替命中概率的真值 PP^{0} 会带来一定的误差，因为 PP^{0} 无法知道，所以有时只好用 PP^{*} 代替。是要找出 PP^{0} 的置信区间(PP_1，PP_2)，使得 PP^{0} 以概率 $1-\alpha$ 落入其中。当给定置信度 α 时，存在 λ_α 使得下式成立：

$$P\{\left|\frac{\sqrt{n}(PP^{*}-PP^{0})}{\sqrt{PP^{*}(1-PP^{*})}}\right|<\lambda_\alpha\}=1-\alpha \tag{6.63}$$

即

$$P\{PP^{*}-\lambda_\alpha\sqrt{PP^{*}(1-PP^{*})/n}<PP^{0}<PP^{*}+\lambda_\alpha\sqrt{PP^{*}(1-PP^{*})/n}\}=1-\alpha \tag{6.64}$$

若总体 X 的分布未知，但样本容量很大，由中心极限定理，可近似地视

$$\overline{X}\sim N\left(\mu,\frac{\sigma^2}{n}\right) \tag{6.65}$$

因此总概率 $1-\alpha$ 的置信区间(PP_1，PP_2) 为

$$\left(PP^{*}-\lambda_\alpha\sqrt{\frac{PP^{*}(1-PP^{*})}{n}},\ PP^{*}+\lambda_\alpha\sqrt{\frac{PP^{*}(1-PP^{*})}{n}}\right) \tag{6.66}$$

PP_1 及 PP_2 计算结果见表 6－5。

表 6－5 命中概率估计值及置信区间

靶距 x/m	命中数 k	未命中数 $n-k$	碰地数 k_n	置信区间上限 PP_1	置信区间下限 PP_2	命中概率 PP^{*}
70	300	0	0			1
100	300	0	0			1
150	300	0	0			1
200	266	34	0	0.839	0.916	0.887
250	298	2	0	0.972	0.999	0.993
300	292	8	3	0.94	0.986	0.973
350	293	7	7	0.945	0.989	0.977

续表

靶距 x/m	命中数 k	未命中数 $n-k$	碰地数 k_n	置信区间上限 PP_1	置信区间下限 PP_2	命中概率 PP^*
400	293	7	7	0.945	0.989	0.977
450	291	9	8	0.934	0.984	0.97
500	291	9	8	0.934	0.984	0.97
600	2888	12	9	0.92	0.975	0.96
700	288	12	12	0.92	0.975	0.96
800	288	12	12	0.92	0.975	0.96
900	288	12	12	0.92	0.975	0.96
1 000	288	12	12	0.92	0.975	0.96
1 500	288	12	12	0.92	0.975	0.96
2 000	288	12	12	0.92	0.975	0.96
2 500	288	12	12	0.92	0.975	0.96
3 000	288	12	12	0.92	0.975	0.96

第 7 章　试验设计方法

试验设计(Design of Experiment) 源于农业试验，是数理统计学的一个分支，是科学试验和统计分析方法相互交叉形成的一门学科。试验设计是 20 世纪 20 年代，由英国生物统计学家费舍尔(Ronald Aylmer Fisher，1890—1962) 所创立的。他在《研究工作中的统计方法》一书中提出了“试验设计”的概念和方差分析方法，并将其应用于农业和生物学试验，取得了巨大的成功，大大推动了生物统计学的发展。因此，费舍尔被称为试验设计的奠基人。他在 1935 年出版了《试验设计》(*The Design of Experiment*) 一书，标志着“试验设计”的诞生。现今，试验设计已经得到了广泛的发展与完善，统计学家和各领域的科研工作者一起发现了很多非常有效的试验设计方法，试验设计也在众多的科研领域发挥着巨大的作用。

良好的试验设计可以合理地安排试验，最大限度地排除各种非试验因素的干扰，提高科学试验的效率和精确度，减少试验次数，缩短试验周期，提高效益(当因素水平较多时效果更为显著)。良好的试验设计还有助于：

(1) 能在众多影响因素中分清主次，找出影响指标的主要因素。

(2) 分析研究因素之间交互作用影响的大小。

(3) 可分析出试验误差影响的大小，提高试验的精度。

(4) 能尽快找出较优的设计参数或工艺条件，并通过对试验结果的分析、比较，找出达到最优方案进一步试验的方向。

(5) 能对最优方案的指标值进行预测。

7.1　均匀试验设计方法

均匀试验设计是我国数学家方开泰教授将数论的原理和多元统计结合创立的一种安排多因素多水平的试验设计，这种设计是利用均匀设计表安排试验的，可减少试验次数，而让试验点在试验范围内均匀分散，具有更好的代表性。

7.1.1　概述

1. 均匀试验的特点

对应多因素多水平试验，后面介绍的正交设计具有“均匀分散、整齐可比”的特点，均匀分散性使试验点均衡地分布在试验范围内，具有充分的代表性，即使在正交表各列都排满的情况下，也能得到满意的结果；整齐可比性使试验结果的分析十分方便，易于估计各因素的效应和部分交互作用，从而掌握各指标的影响大小和变化规律。然而，正交试验为了达到“整齐可比”，试验次数往往比较多，例如一个 9 水平试验，正交试验至少要 9^2 次，试验次数这么多，一般是很难实现的，为此不考虑“整齐可比”，让试验点在试验范围内充分地均匀分散，具有更好的代表性，这种从均匀性出发的试验设计称为均匀设计。均匀设计具有下述优点。

(1) 试验次数少。均匀设计让试验点在其试验范围内尽可能地“均匀分散”，试验次数降为与水平数相等。如 6 水平时，只需要 6 次试验就可以了。

(2) 因素的水平数可多设，可适当调整，可避免高低水平相遇，防止试验中发生意外或反应速度太慢。尤其适合在反应剧烈的情况下考查工艺条件。

(3) 均匀设计试验分析求得的回归方程，便于分析各因素对试验结果的影响，可以定量地预知优化条件及优化结果的区间估计。

2. 均匀设计的应用范围

凡多因素，水平数 $\geqslant 5$，特别是水平需从量变关系进行考查分析的试验设计，都可采用均匀设计，例如中药多指标的量变关系对病症的影响、中药方剂中多味中药的量变关系对整个处方疗效的影响、中药药剂学中各剂型的制备条件对制剂总体疗效的影响、理化反应最近条件组合等研究，由于每个因素的每一水平只做一次试验，故要求被试因素与非处理因素均易于严格控制，试验条件不易严格控制或考查因素不易数量化的不易用均匀设计，病人个体差异较大，治疗过程中非处理因素的干扰也较难控制，所以，均匀设计不易用于临床疗效研究。大动物个体差异较大，也不易用均匀设计进行试验，而小动物遗传特性及个体条件较易做到高度可比性，故小动物进行多因素多水平试验可用均匀设计。

7.1.2 均匀设计表及其使用表

均匀设计表及与其相应的使用表是均匀设计的工具(见附录一)。

1. 均匀设计表

均匀设计表简称 U 表，它是按“均匀分散”的特性构造的表格，水平数相同的均匀设计表记为 $U_n(n^m)$，其中 U 表示均匀设计表的代写符号；n 是因素水平数，亦表示行数，即试验次数；m 为均匀表的列数，表示最多可安排的因素数，例如 $U_5(5^4)$，其中符号和数字的意义如下：此设计表有 4 列，最多可以安排 4 个因素，试验次数为 5 次，每个因素有 5 个水平。

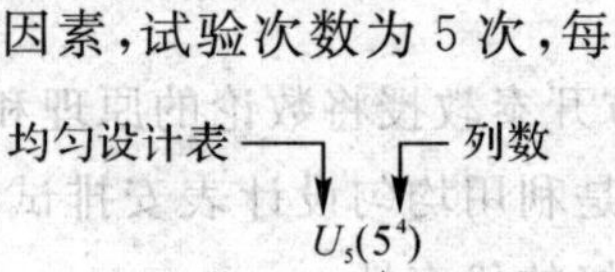

均匀设计表有以下特点：

(1) 表中任一列的 n 个数无重复，每个因素每一水平只做一次试验。

(2) 任意两个因素的不同水平组合恰好只有一个试验点。

(3) 均匀设计表中任意两列制剂不一定是平等的，也就是说试验点分散的均匀性是不同的，只有按相应使用表的规定，才能使试验点充分均匀分散。

2. 使用表

给出水平数相同的均匀设计表时，会同时给出相应的使用表，均匀设计表的使用表是指导均匀设计表各因素如何选列，每个使用表最后一行的因素数即其均匀设计表最多可安排的因素个数。由于试验目的与条件等原因，有时对其中某个或某些因素如主药因素、有毒因素、昂贵因素等，需要多分几个水平，较次要因素则少分几个水平，这时可使用混合水平设计表 $U_n(s^m \times t^l)$（n 是行数，即试验次数。s，t 是水平数，m，l 是列数，即有 m 列可安排 s 个水平数的因素，有 l 列可安排 t 个水平数的因素），如 $U_6(6\times3)$ 是两因素混合水平表，$U_8(8\times4\times2)$ 是三因素混合水平表，混合水平的均匀设计表与水平数相同的均匀设计表不同的是混合水平的均匀设计表无需配以使用表，可直接使用。

7.1.3 均匀设计的步骤

进行均匀设计试验可归纳为下述步骤：

(1) 精选考查因素，只将既对试验结果影响很大又未明确适宜数量化的水平的因素作为考查因素。

(2) 根据文献调查研究和预试验结果，结合实际需要和可能（如溶液量读取的可读性，温度范围的可控制性，固体物料称量仪器的灵敏度等），确定各因素的水平数范围。

(3) 根据要考查的因素个数确定均匀表的大小（试验次数），根据均匀表的大小确定各因素应取的水平数。

(4) 对号入座，将各因素的相应水平填入均匀设计表内，组成试验方案表，按照试验方案安排的条件进行试验。为了较好地了解试验误差，提高结论的可靠性，在条件允许时，每个试验方案宜重复 3～5 次，取平均值。

(5) 将试验结果进行多元回归分析，求得回归方程式。

(6) 结合试验经验及专业知识分析回归方程，寻找优化条件，计算出预测的优化结果及区间估计。

(7) 按照优化条件安排试验进行验证，其优化后的结果应在预测范围内，且较做过试验为好。

上述各步骤中，最为关键的是怎样根据所研究的因素与水平数选择适宜的均匀设计表，怎样对试验结果进行数据处理两个步骤。下面重点介绍均匀设计表的选择和试验数据的分析。

7.1.4 均匀设计表的选择及试验方案的安排

1. 均匀设计表的选择

在均匀设计表 $U_n(n^m)$ 中，行数 n 为水平数，列数 m 表示最多可安排的因素数，且当 n 为素数时，$n=m+1$。均匀设计表只是按均匀性作为试验点的基础，不能直接使用，必须依据因素个数查其相应的使用表选出因素列，这是因为均匀设计是数论和多元分析相结合的产物，即要考虑到均匀试验的数据分析要按多元统计的要求，依最小二乘法原理进行回归分析。据此要求，数学上可以证明，若均匀设计表有 m 列，则至少去掉 $m-(m/2+1)$ 列，剩下 $m/2+1$ 列已满足要求，故均匀设计表最多只能安排 $m/2+1$ 个因素，所以使用表中的因素少于均匀设计表中的列数。

由此可见，选取均匀设计表时首先根据试验的因素数决定使用哪一个均匀设计表，例如当因素数为 6 时，由 $m/2+1=6$ 得 $m=10$，$n=m+1=11$，可以看出选择 $U_{11}(11^{10})$ 可使试验次数最少。其次再查相应的使用表，此例即 $U_{11}(11^{10})$ 的使用表，确定其中的第 1，2，3，5，7，10 六列组成 $U_{11}(11^{6})$ 表，即可安排试验。有些教材直接给出了 $U_{11}(11^{6})$ 表，这比较方便，但有些情况往往查不到合适的表。例如当因素为 5 时，$m/2+1=5$ 得 $m=8$，$n=m+1=9$，因无 $U_9(9^8)$ 表，只有 $U_9(9^6)$ 表，故仍选择 $U_{11}(11^{10})$，再查相应的使用表，选择 1，2，3，5，7 列组成 $U_{11}(11^5)$ 表安排均匀试验。

另外，根据各因素的考查范围，确定的水平数若太少，可通过拟水平处理（即将水平数少者循环一次或几次达到要求的水平数）。还可以适当地调整因素的水平数，避免因素的高档次水平（或低档次水平）相遇。

为了考查因素不疏漏最佳试验条件，可以多做些试验点，如 3 因素试验，可用 $U_5(5^4)$，也可用 $U_7(7^6)$，甚至可用 $U_{11}(11^{10})$。一般来说，试验点划分得愈细，均匀性愈好。

以上是当水平数为奇数时的均匀设计，如果水平数为偶数，则无现成的均匀设计表可查，可将高一水平的奇数表去掉最后一行构成偶数表，如 $U_{11}(11^{10})$ 去掉最后一行即成 $U_{10}(10^{10})$ 表，使用表仍为 $U_{11}(11^{10})$。

2. 试验方案的安排

依据上述方法选择好均匀设计表及其使用表后，就可以安排试验方案，只要将各因素的各水平分别对号入座，就构成试验方案。例如上面介绍 6 因素的均匀设计表为 $U_{11}(11^{10})$，由其相应的使用表确定其中的六列组成 $U_{11}(11^6)$ 表，这样只要列好安排因素，对应的每一列里安排其水平数便可取得试验方案。

7.1.5 均匀设计试验的数据分析

由于均匀设计每个因素水平较多，而试验次数又较少，分析试验结果时不能采用一般的方差分析法。因为试验数据统计过程复杂，通常需用电子计算机处理，当因素间无交互作用时，用多元线性回归分析；当因素间有交互作用时，若考查一级交互作用，用二次回归分析（增加一级交互作用作为考查因素）；若考查二级交互作用，用三次回归分析（不仅增加一级交互作用作为考查因素，而且增加二级交互作用作为考查因素）。利用其多因素多水平的特点，用多元回归分析（多用逐步回归方法）建立试验结果与多因素之间的回归方程，结合实践经验及专业知识，分析各因素对试验结果的影响，定量地预测优化条件及优化结果的区间估计。当无电子计算机时，可以从试验点中挑一个指标最优的，相应的试验条件即为欲选的工艺条件。这种方法是建立在试验均匀的基础上的，由于试验散布均匀，其中最优工艺条件离试验范围内的最优工艺条件不会太远。这个分析看起来粗糙，但在正交试验中有混杂时常用，证明是有效的。另外用直观分析 —— 对各试验号的结果直接进行比较分析，也可大体判断适宜的组合条件。

例 7-1 对中药止咳膏的基质配比及工艺条件进行优选，根据文献调查及预试结果，确定四个考查因素及基本范围分别为：x_1 增稠剂，0 ～ 25%；x_2 填充剂，0 ～ 5%；x_3 防腐剂，0 ～

0.1%；x_4，反应时间 9 ～ 24 h。水平数 ≥ 6，见表 7-1。

表 7-1 试验因素及其水平

水平（试验号）	因素			
	增稠剂 /(%)	填充剂 /(%)	防腐剂 /(%)	反应时间 /h
	x_1	x_2	x_3	x_4
1	2.5	0	1.0	9
2	2.0	1	0.8	12
3	1.5	2	0.6	15
4	1.0	3	0.4	18
5	0.5	4	0.2	21
6	0	5	0	24

解 (1) 确定考查因素和水平，选择合适的均匀分布表。

由于因素为 4，$m/2+1=4$，$m=6$，$n=7$，选取均匀分布表为 $U_7(7^4)$，而本书均匀设计表中只给出了 $U_7(7^6)$ 表，因此此例选取 $U_7(7^6)$ 表，从相应的使用表中查得当因素为 4 时列号是 1，2，3，6。故选择表中列号为 1，2，3，6 即可。由于各因素只有 6 个水平，所以 $U_7(7^6)$ 表的最后一列可以不要。故实际的表格只有 6 行 4 列构成 $U_6(6^4)$ 表。

(2) 安排试验。根据选好的表格，将各因素的相应水平填入表中，列出试验方案，见表 7-2。

表 7-2 试验方案

水平（试验号）	因素				
	增稠剂 /(%)	填充剂 /(%)	防腐剂 /(%)	反应时间 /h	总评值
	x_1	x_2	x_3	x_4	y
1	1(2.5)	2(1)	3(0.6)	6(24)	9.0
2	2(2.0)	4(3)	6(0)	5(21)	7.9
3	3(1.5)	6(5)	2(0.8)	4(18)	8.8
4	4(1.0)	1(0)	5(0.2)	3(15)	7.0
5	5(0.5)	3(2)	1(1.0)	2(12)	8.1
6	6(0)	5(4)	4(0.4)	1(9)	8.0

注：括号外为水平编号，括号内为水平值。

(3) 试验操作。测定结果见表 7-2 中总评值 y 一列。

(4) 结果分析。

1) 多元回归分析：利用计算机对表 7-2 进行线性回归分析，因系数矩阵行列式为 0，不能建立线性回归方程。考虑到反应时间(x_4)对总评值的贡献小，再对余下的三因素(x_1，x_2，x_3)进行多元线性回归，得三元回归方程

$$\hat{y}=7.107\,1+0.414\,3x_1+0.892\,9x_2+0.071\,43x_3$$

对该回归方程进行方差分析(见表 7-3)，可见该三元回归方程不可信($P>0.05$)，表明线

性回归模型不符合本例情况。考虑到可能存在因素间的交互作用，考查 x_1, x_2 两因素的交互作用，记为 x_1x_2，进行二次回归分析，得回归方程为

$$\hat{y}=7.6442+0.7792(x_1x_2)+0.06571x_3$$

该二次回归方程的方差分析结果见表 7-3，可见此方程可信($P<0.05$)。

表 7-3　回归分析检验

方　法	方差来源	二次方和	自由度	方差	F
多元线性回归	$SS_{回}$	1.125 0	3	0.375 0	3.00
	$SS_{剩}$	0.250 0	2	0.125 0	
二次回归	$SS_{回}$	1.322 3	2	0.661 2	27.65
	$SS_{剩}$	0.052 7	3	0.017 5	

注：$F_{0.05(3,2)}=20.2$；$F_{0.05(2,3)}=9.55$；$F_{0.01(2,3)}=30.8$。

2）用优化算法求最佳试验条件：上述数据处理结果揭示了 y 与 $x_1, x_2, \cdots, x_n$ 的数量依存关系，但并未求得回归方程的最佳条件，为此必须用优化算法求最佳试验条件。优化算法需要的数学知识较深，有单纯法、黄金分割法、网络法等，有相应的软件可用。本例用数论网络法进行优化计算，结果显示当 x_1, x_2, x_3 取试验范围内的最大值时为“最优”。因 x_4 对 y 无明显作用，从实际出发，宜取最小值，故有 $x_1=2.5\%$，$x_2=5\%$，$x_3=1\%$，$x_4=9$ h 是该试验范围的实际“最优”点。此时 y 的理论预测估计值 $\hat{y}=9.92$，$\mu_{\hat{y}_0}$ 的 95% 可信区间为 $\hat{y}_0 \pm 2\sigma=9.92\pm0.026$。

(5) 进行验证试验。按最佳条件进行试验，得出总评值 $y=9.93$，这个数值在理论预测值的 95% 可信区间之内，故可认为求得的最佳试验条件是可信的。

如回归方程难以建立，亦可以采用灰色控制论中的关联度分析法对试验结果影响的次序大小进行分析，详见灰色控制论专著。

混合水平均匀设计的步骤与分析方法亦相似于等水平均匀设计。

7.1.6　均匀设计的主要事项

(1) 均匀设计的试验次数较少，故切实保证试验条件的可比性是非常重要的。

(2) 务必准确选择考查因素，恰当地确定各因素的考查范围，在正式试验之前，需要进行适量的文献调查研究和预测试验，尽量使优化条件中各因素的水平恰好落在考查范围的中间。若考查范围较大，又需采用更多的水平数时，可选用更大的均匀设计表安排 n 个水平。若考查范围较小，不易分成 n 个水平的方式，可将水平数小者重复一次或几次达到 n 个水平。划分因素水平既要考虑到实际需要，又要保证在实践中试验的误差比较小，保证通过均匀设计试验找到最佳组合的确是最优的，并通过验证予以证实。

7.2　正交试验设计方法

7.2.1　试验设计方法概述

试验设计是数理统计学的一个重要的分支。多数数理统计方法主要用于分析已经得到的

数据，而试验设计却是用于决定数据收集的方法。试验设计方法主要讨论如何合理地安排试验以及试验所得的数据如何分析等。

例 7-2　某化工厂想提高某化工产品的质量和产量，对工艺中 3 个主要因素各按 3 个水平进行试验（见表 7-4）。试验的目的是为提高合格产品的产量，寻求最适宜的操作条件。

对此实例该如何进行试验方案的设计呢？

表　7-4

水　平	因素	温度 /℃	压力 /Pa	加碱量 /kg
	符号	T	p	m
1		T_1(80)	p_1(5.0)	m_1(2.0)
2		T_2(100)	p_2(6.0)	m_2(2.5)
3		T_3(120)	p_3(7.0)	m_3(3.0)

很容易想到的是全面搭配法方案，如图 7-1 所示。

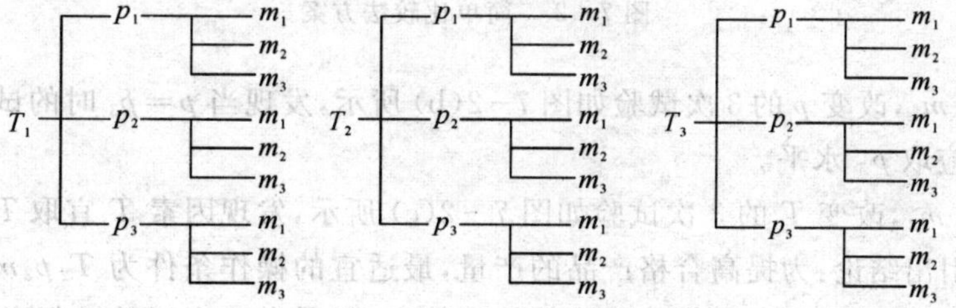

图 7-1　全面搭配法方案

此方案数据点分布的均匀性极好，因素和水平的搭配十分全面，唯一的缺点是试验次数多达 $3^3=27$ 次（指数 3 代表 3 个因素，底数 3 代表每因素有 3 个水平）。因素、水平数愈多，则试验次数就愈多，例如，做一个 6 因素 3 水平的试验，就需 $3^6=729$ 次试验，显然难以做到。因此需要寻找一种合适的试验设计方法。

试验设计方法常用的术语定义：

试验指标：指作为试验研究过程的因变量，常为试验结果特征的量（如得率、纯度等）。例 7-2 的试验指标为合格产品的产量。

因素：指作为试验研究过程的自变量，常常是造成试验指标按某种规律发生变化的那些原因。如例 7-2 的温度、压力、碱的用量。

水平：指试验中因素所处的具体状态或情况，又称为等级。如例 7-2 的温度有 3 个水平。温度用 T 表示，下标 1，2，3 表示因素的不同水平，分别记为 T_1，T_2，T_3。

常用的试验设计方法有正交试验设计法、均匀试验设计法、单纯形优化法、双水平单纯形优化法、回归正交设计法、序贯试验设计法等。可供选择的试验方法很多，各种试验设计方法都有其一定的特点。所面对的任务与要解决的问题不同，选择的试验设计方法也应有所不同。本节讨论正交试验设计方法。

7.2.2　正交试验设计方法的优点和特点

用正交表安排多因素试验的方法，称为正交试验设计法。其特点为：① 完成试验要求所需的试验次数少。② 数据点的分布很均匀。③ 可用相应的极差分析方法、方差分析方法、回归分析方法等对试验结果进行分析，引出许多有价值的结论。

从例 7-2 可看出，采用全面搭配法方案，需做 27 次试验。那么采用简单比较法方案又如何呢？

先固定 T_1 和 p_1，只改变 m，观察因素 m 不同水平的影响，做了如图 7-2(a) 所示的 3 次试验，发现 $m=m_2$ 时的试验效果最好（好的用□表示），合格产品的产量最高，因此认为在后面的试验中因素 m 应取 m_2 水平。

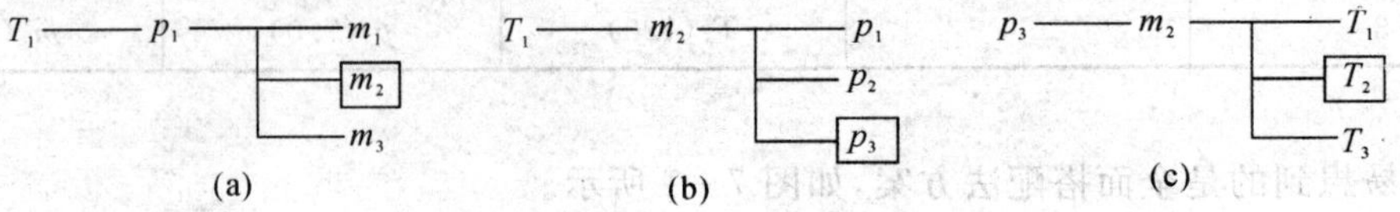

图 7-2　简单比较法方案

固定 T_1 和 m_2，改变 p 的 3 次试验如图 7-2(b) 所示，发现当 $p=p_3$ 时的试验效果最好，因此认为因素 p 应取 p_3 水平。

固定 p_3 和 m_2，改变 T 的 3 次试验如图 7-2(c) 所示，发现因素 T 宜取 T_2 水平。

因此可以引出结论：为提高合格产品的产量，最适宜的操作条件为 $T_2p_3m_2$。与全面搭配法方案相比，简单比较法方案的优点是试验的次数少，只需做 9 次试验。但必须指出，简单比较法方案的试验结果是不可靠的。因为，① 在改变 m 值（或 p 值，或 T 值）的 3 次试验中，说 m_2（或 p_3 或 T_2）水平最好是有条件的。当在 $T\neq T_1$，$p\neq p_1$ 时，m_2 水平不是最好的可能性是有的。② 在改变 m 的 3 次试验中，固定 $T=T_2$，$p=p_3$ 应该说也是可以的，是随意的，故在此方案中数据点的分布的均匀性是毫无保障的。③ 当用这种方法比较条件好坏时，只是对单个的试验数据进行数值上的简单比较，不能排除必然存在的试验数据误差的干扰。

运用正交试验设计方法，不仅兼有上述两个方案的优点，而且试验次数少，数据点分布均匀，结论的可靠性较好。

正交试验设计方法是用正交表来安排试验的。对于例 7-2 适用的正交表是 $L_9(3^4)$，其试验安排见表 7-5。

所有的正交表与 $L_9(3^4)$ 正交表一样，都具有以下两个特点。

(1) 在每一列中，各个不同的数字出现的次数相同。在表 $L_9(3^4)$ 中，每一列有 3 个水平，水平 1,2,3 各出现 3 次。

(2) 表中任意两列并列在一起形成若干个数字对，不同数字对出现的次数也都相同。在表 $L_9(3^4)$ 中，任意两列并列在一起形成的数字对共有 9 个：(1,1)，(1,2)，(1,3)，(2,1)，(2,2)，(2,3)，(3,1)，(3,2)，(3,3)，每一个数字对各出现一次。

表 7-5

试验号	列号	1	2	3	4
	因素	温度 /℃	压力 /Pa	加碱量 /kg	
	符号	T	p	m	
1		$1(T_1)$	$1(p_1)$	$1(m_1)$	1
2		$1(T_1)$	$2(p_2)$	$2(m_2)$	2
3		$1(T_1)$	$3(p_3)$	$3(m_3)$	3
4		$2(T_2)$	$1(p_1)$	$2(m_2)$	3
5		$2(T_2)$	$2(p_2)$	$3(m_3)$	1
6		$2(T_2)$	$3(p_3)$	$1(m_1)$	2
7		$3(T_3)$	$1(p_1)$	$3(m_3)$	2
8		$3(T_3)$	$2(p_2)$	$1(m_1)$	3
9		$3(T_3)$	$3(p_3)$	$2(m_2)$	1

这两个特点称为正交性。正是由于正交表具有上述特点，就保证了用正交表安排的试验方案中因素水平是均衡搭配的，数据点的分布是均匀的。因素、水平数愈多，运用正交试验设计方法，愈发能显示出它的优越性，如上述提到的 6 因素 3 水平试验，用全面搭配方案需 729 次，若用正交表 $L_{27}(3^{13})$ 来安排，则只需做 27 次试验。

在化工生产中，因素之间常有交互作用。当上述的因素 T 的数值和水平发生变化时，试验指标随因素 p 变化的规律也发生变化，或反过来，当因素 p 的数值和水平发生变化时，试验指标随因素 T 变化的规律也发生变化。这种情况称为因素 T,p 间有交互作用，记为 $T\times p$ 。

7.2.3 正交表

使用正交设计方法进行试验方案的设计，就必须用到正交表。正交表请查阅附录二或有关参考书。

1. 各列水平数均相同的正交表

各列水平数均相同的正交表，也称单一水平正交表。这类正交表名称的写法举例如下：

$L_9(3^4)$

- 正交表的列数
- 每一列的水平数
- 试验的次数

各列水平均为 2 的常用正交表有：$L_4(2^3)$，$L_8(2^7)$，$L_{12}(2^{11})$，$L_{16}(2^{15})$，$L_{20}(2^{19})$，$L_{32}(2^{31})$。

各列水平数均为 3 的常用正交表有：$L_9(3^4)$，$L_{27}(3^{13})$。

各列水平数均为 4 的常用正交表有：$L_{16}(4^5)$

各列水平数均为 5 的常用正交表有：$L_{25}(5^6)$

2. 混合水平正交表

各列水平数不相同的正交表，叫混合水平正交表，下面就是一个混合水平正交表名称的写法：

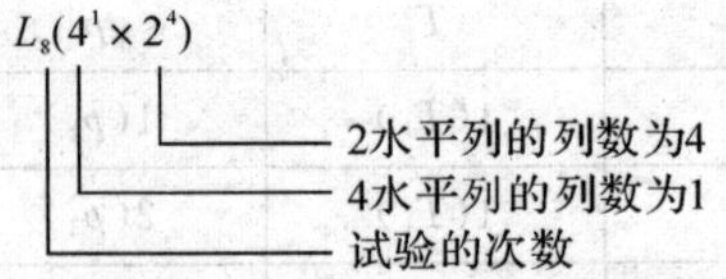

$L_8(4^1\times 2^4)$ 常简写为 $L_8(4\times 2^4)$。此混合水平正交表含有1个4水平列，4个2水平列，共有 $1+4=5$ 列。

3. 选择正交表的基本原则

一般都是先确定试验的因素、水平和交互作用，后选择适用的 L 表。当在确定因素的水平数时，主要因素宜多安排几个水平，次要因素可少安排几个水平。

(1) 先看水平数。若各因素全是2水平，就选用 $L(2^*)$ 表；若各因素全是3水平，就选 $L(3^*)$ 表。若各因素的水平数不相同，就选择适用的混合水平表。

(2) 每一个交互作用在正交表中应占一列或二列。要看所选的正交表是否足够大，能否容纳得下所考虑的因素和交互作用。为了对试验结果进行方差分析或回归分析，还必须至少留一个空白列，作为“误差”列，在极差分析中要作为“其他因素”列处理。

(3) 要看试验精度的要求。若精度要求高，则宜取试验次数多的 L 表。

(4) 若试验费用很昂贵，或试验的经费很有限，或人力和时间都比较紧张，则不宜选试验次数太多的 L 表。

(5) 按原来考虑的因素、水平和交互作用去选择正交表，若无正好适用的正交表可选，简便且可行的办法是适当修改原定的水平数。

(6) 对某因素或某交互作用的影响是否确实存在没有把握的情况下，选择 L 表时常为该选大表还是选小表而犹豫。若条件许可，应尽量选用大表，让影响存在的可能性较大的因素和交互作用各占适当的列。某因素或某交互作用的影响是否真的存在，留到方差分析进行显著性检验时再做结论。这样既可以减少试验的工作量，又不至于漏掉重要的信息。

4. 正交表的表头设计

所谓表头设计，就是确定试验所考虑的因素和交互作用，在正交表中该放在哪一列的问题。

(1) 当有交互作用时，表头设计则必须严格地按规定办事。因篇幅限制，此处不讨论，请读者查阅有关书籍。

(2) 若试验不考虑交互作用，则表头设计可以是任意的。如在例7-2中，对 $L_9(3^4)$ 表头设计，表7-6所列的各种方案都是可用的。但是正交表的构造是组合数学问题，必须满足正交表的特点。对试验之初不考虑交互作用而选用较大的正交表，当空列较多时，最好仍与有交互作用时一样，按规定进行表头设计。只不过将有交互作用的列先视为空列，待试验结束后再加以判定。

表 7-6 表头设计

方案 \ 列号	1	2	3	4
1	T	p	m	空
2	空	T	p	m
3	m	空	T	p
4	p	m	空	T

7.2.4 正交试验的操作方法

(1) 分区组。对于一批试验，如果要使用几台不同的机器，或要使用几种原料来进行，为了防止机器或原料的不同而带来误差，从而干扰试验的分析，可在开始做试验之前，用 L 表中未排因素和交互作用的一个空白列来安排机器或原料。

与此类似，若试验指标的检验需要几个人（或几台机器）来做，为了消除不同人（或仪器）检验的水平不同给试验分析带来干扰，也可采用在 L 表中用一空白列来安排的办法。这种作法叫做分区组法。

(2) 因素水平表排列顺序的随机化。当每个因素的水平序号从小到大时，因素的数值总是按由小到大或由大到小的顺序排列的。当按正交表做试验时，所有的 1 水平要碰在一起，而这种极端的情况有时是不希望出现的，有时也没有实际意义。因此当在排列因素水平表时，最好不要简单地按因素数值由小到大或由大到小的顺序排列。从理论上讲，最好能使用一种叫做随机化的方法。所谓随机化就是采用抽签或查随机数值表的办法，来决定排列的顺序。

(3) 试验进行的次序没必要完全按照正交表上试验号码的顺序。为减少试验中由于先后试验操作熟练程度的不匀带来的误差干扰，理论上推荐用抽签的办法来决定试验的次序。

(4) 在确定每一个试验的试验条件时，只需考虑所确定的几个因素和分区组该如何取值，而不要（其实也无法）考虑交互作用列和误差列怎么办的问题。交互作用列和误差列的取值问题由试验本身的客观规律来确定，它们对指标影响的大小在方差分析时给出。

(5) 做试验时，要力求严格控制试验条件。这个问题在因素各水平下的数值差别不大时更为重要。例如，例 7-2 中的因素（加碱量）m 的 3 个水平：$m_1=2.0$，$m_2=2.5$，$m_3=3.0$，在以 $m=m_2=2.5$ 为条件的某一个实验中，就必须严格认真地让 $m_2=2.5$。若因为粗心和不负责任，造成 $m_2=2.2$ 或 $m_2=3.0$，那就将使整个试验失去正交试验设计方法的特点，使极差和方差分析方法的应用丧失了必要的前提条件，因而得不到正确的试验结果。

7.2.5 正交试验结果分析方法

正交试验方法之所以能得到科技工作者的重视并在实践中得到广泛的应用，其原因不仅在于能使试验的次数减少，而且能够用相应的方法对试验结果进行分析并引出许多有价值的结论。因此，用正交试验法进行试验，如果不对试验结果进行认真的分析，并引出应该引出的结论，那就会失去正交试验法的意义和价值。

1. 极差分析方法

现在以表 $L_4(2^3)$ 为例讨论正交试验结果的极差分析方法。极差指的是各列中各水平对应的试验指标平均值的最大值与最小值之差。从表 7-7 的计算结果可知，用极差法分析正交试验结果可引出下述结论。

(1) 在试验范围内，各列对试验指标的影响从大到小排队。某列的极差最大，表示当该列的数值在试验范围内变化时，使试验指标数值的变化最大。因此各列对试验指标的影响从大到小排队，就是各列极差 D 的数值从大到小排队。

(2) 试验指标随各因素的变化趋势。为了能更直观地看到变化趋势，常将计算结果绘制成图。

(3) 使试验指标最好的适宜的操作条件(适宜的因素水平搭配)。

(4) 可对所得结论和进一步的研究方向进行讨论。

表 7-7　正交表的极差分析方法

列　号		1	2	3	试验指标 y_i
试验号 n	1	1	1	1	y_1
	2	1	2	2	y_2
	3	2	1	2	y_3
	4	2	2	1	y_4
I_j		$I_1=y_1+y_2$	$I_2=y_1+y_3$	$I_3=y_1+y_4$	
II_j		$II_1=y_3+y_4$	$II_2=y_2+y_4$	$II_3=y_2+y_3$	
k_j		$k_1=2$	$k_2=2$	$k_3=2$	
I_j/k_j		I_1/k_1	I_2/k_2	I_3/k_3	
II_j/k_j		II_1/k_1	II_2/k_2	II_3/k_3	
极差(D_j)		$\max\{\ \}-\min\{\ \}$	$\max\{\ \}-\min\{\ \}$	$\max\{\ \}-\min\{\ \}$	

注：I_j—— 第 j 列“1”水平所对应的试验指标的数值之和；

II_j—— 第 j 列“2”水平所对应的试验指标的数值之和；

k_j—— 第 j 列同一水平出现的次数，等于试验的次数(n)除以第 j 列的水平数。

I_j/k_j—— 第 j 列“1”水平所对应的试验指标的平均值；

II_j/k_j—— 第 j 列“1”水平所对应的试验指标的平均值；

D_j—— 第 j 列的极差。等于第 j 列各水平对应的试验指标平均值中的最大值减最小值，即

$$D_j=\max\{I_j/k_j, II_j/k_j,\cdots\}-\min\{I_j/k_j, II_j/k_j,\cdots\}$$

2. 方差分析方法

(1) 有误差列的计算公式。试验指标的加和值 $T=\sum_{i=1}^{n}y_i$，n 为试验次数，试验指标的平均值 $\bar{y}=\frac{1}{n}\sum_{i=1}^{n}y_i$，以第 j 列为例：

1) I_j——“1”水平所对应的试验指标的数值之和；

2) II_j——“2”水平所对应的试验指标的数值之和；

3)……

4)k_j—— 同一水平出现的次数，等于试验的次数除以第 j 列的水平数；

5) $Ⅰ_j/k_j$——“1”水平所对应的试验指标的平均值；

6) $Ⅱ_j/k_j$——“1”水平所对应的试验指标的平均值；

7)……

以上 7 项的计算方法同极差法(见表 7－7)。

8) 单列的偏差二次方和为

$$S_j = k_j\left(\frac{Ⅰ_j}{k_j} - \bar{y}\right)^2 + k_j\left(\frac{Ⅱ_j}{k_j} - \bar{y}\right)^2 + k_j\left(\frac{Ⅲ_j}{k_j} - \bar{y}\right)^2 + \cdots \tag{7.1}$$

9)f_j—— 第 j 列的自由度，设第 j 列的水平数为 L_j，则

$$f_j = L_j - 1 \tag{7.2}$$

10)V_j—— 第 j 列的方差为

$$V_j = S_j / f_j \tag{7.3}$$

11)V_e —— 误差列的方差，其计算方法与 V_j 类似，e 为正交表的误差列，即

$$V_e = S_e / f_e \tag{7.4}$$

12)F_j —— 方差之比为

$$F_j = V_j / V_e \tag{7.5}$$

13) 查 F 分布数值表(F 分布数值表请查阅有关参考书) 做显著性检验。

14) 总的偏差二次方和为

$$S_{TT} = \sum_{i=1}^{n} (y_i - \bar{y})^2 \tag{7.6}$$

15) 总的偏差二次方和等于各列的偏差二次方和之和，即

$$S_{TT} = \sum_{j=1}^{m} S_j \tag{7.7}$$

式中，m 为正交表的列数。

若误差列由 5 个单列组成，则误差列的偏差二次方和 S_e 等于 5 个单列的偏差二次方和之和，即

$$S_e = S_{e1} + S_{e2} + S_{e3} + S_{e4} + S_{e5} \tag{7.8}$$

误差列的二次方和也可用总偏差二次方和来计算，即

$$S_e = S_{TT} - S_{CT} \tag{7.9}$$

其中，S_{CT} 为安排有因素或交互作用的各列的偏差二次方和之和。

(2) 没有误差列的计算公式。总的二次方和为

$$SS_T = \sum_{j=1}^{m} SS_j + SS_e \tag{7.10}$$

总的自由度为

$$df_T = \sum_{j=1}^{m} df_j + df_e \tag{7.11}$$

其中，m 为试验因素及交互作用列数；SS_j 为第 j 列安排有因素或交互作用列的二次方和；SS_e

为第 j 列误差偏差二次方和；df_T 为总自由度；df_j 为第 j 列安排有因素或交互作用列的自由度；df_e 为误差自由度。

矫正数为

$$C=T^2/n \tag{7.12}$$

总二次方和可由式：

$$SS_T=\sum_{i=0}^{n}y^2-C \tag{7.13}$$

计算得到，因素二次方和为

$$SS_j=\sum_{i=1}^{L_j}T_{ji}^2/L_j-C \tag{7.14}$$

式中，L_j 为第 j 列因素的水平数；T_{ji} 为第 j 列的 i 水平所对应的试验指标的数值之和。

由式(7.10) 可得误差的二次方和为

$$SS_e=SS_T-\sum_{j=1}^{m}SS_j \tag{7.15}$$

二次方和的总自由度为 $df_T=n-1$，第 j 列因素的自由度为 $df_j=L_j-1$，则误差自由度为

$$df_e=df_T-\sum_{j=1}^{m}df_j \tag{7.16}$$

现已求得误差二次方和及其自由度，则对第 j 列因素的显著性分析，构建 F 检验统计量：

$$F_j=\frac{SS_j/df_j}{SS_e/df_e} \tag{7.17}$$

若给定的置信度为 α，F 检验的分位数为 F_α，若 $F_j>F_\alpha$，则 j 因素显著，否则不显著。

(3) 可引出的结论。与极差法相比，方差分析方法可以多引出一个结论：各列对试验指标的影响是否显著，在什么水平上显著。在数理统计上，这是一个很重要的问题。显著性检验强调试验在分析每列对指标影响中所起的作用。如果某列对指标影响不显著，那么，讨论试验指标随它的变化趋势是毫无意义的。因为当某列对指标的影响不显著时，即使从表中的数据可以看出该列水平变化，对应的试验指标的数值也在以某种“规律”发生变化，但那很可能是由于试验误差所致的，将它作为客观规律是不可靠的。有了各列的显著性检验之后，最后应将影响不显著的交互作用列与原来的“误差列”合并起来，组成新的“误差列”，重新检验各列的显著性。

(4) 正交试验方法的应用举例。

例 7-3 为提高真空吸滤装置的生产能力，请用正交试验方法确定恒压过滤的最佳操作条件。影响试验的主要因素和水平见表 7-8。表中 Δp 为过滤压强差；T 为浆液温度；w 为浆液质量百分数；M 为过滤介质(材质属多孔陶瓷)。

解 (1) 试验指标的确定：恒压过滤常数为 $K(m^2/s)$。

(2) 选正交表：根据表 7-8 的因素和水平，可选用 $L_8(4\times 2^4)$ 表。

(3) 制订试验方案：按选定的正交表，应完成 8 次试验。试验方案见表 7-9。

(4) 试验结果：将所计算出的恒压过滤常数 $K(m^2/s)$ 列于表 7-9。

表 7-8　过滤实验因素和水平

因素		压强差 Δp/kPa	温度 T/℃	质量分数 w	过滤介质 M
水平	1	2.94	(室温)18	稀(约 5%)	G_2^*
	2	3.92	(室温＋15)33	浓(约 10%)	G_3^*
	3	4.90			
	4	5.88			

G_2,G_3 为过滤漏斗的型号。过滤介质孔径:G_2 为 30 ～ 50 μm,G_3 为 16 ～ 30 μm。

表 7-9　正交试验的试验方案和试验结果

列　号	$j=1$	2	3	4	5	6
因　素	Δp	T	w	M	e	指标 $K/(m^2 \cdot s^{-1})$
试验号	水　平					
1	1	1	1	1	1	4.01×10^{-4}
2	1	2	2	2	2	2.93×10^{-4}
3	2	1	1	2	2	5.21×10^{-4}
4	2	2	2	1	1	5.55×10^{-4}
5	3	1	2	1	2	4.83×10^{-4}
6	3	2	1	2	1	1.02×10^{-3}
7	4	1	2	2	1	5.11×10^{-4}
8	4	2	1	1	2	1.10×10^{-3}

(5) 指标 K 的极差分析和方差分析。

分析结果见表 7-10。以第 2 列为例说明计算过程。

第 2 列"1"水平的试验结果和为

$$\mathrm{I}_2=4.01\times10^{-4}+5.21\times10^{-4}+4.83\times10^{-4}+5.11\times10^{-4}=1.92\times10^{-3}$$

第 2 列"2"水平的试验结果和为

$$\mathrm{II}_2=2.93\times10^{-4}+5.55\times10^{-4}+1.02\times10^{-3}+1.10\times10^{-3}=2.97\times10^{-3}$$

第 2 列的水平数为

$$k_2=4,\qquad \mathrm{I}_2/k_2=1.92\times10^{-3}/4=4.79\times10^{-4}$$

第 2 列"1"水平的试验结果均值为

$$\mathrm{II}_2/k_2=2.97\times10^{-3}/4=7.42\times10^{-4}$$

两水平的极差为

$$D_2=7.42\times10^{-4}-4.79\times10^{-4}=2.63\times10^{-4}$$

指标 K 的均值为

$$\sum K=4.88\times10^{-3}$$

$$\overline{K}=6.11\times10^{-4}$$

指标 K 的偏差二次方和为

$$S_2=k_2(\mathrm{I}_2/k_2-\overline{K})^2+k_2(\mathrm{II}_2/k_2-\overline{K})^2=$$

$$4(4.79\times10^{-4}-6.11\times10^{-4})^2+4(7.42\times10^{-4}-6.11\times10^{-4})^2=1.38\times10^{-7}$$

第 2 列的偏差二次方和自由度为

$$f_2=\text{第二列的水平数}-1=2-1=1$$

第 2 列的方差为

$$V_2 = S_2/f_2 = 1.38\times10^{-7}/1 = 1.38\times10^{-7}$$

误差列的偏差二次方和为

$$S_e = S_5 = k_5(\text{I}_5/k_5 - \overline{K})^2 + k_5(\text{II}_5/k_5 - \overline{K})^2 =$$

$$4(6.22\times10^{-4} - 6.11\times10^{-4})^2 + 4(5.99\times10^{-4} - 6.11\times10^{-4})^2 = 1.06\times10^{-9}$$

误差列的偏差二次方和自由度为

$$f_e = f_5 = 1$$

误差列的方差为

$$V_e = S_e/f_e = 1.06\times10^{-9}/1 = 1.06\times10^{-9}$$

F 检验统计量为

$$F_2 = V_2/V_e = 1.38\times10^{-7}/1.06\times10^{-9} = 130.2$$

查《F 分布数值表》可知

$$F(a=0.01, f_1=1, f_2=1) = 4\ 052 > F_2$$

$$F(a=0.05, f_1=1, f_2=1) = 161.4 > F_2$$

$$F(a=0.10, f_1=1, f_2=1) = 39.9 < F_2$$

$$F(a=0.25, f_1=1, f_2=1) = 5.83 < F_2$$

其中，f_1 为分子的自由度；f_2 为分母的自由度。

因此第二列对试验指标的影响在 $\alpha=0.10$ 水平上显著。

其他列的计算结果见表 7-10。

表 7-10　K 的极差分析和方差分析

列　号	$j=1$	2	3	4	5	6
因　素	Δp	T	w	M	e	$K/(\text{m}^2\cdot\text{s}^{-1})$
项　目						
I_j	6.94×10^{-4}	1.92×10^{-3}	3.04×10^{-3}	2.54×10^{-3}	2.49×10^{-3}	
II_j	1.08×10^{-3}	2.97×10^{-3}	1.84×10^{-3}	2.35×10^{-3}	2.40×10^{-3}	
III_j	1.50×10^{-3}					$\sum K=$
IV_j	1.61×10^{-3}					
k_j	2	4	4	4	4	4.88×10^{-3}
I_j/k_j	3.47×10^{-4}	4.79×10^{-4}	7.61×10^{-4}	6.35×10^{-4}	6.22×10^{-4}	(m^2/s)
II_j/k_j	5.38×10^{-4}	7.42×10^{-4}	4.61×10^{-4}	5.86×10^{-4}	5.99×10^{-4}	
III_j/k_j	7.52×10^{-4}					
IV_j/k_j	8.06×10^{-3}					
D_j	4.59×10^{-4}	2.63×10^{-4}	3.00×10^{-4}	4.85×10^{-5}	2.30×10^{-5}	$\overline{K}=$
S_j	2.65×10^{-7}	1.38×10^{-7}	1.80×10^{-7}	4.70×10^{-9}	1.06×10^{-9}	
f_j	3	1	1	1		6.11×10^{-4}
V_j	8.84×10^{-8}	1.38×10^{-7}	1.80×10^{-7}	4.70×10^{-9}	1.06×10^{-9}	(m^2/s)
F_j	83.6	130.2	170.1	4.44	1.00	
$F_{0.01}$	5 403	4 052	4 052	4 052		
$F_{0.05}$	215.7	161.4	161.4	161.4		
$F_{0.10}$	53.6	39.9	39.9	39.9		
$F_{0.25}$	8.20	5.83	5.83	5.83		
显著性	2*(0.10)	2*(0.10)	3*(0.05)	0*(0.25)		

注：* 表示显著。

(6) 由极差分析结果引出的结论请读者自己分析。

(7) 由方差分析结果引出的结论。

1) 第1,2列上的因素 Δp,T 在 $\alpha=0.10$ 水平上显著;第3列上的因素 w 在 $\alpha=0.05$ 水平上显著;第4列上的因素 M 在 $\alpha=0.25$ 水平上仍不显著。

2) 各因素、水平对 K 的影响变化趋势如图7-3所示。图7-3是用表7-8的水平、因素和表7-9的 $Ⅰ_j/k_j$,$Ⅱ_j/k_j$,$Ⅲ_j/k_j$,$Ⅳ_j/k$ 值来标绘的。从图中可看出:

A. 过滤压强差增大,K 值增大。

B. 过滤温度升高,K 值增大。

C. 过滤浓度增大,K 值减小。

D. 过滤介质由1水平变为2水平,多孔陶瓷微孔直径减小,K 值减小。因为第4列对 K 值的影响在 $\alpha=0.25$ 水平上不显著,所以此变化趋势是不可信的。

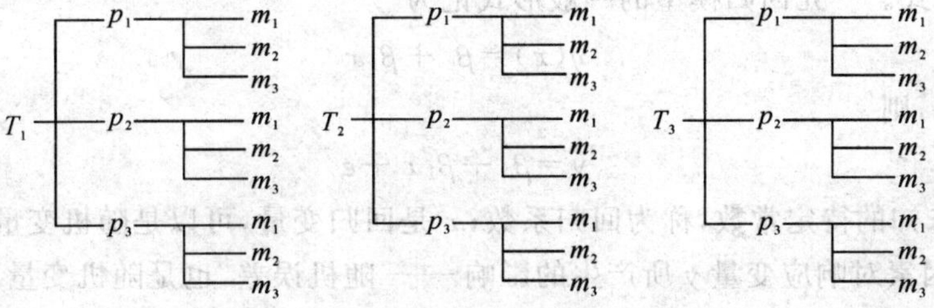

图7-3 指标随因素的变化趋势

3) 适宜操作条件的确定。由恒压过滤最佳操作条件可知,试验指标 K 值愈大愈好。为此,本例的适宜操作条件是各水平下 K 的平均值最大时的条件:

过滤压强差为4水平,5.88 kPa;

过滤温度为2水平,33℃;

过滤浆液浓度为1水平,稀滤液。

过滤介质为1水平或2水平(这是因为第4列对 K 值的影响在 $\alpha=0.25$ 水平上不显著。为此可优先选择价格便宜或容易得到者)。

上述条件恰好是正交表中第8个试验号。

7.3 回归分析方法

回归分析方法是统计分析的重要组成部分,用回归分析方法来研究建模问题是一种常用的有效方法。什么是回归分析呢?大家知道,数学分析(或高等数学)是研究连续变量之间的关系,泛函分析是研究函数集之间的关系。而回归分析是研究随机变量之间的关系,回归分析方法一般与实际联系比较密切,因为随机变量的取值是随机的,大多数是通过试验得到的,这种来自于实际中与随机变量相关的数学模型的准确度(可信度)如何,需通过进一步的统计试验来判断其模型中随机变量(回归变量)的显著性,而且,往往需要经过反复地进行检验和修改模型,直到得到最佳的结果,最后应用于实际中去。

回归分析的主要内容有下述几方面。

(1) 从一组数据出发,确定这些变量(参数)间的定量关系(回归模型);

(2) 对模型的可信度进行统计检验；

(3) 从有关的许多变量中，判断变量的显著性（即哪些是显著的，哪些不是，显著的保留，不显著的忽略）；

(4) 结果的应用是对实际问题作出的判断。

回归分析的第一步，是要建立模型，即函数关系，其自变量称为回归变量，因变量称为应变量。如果模型中只含一个回归变量，称为一元回归模型，否则称为多元回归模型，首先讨论一元情形。

7.3.1 一元线性回归方法

1. 一元线性回归模型

(1) 一般形式。一元回归模型的一般形式记为

$$\eta(x)=\beta_0+\beta_1 x \tag{7.18}$$

并设观测值为 y，则

$$y=\beta_0+\beta_1 x+\varepsilon \tag{7.19}$$

其中，β_0，β_1 是未知的待定常数，称为回归系数；x 是回归变量，可以是随机变量，也可以是一般变量；ε 是随机因素对响应变量 y 所产生的影响 —— 随机误差，也是随机变量。为了便于作估计和假设检验，总是假设 $E(\varepsilon)=0$，$D(\varepsilon)=\sigma^2$，亦即 $\varepsilon\sim N(0,\sigma^2)$，则随机变量

$$y\sim N(\beta_0+\beta_1 x,\sigma^2) \tag{7.20}$$

(2) 模型的分析。假设有一组试验数据 $(x_i,y_i)(i=1,2,\cdots,n)$，并假设 $y_i(i=1,2,\cdots,n)$ 是相互独立的随机变量，则有

$$y_i=\beta_0+\beta_1 x_i+\varepsilon_i \quad (i=1,2,\cdots,n) \tag{7.21}$$

其中，ε_i 是相互独立的，且

$$\varepsilon_i\sim N(0,\sigma^2),\quad y_i\sim N(\beta_0+\beta_1 x_i,\sigma^2) \tag{7.22}$$

若用 $\hat{\beta}_0$，$\hat{\beta}_1$ 分别表示 β_0，β_1 的估计值，则称 $\hat{y}=\hat{\beta}_0+\hat{\beta}_1 x$ 为 y 关于 x 的一元线性回归方程。要研究的问题是：

(1) 如何根据 $(x_i,y_i)(i=1,2,\cdots,n)$ 来求 β_0，β_1 的估计值？

(2) 如何检验回归方程的可信度？

要解决第一个问题，通常采用最小二乘估计，第二个问题采用的是统计检验的方法。

2. 参数最小二乘估计

(1) 最小二乘法。用最小二乘法估计 β_0，β_1 的值，即取 β_0，β_1 的一组估计值 $\hat{\beta}_0$，$\hat{\beta}_1$，使其随机误差 ε_i 的二次方和达到最小，即使 y_i 与 $\hat{y}_i=\hat{\beta}_0+\hat{\beta}_1 x_i$ 的拟合最佳，若记

$$Q(\beta_0,\beta_1)=\sum_{i=1}^{n}(y_i-\beta_0-\beta_1 x_i)^2 \tag{7.23}$$

则

$$Q(\hat{\beta}_0,\hat{\beta}_1)=\min_{\beta_0,\beta_1}Q(\beta_0,\beta_1)=\sum_{i=1}^{n}(y_i-\hat{\beta}_0-\hat{\beta}_1 x_i)^2 \tag{7.24}$$

显然 $Q(\beta_0,\beta_1)\geqslant 0$，且关于 β_0，β_1 可微，则由多元函数存在极值的必要条件得

$$\left.\begin{aligned} \frac{\partial Q}{\partial \beta_0}\bigg|_{(\hat{\beta}_0,\hat{\beta}_1)} &= 0 \\ \frac{\partial Q}{\partial \beta_1}\bigg|_{(\hat{\beta}_0,\hat{\beta}_1)} &= 0 \end{aligned}\right\} \tag{7.25}$$

即

$$\left.\begin{aligned} \sum_{i=1}^{n}(y_i-\hat{\beta}_0-\hat{\beta}_1 x_i) &= 0 \\ \sum_{i=1}^{n}(y_i-\hat{\beta}_0-\hat{\beta}_1 x_i)x_i &= 0 \end{aligned}\right\} \tag{7.26}$$

此方程组称为正规方程组，将求和符号代入，有

$$\left.\begin{aligned} n\hat{\beta}_0+\hat{\beta}_1\sum_{i=1}^{n}x_i &= \sum_{i=1}^{n}y_i \\ \hat{\beta}_0\sum_{i=1}^{n}x_i+\hat{\beta}_1\sum_{i=1}^{n}x_i^2 &= \sum_{i=1}^{n}x_i y_i \end{aligned}\right\} \tag{7.27}$$

求解该方程组可得

$$\hat{\beta}_0=\frac{\left(\sum_{i=1}^{n}x_i^2\right)\left(\sum_{i=1}^{n}y_i\right)-\left(\sum_{i=1}^{n}x_i\right)\left(\sum_{i=1}^{n}x_i y_i\right)}{n\left[\sum_{i=1}^{n}x_i^2-\frac{1}{n}\left(\sum_{i=1}^{n}x_i\right)^2\right]} \tag{7.28}$$

$$\hat{\beta}_1=\frac{\sum_{i=1}^{n}x_i y_i-\frac{1}{n}\left(\sum_{i=1}^{n}x_i\right)\left(\sum_{i=1}^{n}y_i\right)}{\sum_{i=1}^{n}x_i^2-\frac{1}{n}\left(\sum_{i=1}^{n}x_i\right)^2} \tag{7.29}$$

称 $\hat{\beta}_0,\hat{\beta}_1$ 为 β_0,β_1 的最小二乘估计。

$$\left.\begin{aligned} \bar{y} &= \frac{1}{n}\sum_{i=1}^{n}y_i \\ \bar{x} &= \frac{1}{n}\sum_{i=1}^{n}x_i \end{aligned}\right\} \tag{7.30}$$

$$\left.\begin{aligned} l_{xx} &= \sum_{i=1}^{n}(x_i-\bar{x})^2=\sum_{i=1}^{n}x_i^2-\frac{1}{n}\left(\sum_{i=1}^{n}x_i\right)^2 \\ l_{xy} &= \sum_{i=1}^{n}(x_i-\bar{x})(y_i-\bar{y})=\sum_{i=1}^{n}x_i y_i-\frac{1}{n}\left(\sum_{i=1}^{n}x_i\right)\left(\sum_{i=1}^{n}y_i\right) \end{aligned}\right\} \tag{7.31}$$

$\hat{\beta}_0,\hat{\beta}_1$ 的性质有：

a) $\hat{\beta}_0 \sim N\left(\beta_0,\left(\frac{1}{n}+\frac{\bar{x}^2}{l_{xx}}\right)\sigma^2\right)$；

b) $\hat{\beta}_1 \sim N\left(\beta_1,\frac{\sigma^2}{l_{xx}}\right)$；

c) $\mathrm{Cov}(\hat{\beta}_0,\hat{\beta}_1)=-\frac{l_{xx}}{\sigma^2}$。

事实上，有

$$\left.\begin{aligned}&E(\hat{\beta}_0)=\beta_0\\&D(\hat{\beta}_0)=\left(\frac{1}{n}+\frac{\bar{x}^2}{l_{xx}}\right)\sigma^2\\&E(\hat{\beta}_1)=\beta_1\\&D(\hat{\beta}_1)=\frac{\sigma^2}{l_{xx}}\end{aligned}\right\} \tag{7.32}$$

由此可知 $\hat{\beta}_0,\hat{\beta}_1$ 是 β_0,β_1 的无偏估计。从而可以得到对固定的 x，有

$$E(\hat{y})=E(\hat{\beta}_0+\hat{\beta}_1x)=E(\hat{\beta}_0)+E(\hat{\beta}_1)x=\beta_0+\beta_1x=E(y) \tag{7.33}$$

即 $\hat{y}$ 是 y 的无偏估计，且有

$$D(\hat{y})=D(\hat{\beta}_0+\hat{\beta}_1x)=D(\hat{\beta}_0)+D(\hat{\beta}_1)x^2+2\mathrm{Cov}(\hat{\beta}_0,\hat{\beta}_1)x=\left(\frac{1}{n}+\frac{(x-\bar{x})^2}{l_{xx}}\right)\sigma^2 \tag{7.34}$$

故 $\hat{y}\sim N\left(\beta_0+\beta_1x,\left(\frac{1}{n}+\frac{(x-\bar{x})^2}{l_{xx}}\right)\sigma^2\right)$，即 $\hat{y}$ 是 $\eta(x)$ 的无偏估计。

(2) 回归方程的显著性检验。前面是根据回归方程 $y=\beta_0+\beta_1x$ 求出了估计值 $\hat{\beta}_0,\hat{\beta}_1$，从而有 $\hat{y}=\hat{\beta}_0+\hat{\beta}_1x$。现在的问题是：$y$ 与 x 之间是否确实存在这种关系？即回归方程是否一定有意义？这就需要对回归方程作显著性检验。

实际上，只要检验 $\beta_1=0$ 是否为真，这就需要建立一个检验统计量。

先考虑总偏差二次方和 $SS_{\mathrm{T}}=\sum\limits_{i=1}^{n}(y_i-\bar{y})^2$，即表示 $y_1,y_2,\cdots,y_n$ 之间的差异，将其分解为两个部分，即

$$\begin{aligned}SS_{\mathrm{T}}=\sum_{i=1}^{n}(y_i-\bar{y})^2=\sum_{i=1}^{n}(y_i-\hat{y}_i+\hat{y}_i-\bar{y})^2=\\\sum_{i=1}^{n}(y_i-\hat{y}_i)^2+\sum_{i=1}^{n}(\hat{y}_i-\bar{y})^2+2\sum_{i=1}^{n}(y_i-\hat{y}_i)(\hat{y}_i-\bar{y})=SS_{\mathrm{E}}+SS_{\mathrm{R}}\end{aligned} \tag{7.35}$$

事实上，由正规方程组知

$$\begin{aligned}\sum_{i=1}^{n}(y_i-\hat{y}_i)(\hat{y}_i-\bar{y})=\sum_{i=1}^{n}(y_i-\hat{\beta}_0-\hat{\beta}_1x_i)(\hat{\beta}_0+\hat{\beta}_1x_i-\bar{y})=\\\sum_{i=1}^{n}(y_i-\hat{\beta}_0-\hat{\beta}_1x_i)(\hat{\beta}_0-\bar{y})+\hat{\beta}_1\sum_{i=1}^{n}(y_i-\hat{\beta}_0-\hat{\beta}_1x_i)x_i=0\end{aligned} \tag{7.36}$$

即回归二次方和为 $SS_{\mathrm{R}}=\sum\limits_{i=1}^{n}(\hat{y}_i-\bar{y})^2$，残差二次方和为 $SS_{\mathrm{E}}=\sum\limits_{i=1}^{n}(y_i-\hat{y}_i)^2$。

实际上，SS_{R} 是由回归变量 x 的变化引起的误差，它的大小反映了 x 的重要程度，而 SS_{E} 是由随机误差和其他未加控制的因素引起的。因此，主要考虑回归二次方和 SS_{R} 在 SS_{T} 中所占比例，记

$$R=\frac{SS_{\mathrm{R}}}{SS_{\mathrm{T}}} \tag{7.37}$$

R 称为复相关系数。一般而言，$0\leqslant R\leqslant 1$。R 越接近 1，说明由回归方程中 x 自变量引起的 y 的变化所占的比例越大，而误差所占的比例越小，回归方程误差越小。R 多大才认为函数

关系存在？为此引进 F 统计量。

由于每一个二次方和都有一个自由度，以 f 表示。则：

总偏差二次方和的自由度 f_T = 总观测个数 $-1=n-1$；

回归二次方和的自由度 f_R = 回归系数个数 $-1=2-1=1$；

残差二次方和的自由度 $f_E=f_T-f_R=n-2$，于是 SS_E 的均方 $MS_E=\dfrac{SS_E}{n-2}$。

由 $\hat{\beta}_0,\hat{\beta}_1$ 的性质可以证明：当 $\beta_1=0$ 时，$E(SS_R)=\sigma^2$，$E(MS_E)=E\left(\dfrac{SS_E}{n-2}\right)=\sigma^2$，即说明当 $\beta_1=0$ 时 MS_E 是残差的无偏估计。在我们的假设下，回归均方 $MS_R=SS_R$ 与残差均方的比值 $F=\dfrac{MS_R}{MS_E}=\dfrac{SS_R}{SS_E/(n-2)}$ 是 F 统计量，即

$$F\sim F(f_R,f_E)=F(1,n-2) \tag{7.38}$$

在 $\beta_1=0$ 的假设下，给定一个模型的显著水平 α，可以查表得到 F 分布的值，记为 $F_\alpha(1,n-2)$。若

$$P\{F\leqslant F_\alpha(1,n-2)\,|\,\beta_1=0=1-\alpha\geqslant 0.95 \tag{7.39}$$

则表明 $F>F_\alpha(1,n-2)$ 是小概率事件，在一次检验中是不会发生的，若确实 $F>F_\alpha(1,n-2)$，则说明 $\beta_1=0$ 的假设不成立，即模型中一次项 $\beta_1 x$ 是必要的。换言之，模型对水平 α 是显著的。

3. 回归方程的拟合检验

通过对回归方程显著性检验，在显著情况下，即说明 x 对 y 的影响是主要的，但不能肯定 y 与 x 的关系一定是线性的，或存在其他影响因素，为此需在同一个 x_i 下进行重复试验，检验回归方程的拟合问题。

假设对同一个 x_i 进行 m_i 次试验，得到观测数据 (x_i,y_{ij})，$j=1,2,\cdots,m_i$，即共有 $N=\sum\limits_{i=1}^{n}m_i$ 组独立观测数据，由此检验 $\eta(x)=\beta_0+\beta_1 x$ 是否为真。

为了建立统计量，考虑相应的残差二次方和：

$$SS_E=\sum_{i=1}^{n}\sum_{j=1}^{m_i}(y_{ij}-\hat{y}_i)^2=\sum_{i=1}^{n}\sum_{j=1}^{m_i}(y_{ij}-\bar{y}_i)^2+\sum_{i=1}^{n}m_i(\bar{y}_i-\hat{y}_i)^2=SS_e+SS_{Me} \tag{7.40}$$

其中，$\bar{y}_i=\dfrac{1}{m_i}\sum\limits_{j=1}^{m_i}y_{ij}$ 为第 i 组试验数据的平均值；$SS_e=\sum\limits_{i=1}^{n}\sum\limits_{j=1}^{m_i}(y_{ij}-\bar{y}_i)^2$ 表示随机误差二次方和，自由度 $f_e=N-n$；$SS_{Me}=\sum\limits_{i=1}^{n}m_i(\bar{y}_i-\hat{y}_i)^2$ 表示其他因素产生的误差二次方和，称为模型误差二次方和或失拟二次方和，自由度 $f_{Me}=n-2$。

在回归方程为真的假设下，则有

$$y_{ij}=\beta_0+\beta_1 x_i+\varepsilon_{ij}\quad (i=1,2,\cdots,n;j=1,2,\cdots,m_i) \tag{7.41}$$

其中，ε_{ij} 是相互独立的，且 $\varepsilon_{ij}\sim N(0,\sigma^2)\ (i=1,2,\cdots,n;j=1,2,\cdots,m_i)$，则

$$E(SS_{Me})=(n-2)\sigma^2,\quad E(SS_e)=(N-n)\sigma^2 \tag{7.42}$$

即 $E\left(\dfrac{SS_{Me}}{n-2}\right)=\sigma^2$，$E\left(\dfrac{SS_e}{N-n}\right)=\sigma^2$，而 SS_{Me} 与 SS_e 是相互独立的，由 χ^2 分布的性质可知

$$\frac{SS_{Me}}{n-2} \sim \chi^2(n-2), \quad \frac{SS_e}{N-n} \sim \chi^2(N-n) \tag{7.43}$$

因此

$$F = \frac{MSS_{Me}}{MSS_e} = \frac{SS_{Me}/(n-2)}{SS_e/(N-n)} \sim F(f_{Me}, f_e) = F(n-2, N-n) \tag{7.44}$$

可作为检验模型拟合的统计量，即给定一个显著水平α(0.01～0.05)，对应地可查表得到F分布值$F_\alpha(n-2, N-n)$。

如果计算出$F(n-2, N-n) < F_\alpha(n-2, N-n)$，则说明模型拟合是好的，即其他因素所产生的误差不明显，是不显著的。

如果计算出$F(n-2, N-n) > F_\alpha(n-2, N-n)$，则说明模型拟合是不好的，即其他因素所产生的误差超过试验误差，是显著的，需改进模型。这有两种可能：一种可能为y不是x的线性关系；另一可能是回归变量的个数不够，需增加新的变量。

以上讨论了一元线性模型估计和显著性、拟合性的检验方法，对于多元线性模型也是类似的。

7.3.2 多元线性回归方法

1. 多元线性回归模型

多元线性回归模型的一般形式为

$$\eta(u) = \beta_1\varphi_1(u) + \beta_2\varphi_2(u) + \cdots + \beta_m\varphi_m(u) \tag{7.45}$$

令

$$y = \beta_1\varphi_1(u) + \beta_2\varphi_2(u) + \cdots + \beta_m\varphi_m(u) + \varepsilon \tag{7.46}$$

其中，ε为随机误差，且$\varepsilon \sim N(0, \sigma^2)$，$\varphi_i(u)$ $(i=1,2,\cdots,m)$均为实际问题的解释变量，是已知函数。

假设作了n次试验，得到n组观测值为

$$\begin{bmatrix} u_1 & y_1 \\ \vdots & \vdots \\ u_{n-1} & y_{n-1} \\ u_n & y_n \end{bmatrix} \tag{7.47}$$

代入式(7.46)，得到

$$y_i = \beta_1\varphi_1(u_i) + \beta_2\varphi_2(u_i) + \cdots + \beta_m\varphi_m(u_i) + \varepsilon_i \quad (i=1,2,\cdots,n) \tag{7.48}$$

其中，ε_i为第i次试验时的随机误差，且相互独立，$\varepsilon_i \sim N(0, \sigma^2)$。

该模型关于回归系数$\beta_1, \beta_2, \cdots, \beta_m$是线性的，$\boldsymbol{u}$一般是向量。为方便，引入矩阵记号

$$\boldsymbol{Y} = \begin{bmatrix} y_1 \\ y_2 \\ \vdots \\ y_n \end{bmatrix}, \quad \boldsymbol{X} = \begin{bmatrix} \varphi_1(u_1) & \varphi_2(u_1) & \cdots & \varphi_m(u_1) \\ \varphi_1(u_2) & \varphi_2(u_2) & \cdots & \varphi_m(u_2) \\ \vdots & \vdots & & \vdots \\ \varphi_1(u_n) & \varphi_2(u_n) & \cdots & \varphi_m(u_n) \end{bmatrix}, \quad \boldsymbol{\beta} = \begin{bmatrix} \beta_1 \\ \beta_2 \\ \vdots \\ \beta_n \end{bmatrix}, \quad \boldsymbol{\varepsilon} = \begin{bmatrix} \varepsilon_1 \\ \varepsilon_2 \\ \vdots \\ \varepsilon_n \end{bmatrix}$$

其中，$\boldsymbol{X}$称为模型设计矩阵，是常数矩阵；$\boldsymbol{Y}$与$\boldsymbol{\varepsilon}$是随机向量，且

$$\boldsymbol{Y} \sim N_n(\boldsymbol{X} \cdot \boldsymbol{\beta}, \sigma^2\boldsymbol{I}), \quad \boldsymbol{\varepsilon} \sim N_n(0, \sigma^2\boldsymbol{I})$$

式中，$\boldsymbol{I}$ 为单位矩阵；$\boldsymbol{\varepsilon}$ 是不可观测的随机误差向量；$\boldsymbol{\beta}$ 是回归系数构成的向量，是未知待定的常数向量。下面的问题是如何估计回归系数 $\boldsymbol{\beta}$，检验模型的显著性和拟合程度。

2. 回归系数 $\boldsymbol{\beta}$ 的最小二乘估计

选取 $\boldsymbol{\beta}$ 的一个估计值，记为 $\hat{\boldsymbol{\beta}}$，使随机误差 $\boldsymbol{\varepsilon}$ 的二次方和达到最小，即

$$\min_{\boldsymbol{\beta}}\boldsymbol{\varepsilon}^{\mathrm{T}}\boldsymbol{\varepsilon}=\min_{\boldsymbol{\beta}}(\boldsymbol{Y}-\boldsymbol{X\beta})^{\mathrm{T}}(\boldsymbol{Y}-\boldsymbol{X\beta})=(\boldsymbol{Y}-\boldsymbol{X}\hat{\boldsymbol{\beta}})^{\mathrm{T}}(\boldsymbol{Y}-\boldsymbol{X}\hat{\boldsymbol{\beta}})\overset{\text{def}}{=\!=\!=}Q(\hat{\boldsymbol{\beta}}) \tag{7.49}$$

写成分量形式为

$$Q(\beta_1,\beta_2,\cdots,\beta_m)=\sum_{i=1}^{n}[y_i-\beta_1\varphi_1(u_i)-\beta_2\varphi_2(u_i)-\cdots-\beta_m\varphi_m(u_i)]^2 \tag{7.50}$$

则

$$Q(\hat{\beta}_1,\hat{\beta}_2,\cdots,\hat{\beta}_m)=\min_{\beta_i}Q(\beta_1,\beta_2,\cdots,\beta_m) \tag{7.51}$$

注意到 $Q(\beta_1,\beta_2,\cdots,\beta_m)$ 是非负二次式，是可微的。由多元函数取极值的必要条件得 $\frac{\partial Q}{\partial\beta_j}=0,j=1,2,\cdots,m$，即

$$\sum_{i=1}^{n}[y_i-\hat{\beta}_1\varphi_1(u_i)-\hat{\beta}_2\varphi_2(u_i)-\cdots-\hat{\beta}_m\varphi_m(u_i)]\varphi_j(u_i)=0\quad(j=1,\cdots,m) \tag{7.52}$$

整理得

$$\left.\begin{array}{l}\left[\sum\limits_{i=1}^{n}\varphi_1^2(u_i)\right]^2\hat{\beta}_1+\left[\sum\limits_{i=1}^{n}\varphi_1(u_i)\varphi_2(u_i)\right]\hat{\beta}_2+\cdots+\left[\sum\limits_{i=1}^{n}\varphi_1(u_i)\varphi_m(u_i)\right]\hat{\beta}_m=\sum\limits_{i=1}^{n}\varphi_1(u_i)y_i\\ \qquad\qquad\cdots\cdots\\ \left[\sum\limits_{i=1}^{n}\varphi_1(u_i)\varphi_m(u_i)\right]\hat{\beta}_1+\left[\sum\limits_{i=1}^{n}\varphi_2(u_i)\varphi_m(u_i)\right]\hat{\beta}_2+\cdots+\left[\sum\limits_{i=1}^{n}\varphi_m^2(u_i)\right]\hat{\beta}_m=\sum\limits_{i=1}^{n}\varphi_m(u_i)y_i\end{array}\right\} \tag{7.53}$$

或

$$\boldsymbol{X}^{\mathrm{T}}\boldsymbol{X}\hat{\boldsymbol{\beta}}=\boldsymbol{X}^{\mathrm{T}}\boldsymbol{Y} \tag{7.54}$$

称为正规方程组，记 $\boldsymbol{A}=\boldsymbol{X}^{\mathrm{T}}\boldsymbol{X}$ 为系数矩阵，$\boldsymbol{B}=\boldsymbol{X}^{\mathrm{T}}\boldsymbol{Y}$ 为常数矩阵。如果 $\boldsymbol{A}^{-1}$ 存在，则称其为相关矩阵。可以证明：对任意给定的 $\boldsymbol{X},\boldsymbol{Y}$，正规方程组总有解，虽然当 $\boldsymbol{X}$ 不是满秩时，其解不唯一，但对任意一组解 $\hat{\boldsymbol{\beta}}$ 都能使残差二次方和最小，即 $Q(\hat{\boldsymbol{\beta}})=\min\limits_{\boldsymbol{\beta}}Q(\boldsymbol{\beta})$。

特别地，当 $\boldsymbol{X}$ 是满秩时，$r(\boldsymbol{X})=r(\boldsymbol{X}^{\mathrm{T}}\boldsymbol{X})=m$，则正规方程组的解为

$$\hat{\boldsymbol{\beta}}=(\boldsymbol{X}^{\mathrm{T}}\boldsymbol{X})^{-1}\boldsymbol{X}^{\mathrm{T}}\boldsymbol{Y} \tag{7.55}$$

即为回归系数的估计值。

因为 $\boldsymbol{Y}\sim N_n(\boldsymbol{X\beta},\sigma^2\boldsymbol{I})$，则 $\hat{\boldsymbol{\beta}}$ 也是一个随机向量，且期望为

$$E(\hat{\boldsymbol{\beta}})=E((\boldsymbol{X}^{\mathrm{T}}\boldsymbol{X})^{-1}\cdot\boldsymbol{X}^{\mathrm{T}}\boldsymbol{Y})=(\boldsymbol{X}^{\mathrm{T}}\boldsymbol{X})^{-1}\boldsymbol{X}^{\mathrm{T}}E(\boldsymbol{Y})=(\boldsymbol{X}^{\mathrm{T}}\boldsymbol{X})^{-1}\boldsymbol{X}^{\mathrm{T}}\boldsymbol{X\beta}=\boldsymbol{\beta} \tag{7.56}$$

同理方差为 $D(\hat{\boldsymbol{\beta}})=\sigma^2(\boldsymbol{X}^{\mathrm{T}}\boldsymbol{X})^{-1}$，即 $\hat{\boldsymbol{\beta}}$ 是 $\boldsymbol{\beta}$ 的一个无偏估计。将 $\hat{\boldsymbol{\beta}}$ 代入模型 $\eta(\boldsymbol{u})$ 中得模型的估计：$\hat{\boldsymbol{Y}}=\boldsymbol{X}^{\mathrm{T}}\hat{\boldsymbol{\beta}}$，它是模型 $\eta(\boldsymbol{u})$ 的无偏估计，即

$$E(\hat{\boldsymbol{Y}})=E(\boldsymbol{X}^{\mathrm{T}}\hat{\boldsymbol{\beta}})=\boldsymbol{X}^{\mathrm{T}}E(\hat{\boldsymbol{\beta}})=\boldsymbol{X}^{\mathrm{T}}\boldsymbol{\beta}=\boldsymbol{\eta} \tag{7.57}$$

其中，$\boldsymbol{X}=[\varphi_1(\boldsymbol{u})\quad\varphi_2(\boldsymbol{u})\quad\cdots\quad\varphi_m(\boldsymbol{u})]^{\mathrm{T}}$。

3. 回归模型的显著性检验

回归模型的显著性检验主要是检验模型是否一定与解释变量有密切关系，即是否是式

(7.46)的形式。

假设 η 不依赖于 $\boldsymbol{u}$，即 $\eta=\beta_0$ 为常数，同一元的情况类似，记试验值的均值为

$$\bar{y}=\frac{1}{n}\sum_{i=1}^{n}y_i \tag{7.58}$$

其总偏差二次方和为 SS_{T}，即

$$SS_{\mathrm{T}}=\sum_{i=1}^{n}(y_i-\bar{y})^2=\sum_{i=1}^{n}(y_i-\hat{y}_i+\hat{y}_i-\bar{y})^2=\sum_{i=1}^{n}(y_i-\hat{y}_i)^2+\sum_{i=1}^{n}(\hat{y}_i-\bar{y})^2\xlongequal{\text{def}}SS_{\mathrm{E}}+SS_{\mathrm{R}} \tag{7.59}$$

其中残差二次方和为 $SS_{\mathrm{E}}=\sum_{i=1}^{n}(y_i-\hat{y}_i)^2$，展开得

$$SS_{\mathrm{E}}=\sum_{i=1}^{n}(y_i-\hat{y}_i)^2=(\boldsymbol{Y}-\boldsymbol{X}\hat{\boldsymbol{\beta}})^{\mathrm{T}}(\boldsymbol{Y}-\boldsymbol{X}\hat{\boldsymbol{\beta}})=\boldsymbol{Y}^{\mathrm{T}}\boldsymbol{Y}-\boldsymbol{Y}^{\mathrm{T}}\boldsymbol{X}\hat{\boldsymbol{\beta}} \tag{7.60}$$

回归二次方和为 $SS_{\mathrm{R}}=\sum_{i=1}^{n}(\hat{y}_i-\bar{y})^2$。

现在主要考虑回归二次方和 SS_{R}，定义复相关系数 $R=\frac{SS_{\mathrm{R}}}{SS_{\mathrm{T}}}$，用此评价模型的有效性，$R$ 越大，反映回归变量与响应之间的关系密切，反之亦然。

要考查 R 大小，需建立一个 F 统计量，首先求出自由度：

总偏差二次方和自由度：$f_{\mathrm{T}}=n-1$；

回归二次方和自由度：$f_{\mathrm{R}}=m-1$；

残差二次方和自由度：$f_{\mathrm{E}}=f_T-f_R=n-m$。

于是相应均方值为

$$MS_{\mathrm{R}}=\frac{1}{m-1}SS_{\mathrm{R}},\quad MS_{\mathrm{E}}=\frac{1}{n-m}SS_{\mathrm{E}} \tag{7.61}$$

可以证明：当假设 $\eta=\beta_0$ 时，由于 $y_i\sim N(0,\sigma^2)$，则

$$E(MS_{\mathrm{R}})=E\left(\frac{1}{m-1}SS_{\mathrm{R}}\right)=\sigma^2,\quad E(MS_{\mathrm{E}})=E\left(\frac{1}{n-m}SS_{\mathrm{E}}\right)=\sigma^2 \tag{7.62}$$

说明 MS_{E} 是 σ^2 的无偏估计，即 $\frac{SS_{\mathrm{E}}}{\sigma^2}\sim\chi^2(n-m)$，$\frac{SS_{\mathrm{R}}}{\sigma^2}\sim\chi^2(m-1)$，且 SS_{R} 与 SS_{E} 相互独立，则构造 F 统计量为

$$F=\frac{MS_{\mathrm{R}}}{MS_{\mathrm{E}}}=\frac{SS_{\mathrm{R}}/m-1}{SS_{\mathrm{E}}/n-m}\sim F(f_{\mathrm{R}},f_{\mathrm{E}})=F(m-1,n-m) \tag{7.63}$$

取一个显著水平，可查表得 $F_\alpha(m-1,n-m)$，计算 $F(m-1,n-m)$ 与 $F_\alpha(m-1,n-m)$ 比较：

当 $F(m-1,n-m)>F_\alpha(m-1,n-m)$ 时，认为模型显著，则拒绝 $\eta=\beta_0$ 成立，即 η 与 $\boldsymbol{u}$ 存在明显的函数关系。

当 $F(m-1,n-m)<F_\alpha(m-1,n-m)$ 时，认为模型不显著，则接受 $\eta=\beta_0$ 成立，即 η 与 $\boldsymbol{u}$ 不存在明显的函数关系。

4. 回归模型的拟合性检验

在模型的检验显著的情况下，需要进一步做拟合检验，目的是检验模型是否一定为式

(7.46) 所给形式，即是否还存在其他影响因素。

将回归变量 $\boldsymbol{u}$ 的 n 个观测值 $u_1, u_2, \cdots, u_n$ 按相同值分成 k 组，每组的个数记为 $m_1, m_2, \cdots, m_k$，显然 $n = \sum_{i=1}^{k} m_i$，相应地 $y_1, y_2, \cdots, y_n$ 也可分为 k 组，即第 i 组的观测值为 (u_i, y_{ij})，记 $T_i = \sum_{j=1}^{m_i} y_{ij}$，则第 i 组的平均值 $\bar{y}_i = \frac{T_i}{m_i}$，根据正规方程组第 i 组的随机试验误差的二次方和为

$$SS_e = \sum_{i=1}^{k} \sum_{j=1}^{m_i} (y_{ij} - \bar{y}_i)^2 = \sum_{i=1}^{k} \sum_{j=1}^{m_i} y_{ij}^2 - \sum_{i=1}^{k} \frac{T_i^2}{m_i} \tag{7.64}$$

式(7.46) 中其他因素的影响误差记为 SS_{Me}，有

$$SS_{Me} = SS_{\mathrm{E}} - SS_e = \sum_{i=1}^{k} \frac{T_i^2}{m_i} - Y' X \hat{\beta} \tag{7.65}$$

称为模型的误差二次方和，自由度分别为 $f_e = n - k, f_{Me} = k - m$。

在模型式(7.46) 为真的条件下，可以得到

$$E(MS_e) = E\left(\frac{SS_e}{n-k}\right) = \sigma^2, \quad E(MS_{Me}) = E\left(\frac{SS_{Me}}{k-m}\right) = \sigma^2 \tag{7.66}$$

且 SS_e 与 SS_{Me} 相互独立，由 χ^2 分布的性质得

$$\frac{SS_e}{\sigma^2} \sim \chi^2(n-k), \quad \frac{SS_{Me}}{\sigma^2} \sim \chi^2(k-m) \tag{7.67}$$

故

$$F = \frac{MS_{Me}}{MS_e} = \frac{SS_{Me}/k-m}{SS_e/n-k} \sim F(f_{Me}, f_e) = F(k-m, n-k) \tag{7.68}$$

即为拟合检验的统计量。

取一个显著水平 α，对应可查表得到 $F_\alpha(k-m, n-k)$，用数值计算 $F(k-m, n-k)$，与 $F_\alpha(k-m, n-k)$ 比较：

当 $F(k-m, n-k) < F_\alpha(k-m, n-k)$ 时，说明拟合是好的，即模型的省略项造成的误差影响不大。

当 $F(k-m, n-k) > F_\alpha(k-m, n-k)$ 时，说明拟合不是好的，即模型的省略项造成的误差影响不可忽略，需增加新的变量。

现在的问题是：如何增加新的变量？就是下面的模型选择问题。

7.3.3 回归模型的选择方法

由上面拟合检验结果，如何增加或减少变量？

模型选择的原则是：既不遗漏重要的解释变量，也不保留无用的解释变量。如何考查一个解释变量的重要性呢？主要用偏回归二次方和来衡量。

假定一组解释变量，其残差二次方和为

$$SS_{\mathrm{E}} = \hat{\boldsymbol{\varepsilon}}^{\mathrm{T}} \hat{\boldsymbol{\varepsilon}} = (\boldsymbol{Y} - \boldsymbol{X}\hat{\boldsymbol{\beta}})^{\mathrm{T}} (\boldsymbol{Y} - \boldsymbol{X}\hat{\boldsymbol{\beta}}) = \boldsymbol{Y}^{\mathrm{T}}\boldsymbol{Y} - \boldsymbol{Y}^{\mathrm{T}}\boldsymbol{X}\hat{\boldsymbol{\beta}} \tag{7.69}$$

1. 去掉解释变量

假设把其中一个无用的解释变量去掉，相应的可以计算残差二次方和为 $SS_{\mathrm{E}}^{(1)}$，若 $SS_{\mathrm{E}}^{(1)} > SS_{\mathrm{E}}$，则称 $SS_{\mathrm{E}}^{(1)} - SS_{\mathrm{E}}$ 为该解释变量的偏回归二次方和，它的大小反映该变量在模型中的贡

献，究竟多大为主要，这就需要给出一个统计界限值。

不妨设要考查第 j 个解释变量 $\varphi_j(u)$ $(1 \leqslant j \leqslant m)$ 的偏回归二次方和。

若已知 $\hat{\boldsymbol{\beta}}=(\boldsymbol{X}^{\mathrm{T}}\boldsymbol{X})^{-1}\boldsymbol{X}^{\mathrm{T}}\boldsymbol{Y}$ 为回归系数的估计值，相关矩阵为 $(\boldsymbol{X}^{\mathrm{T}}\boldsymbol{X})^{-1}=(C_{ij})$，则可以证明 $\varphi_j(\boldsymbol{u})$ 的偏回归二次方和为 $SS_{\mathrm{E}}^{(j)}=\dfrac{j^2}{C_{jj}}$，其中 $\hat{\beta}_j$ 为 β_j 的估计值，C_{jj} 为相关矩阵的对角元素。

若存在一个 $k(1\leqslant k\leqslant m)$ 使 $SS_{\mathrm{E}}^{(k)}=\min\limits_{1\leqslant j\leqslant m}SS_{\mathrm{E}}^{(j)}$，即第 k 个解释变量 $\varphi_k(\boldsymbol{u})$ 在模型中的作用最小，能否去掉它要看统计量：

$$F=F(1,f_{\mathrm{E}})=\frac{SS_{\mathrm{E}}^{(k)}}{MS_{\mathrm{E}}} \tag{7.70}$$

其中，$MS_{\mathrm{E}}=\dfrac{SS_{\mathrm{E}}}{f_{\mathrm{E}}}$ 为均值。

取一个显著水平 α，对应可查表得到 $F_\alpha(1,f_{\mathrm{E}})$，计算 $F(1,f_{\mathrm{E}})$，并与 $F_\alpha(1,f_{\mathrm{E}})$ 比较：

- 当 $F(1,f_{\mathrm{E}})<F_\alpha(1,f_{\mathrm{E}})$ 时，称 $\varphi_k(u)$ 不显著，可以去掉。
- 当 $F(1,f_{\mathrm{E}})>F_\alpha(1,f_{\mathrm{E}})$ 时，称 $\varphi_k(u)$ 显著，不可以去掉。

2. 增加解释变量

设要引进的变量为 $\boldsymbol{x}_{m+1}=\varphi_{m+1}(\boldsymbol{u})$，记 $\boldsymbol{x}_{m+1}$ 在试验观测点 $u_1,u_2,\cdots,u_n$ 的值为

$$\bar{\boldsymbol{x}}_{m+1}=[\varphi_{m+1}(u_1)\ \ \varphi_{m+1}(u_2)\ \ \cdots\ \ \varphi_{m+1}(u_n)]^{\mathrm{T}}$$

则 m 个变量的回归系数的估计值取为

$$\hat{\beta}(\bar{\boldsymbol{x}}_{m+1})=(\boldsymbol{X}^{\mathrm{T}}\boldsymbol{X})^{-1}\boldsymbol{X}^{\mathrm{T}}\bar{\boldsymbol{x}}_{m+1} \tag{7.71}$$

相应的残差二次方和为

$$SS_{\mathrm{E}}(\bar{\boldsymbol{x}}_{m+1},\boldsymbol{Y})=[\boldsymbol{Y}-\boldsymbol{X}\hat{\boldsymbol{\beta}}(\bar{\boldsymbol{x}}_{m+1})]^{\mathrm{T}}[\bar{\boldsymbol{x}}_{m+1}-\boldsymbol{X}\hat{\boldsymbol{\beta}}(\bar{\boldsymbol{x}}_{m+1})]=\boldsymbol{Y}^{\mathrm{T}}\bar{\boldsymbol{x}}_{m+1}-\boldsymbol{Y}^{\mathrm{T}}\boldsymbol{X}\hat{\boldsymbol{\beta}}(\bar{\boldsymbol{x}}_{m+1}) \tag{7.72}$$

而

$$SS_{\mathrm{E}}(\bar{\boldsymbol{x}}_{m+1},\bar{\boldsymbol{x}}_{m+1})=\bar{\boldsymbol{x}}_{m+1}^{\mathrm{T}}\bar{\boldsymbol{x}}_{m+1}-\bar{\boldsymbol{x}}_{m+1}^{\mathrm{T}}\boldsymbol{X}\hat{\boldsymbol{\beta}}(\bar{\boldsymbol{x}}_{m+1}) \tag{7.73}$$

则可以证明：$\boldsymbol{x}_{m+1}$ 的偏回归二次方和为

$$SS_{\mathrm{E}}^{(m+1)}=\frac{[SS_{\mathrm{E}}(\bar{\boldsymbol{x}}_{m+1},\boldsymbol{Y})]^2}{SS_{\mathrm{E}}(\bar{\boldsymbol{x}}_{m+1},\bar{\boldsymbol{x}}_{m+1})}$$

$SS_{\mathrm{E}}^{(m+1)}$ 的大小反映 $\varphi_{m+1}(\boldsymbol{u})$ 对模型影响的大小，即为衡量 $\varphi_{m+1}(\boldsymbol{u})$ 的作用的定量指标。究竟 $SS_{\mathrm{E}}^{(m+1)}$ 多大可以引进？就需要建立统计量，找出界限值。

假设 $m+1$ 个变量的残差二次方和为 $SS_{\bar{\mathrm{E}}}$，它比原 m 个变量的残差二次方和 SS_{E} 减少 $SS_{\mathrm{E}}^{(m+1)}$，即

$$SS_{\bar{\mathrm{E}}}=SS_{\mathrm{E}}-SS_{\mathrm{E}}^{(m+1)} \tag{7.74}$$

相应自由度 $f_{\bar{\mathrm{E}}}=f_{\mathrm{E}}-f_{\mathrm{E}}^{(m+1)}=n-m-1$。

不妨设 $SS_{\mathrm{E}}^{(m+1)}$ 是所有准备增加的变量中偏回归二次方和最大的一个，它是否增加进去，要考查

$$F=F(1,f_{\bar{\mathrm{E}}})=\frac{MS_{\mathrm{E}}^{(m+1)}}{MS_{\bar{\mathrm{E}}}}=\frac{SS_{\mathrm{E}}^{(m+1)}}{SS_{\bar{\mathrm{E}}}/(n-m-1)} \tag{7.75}$$

取一个显著水平 α，对应可查表得到 $F_\alpha(1,f_{\bar{\mathrm{E}}})$，计算 $F(1,f_{\bar{\mathrm{E}}})$，并与 $F_\alpha(1,f_{\bar{\mathrm{E}}})$ 比较，若 $F(1,f_{\bar{\mathrm{E}}})>F_\alpha(1,f_{\bar{\mathrm{E}}})$，则第 $m+1$ 个变量增加进去，否则不增加。

3. 模型选择的一般方法

上面给出了在已知模型中剔除和增加解释变量的具体方法和步骤，模型选择的一般方法

如下：

(1) 淘汰法。基本思想是：把所有可选择的变量都放进模型中，而后逐个做剔除检验，直到不能剔除为止，最后得到所选模型。

(2) 纳新法。基本思想是：先少选取几个变量进入模型，而后对其他变量逐个做引入模型的检验，直到不能引入为止。

(3) 逐步回归法。基本思想是：上述两种方法的结合。

第8章 视景仿真技术

视景仿真是综合运用计算机技术、图像技术、计算机交互技术和数据传输技术等进行可视化显示的一门新技术，是未来人机接口的发展趋势。视景仿真技术具有以下四个重要特征：①多感知性；②投入性；③交互性；④自主性。多感知性是指除了一般计算机技术所具有的视觉、听觉感知外，还有力觉、触觉，甚至包括味觉、嗅觉感知等；投入性是指视景仿真的真实感觉程度；交互性是指参与者与虚拟环境中各种对象的相互作用的能力；自主性是指虚拟环境中依据物理定律动作的程度。视景仿真特别适用于军事领域的作战训练和武器研制方面，尤其是飞行仿真方面。目前，视景仿真技术已成为国内外研究的一个热点问题。

视景仿真是以三维图像来描述现实空间内的情况，与 3D 动画相比，它们之间的不同点还是显著的，主要表现在：

视景仿真是在实时运行时对帧进行渲染，即每一帧都是在实行运行的，根据用户对运动方向的改变和选择观察点后视点的改变，重新计算生成然后渲染，如此连续下去；动画中所有帧都是预先渲染的，也即是动画生成器将帧的次序以及视点中展示的部分场景预先设置好，然后渲染，这样的渲染耗时很长，达数小时以上。

视景仿真是与用户高度交互的，用户可以控制自己的运动方向以及观察视点，甚至操作场景中的对象；而动画不允许用户的交互，它只是将预先渲染好的帧按部就班地逐一显示出来，整个过程中用户仅仅是被动的参与者。交互式是视景仿真的最重要的特征，也是视景仿真的目的所在。

视景仿真中的模型相对于动画中的模型来说摈弃了一些细节上的东西以增强渲染的速度和减少延迟周期，为了达到实时渲染，这个时间越短越好，以至于用户感觉不到。动画更侧重于美学和视觉上的效果，因为所有的动画都是预先设定和渲染的，场景中模型可以有更多的细节表现。

视景仿真系统的帧速率可以根据系统的硬件设施和现实运行目标而改变，从 30 帧/s 到 60 帧/s 不等；动画的帧速率是预先设定的，若以 24 帧/s 的速度播放，就不能再改变。

8.1 视景仿真软件

视景仿真软件开发一般分为两个阶段：三维实体建模和场景驱动阶段。这里的视景仿真软件的实现主要指场景驱动阶段。目前的视景仿真软件开发的方法按开发环境可分为底层的开发环境和高层的开发环境两种。

底层的视景软件开发是指利用 OpenGL(Open Graphics Library)，即“开放的图形程序接口”，开发视景仿真软件。OpenGL 从诞生之日起，就被很多人视为图像界的希望，并有很多人利用其开发了视景仿真系统。虽然 OpenGL 提供了图形程序接口，但是 OpenGL 开发周期长、编程复杂，而且随着开发的系统越来越大和系统硬件环境的限制，系统的帧速率得不到保障,有些系统的帧速率甚至只有几帧/s,这对任何视景仿真来说是无法承受的。但由于OpenGL具有平台无关性、与硬件无关性、显示性能优越、执行效率高、应用范围广和免费的优点,所以随着系统硬件的快速发展,目前一些简单的视景仿真系统主要还是利用 OpenGL 来开发。

随着系统硬件配置的发展,图形工作站性能得到了很大的提高,但距离视景仿真的要求仍相当遥远。近年来,市场上出现了很多高层的视景仿真开发环境,当前支持实时三维视景仿真处理的软件主要有 Vega Prime,Vega,IRIS Performer,VTree 等。这些平台的底层都是基于 OpenGL 的,它们与 OpenGL 最大的不同点就在于它们都采用了生成实时的视景仿真场景所需要的软件加速方法,如可见性判定和消隐技术、细节层次模型等。利用这些视景仿真开发平台,开发人员能方便、简捷、快速地开发出所需要的视景仿真系统。随着视景仿真技术越来越被社会重视,对视景仿真系统的需要也越来越多,基于底层的视景仿真软件开发已经不能满足社会对视景仿真系统的需求,就使用程度上来说,Vega Prime,Vega 和 OSG(Open Scene Graph)这三个平台是使用最广泛的。现在对这三者之间做一个简单的比较,见表 8-1。

表 8-1　视景软件比较

	Vega Prime	Vega	OSG
应用编程接口	C++	C	C++
平台	Windows, Linux, Solaris	Windows	Windows, Linux, Solaris
开源	否	否	是
软件成本	付费	付费	免费
进程/线程	多线程	多进程	多线程
图形用户界面	有	有	无
模块化	是	是	否

8.1.1　OpenGL 介绍

OpenGL 定义了一个跨编程语言、跨平台的程序接口。该接口由近 350 个不同的函数组成,用来完成从简单的图元绘制到复杂的三维景象生成。

1. OpenGL 概述

OpenGL 是与硬件无关的软件接口,可以在多种硬件平台上运行,这使得 OpenGL 的应用程序有较好的移植性。

目前,由于 OpenGL 的高度可重用性,已经有 3Dlabs,ATI Technologies,NVIDIA 等多家公司与研究机构表示接受 OpenGL 作为标准图形软件接口。这一图形软件包现在由代表许多图形公司和组织的 OpenGL 结构评议委员会进行维护和更新。作为图形工业的标准,OpenGL 现在已经广泛应用于各种工作站和普通个人计算机。

对程序员来说,OpenGL 是一些指令或函数的集合,这些指令允许用户对三维几何对象进行说明,允许用户对对象实施操作以便把这些对象描绘到帧缓存上。

OpenGL 提供了广泛的图形能力，支持从简单的几何点、线或填充多边形到复杂的带纹理和光照的 NURBS 曲面的渲染。

2. OpenGL 工作流程

OpenGL 的图形渲染过程通常称为图形流水线，来自 CPU 的绘图命令穿过图形流水线，一部分命令用来描述几何物体，另一部分命令则用来控制物体的处理。所有的 OpenGL 状态参量、纹理内存和帧缓存都可以通过 OpenGL 命令获得。现在介绍从定义几何要素到把像素段写入帧缓冲区的过程，即 OpenGL 的工作流程，在屏幕上显示图像的主要步骤如下：

(1)构造几何要素(点、线、多边形、图像、位图)，创建对象的数学描述。

(2)在三维空间上放置对象，选择有利的场景观察点。

(3)计算对象的颜色，颜色可直接定义或由光照条件及纹理间接给出。

(4)光栅化，把对象的数学描述和颜色信息转换到屏幕的像素。另外，也可执行消隐，以及对像素的操作。

3. OpenGL 函数库

OpenGL 基本函数库用来描述图元、属性、几何变换、观察变换和进行许多其他的操作。尽管 OpenGL 有很多函数，但许多只是相互之间的数据类型和参数不同而已。OpenGL 核心函数有 300 多个，还有许多功能函数和附加函数。OpenGL 函数库相关的 API 有核心库(gl)、实用库(glu)、辅助库(aux)、实用工具库(glut)、窗口库(glx，agl，wgl)和扩展函数库等。gl 是核心，glu 是对 gl 的部分封装。glx，agl，wgl 是针对不同窗口系统的函数。glut 是为跨平台的 OpenGL 程序的工具包，比 aux 功能强大。

(1)核心函数：用来实现基本的功能，比如物体外形描述、矩阵转换等，核心函数名的前缀为 gl(如 glDrawBuffer)。

(2)功能函数：提供纹理支持、着色及其他几何物体等功能。这些函数名前有前缀 glu(如 gluPerspective)。

(3)辅助函数：用来进行简单的窗口管理，这些函数的名称前缀为 aux(如 auxSphere)。

(4)WGL 函数：将 OpenGL 窗口与系统联系起来，名字以 wgl 开头(如 wglGetCurrent)。

(5)与 OpenGL 有关的 Win32 函数，与设备描述表的像素格式选取有关。

8.1.2 VEGA Prime 介绍

VEGA Prime(VP)是由运行时库和 LynX Prime(LP)的界面构成的，其中运行时库包含了进行视景过程开发的类库，用于编程和渲染，而 LynX Prime 界面用于动态创建视景过程，如图 8-1 所示。

VP 最好与 LP 一起使用。尽管 VP 包含了创建一个应用所需的所有 API，但 LP 简化了开发过程，而且 LP 允许开发者无需编写代码即可创建一个应用。

Open Flight Model：视景仿真中的模型，可以使用 MulitGen Creator 和 ModelBuilder 3D，以 Open Flight 的格式来创建实时 3D 应用中所有独立的模型。可以使用 Creator Terrain Studio(CTS)，以 Meta Flight 格式来生成大面积模型文件。

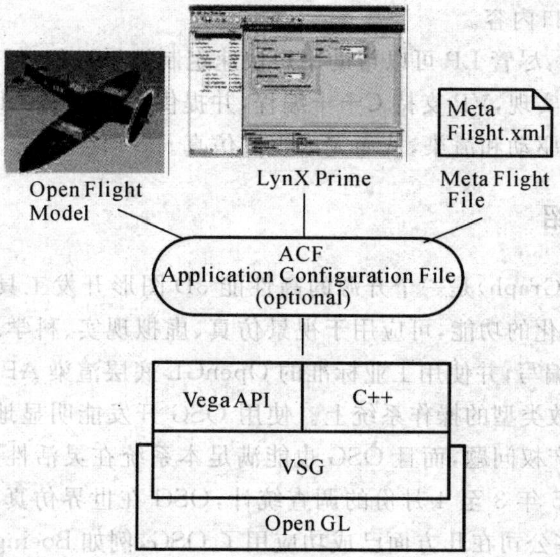

图 8-1 VEGA Prime 的构成

LynX Prime(LP):LP 是一个视景过程编辑器,用于增加不同种类的模型,为模型定义参数。这些参数都存储于应用配置文件(ACF)中的一个模型结构内,例如观察者的位置,模型及它们在场景中的位置,在场景中的移动、光线、环境效果,及目标硬件平台。ACF 文件包含了 VP 在初始化和运行时所需的信息。LynX Prime 用户界面包括 4 个部分:实例树形显示区(Instance Tree View),用户操作区(GUI View),应用程序区(API View),工具条(Toolbar)和目录区(Menus)。所有这些区域将显示同一选定的对象的信息,但是这些信息是以不同格式进行安排的。用户可以在一个或多个工作区进行操作来定义 ACF,如图 8-2 所示。

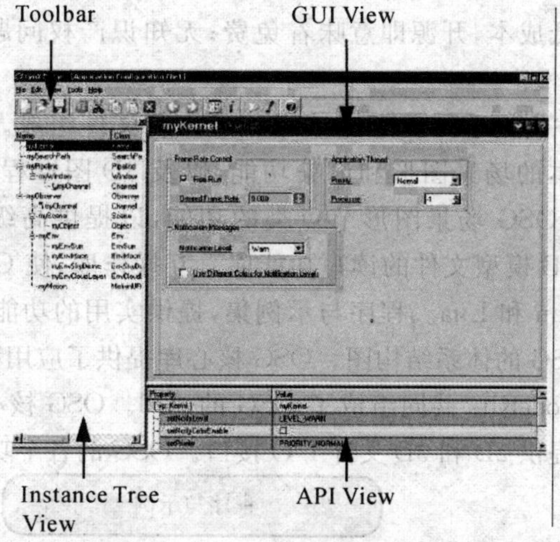

图 8-2 LynX Prime 界面

ACF 文件:ACF 是经 LP 配置的一个标准化 xml 文件,ACF 文件可以在 Active Preview(动画预览)中查看所定义的内容。Active Preview 可以允许使用交互式方法进行配置 ACF,Active Preview 会根据变化信息持续修改 ACF 内容。当出现变化时,Active Preview 将用新的数据更新 VP 仿真窗口内容。

VEGA API,C++:尽管 LP 可以帮助用户快速定制视景过程,但整个视景过程的运行还需要通过编程进行灵活实现,VP 支持 C++编程,并提供了相应的 API 函数供调用。通过编程对整个视景过程进行驱动和渲染,从而完成视景仿真。

8.1.3 OSG 介绍

OSG(Open Scene Graph)是一个开源的高性能 3D 图形开发工具,主要为应用程序提供场景管理和图形渲染优化的功能,可应用于视景仿真、虚拟现实、科学可视化等方面。它使用可移植的 ANSI C++编写,并使用工业标准的 OpenGL 底层渲染 API。因此,OSG 具备跨平台性,可以运行在大多数类型的操作系统上。使用 OSG 开发能明显地减少费用,开源就意味着免费,并且没有知识产权问题,而且 OSG 也能满足本系统在灵活性上的要求。据世界权威的现代仿真网站在 2005 年 3 至 4 月份的调查统计,OSG 在世界仿真软件市场的占有率已超过 51%。目前国外一些公司在几方面已成功应用了 OSG,例如 Boeing 在飞行模拟、NASA 在地理可视化、Indra 在训练仿真、AutoSim 在驾驶模拟、Veriden's IOBC 在单兵训练等方面的应用。

OSG 包含了一系列开源链接库,主要为应用程序提供场景管理和图形渲染优化功能。它使用可移植的 ANSI C++编写,并使用工业标准的 OpenGL API 进行底层渲染。因此,OSG 具备跨平台性,可以运行在 Windows,Mac OS X,UNIX 和 Linux 操作系统上,使 OSG 的操作可以独立于本地视窗系统。由于 OSG 是开源的,因此具备了很多益处:高品质,OSG 由 OSG 社区的诸多成员反复进行检查、测试和改善;高质量,要编写高质量的程序,开发者需十分了解所用的开发包。如果这个开发包不开放源代码,与其相关的开发信息无法查看,只能通过开发商的文档和客户支持来获得。源代码的开放使程序员可以检查和调试所用开发包的源代码,获得其内部的一切信息;低成本,开源即意味着免费;无知识产权问题,对于开源软件而言,不存在侵犯软件专利的可能性。

OSG 程序运行时文件由一系列动态链接库和可执行文件组成。这些链接库可分为五大类:OSG 核心库,提供基本的场景图形和渲染功能,以及 3D 图形程序所需的某些特定功能。NodeKits 库,扩展了核心 OSG 场景图形节点类的功能,以提供高级节点类型和特效。OSG 插件库,包括 2D 图片和 3D 模型文件的读写功能库。互操作库,使 OSG 易于与其他开发环境集成,例如脚本语言 Python 和 Lua。程序与示例集,提供实用的功能函数和正确使用 OSG 的例子,如图 8-4 所示为 OSG 的体系结构图。OSG 核心库提供了应用程序和 NodeKits 所需的功能模块。OSG 核心库和 NodeKits 共同组成了 OSG 的 API。OSG 核心库中的 osgDB 则通过对 OSG 插件的管理,为用户提供 2D 和 3D 文件 I/O 接口。OSG 的各个功能模块见图 8-3。

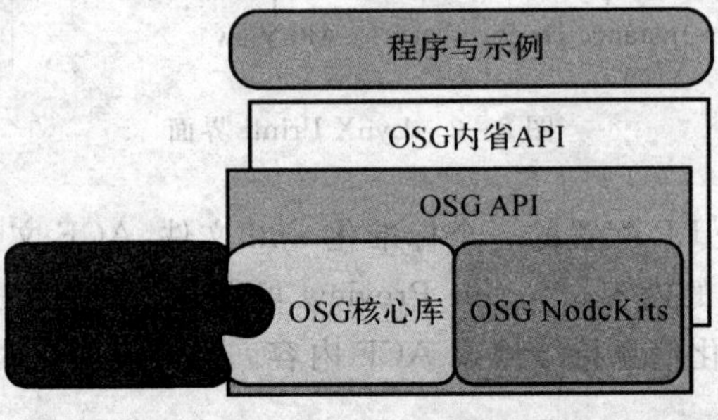

图 8-3 OSG 的体系结构图

1. OSG 核心库

OSG 核心库提供了用于场景图形操作所需的函数、类和方法，还提供了 3D 图形程序所需的特定功能函数，以及 2D 和 3D 文件 I/O 的 OSG 插件接口。OSG 核心库包含了以下四个链接库：

OSG 库：OSG 库包含用于构建场景图形的节点类，用作向量和矩阵数学计算的类，几何体类，以及渲染状态描述和管理的类。OSG 库还包括 3D 图形程序所需的特定功能类，例如命令行参数解析，动画路径管理，错误和警告信息等。

osgUtil 库：osgUtil 库包含的类和函数可以用于场景图形及其内容的操作，场景图形数据统计和优化，以及渲染图形的创建。osgUtil 库集合了许多场景图形处理和几何体修改的工具。osgUtil 库最重要之处就是其中一系列支持更新、拣选和绘制遍历的类。

osgDB 库：此链接库包含与建立和渲染 3D 数据库有关的类与函数。osgDB 库允许程序写入、加载和使用 3D 数据库。它采用插件管理的架构，可以支持大量常见的 2D 图片和 3D 模型文件格式。osgDB 负责维护插件的信息注册表，并检查载入的 OSG 插件接口是否合法。

osgViewer 库：包含场景中视口的管理类。osgViewer 库定义了一些视口类，因此可将 OSG 集成到许多视窗设计工具中，包括 AGL/CGL，FLTK，Fox，MFC，Qt，SDL，Win32 以及 X11。这些视口类支持单窗口/单视口程序，也支持使用多个视口和渲染表面的多线程程序。每个视口类都提供对摄像机运动、事件处理的支持。

2. NodeKits

NodeKits 扩展了 Nodes，Drawables 和 StateAttributes 的概念，也可看作是对 OSG 核心库的一种扩展。NodeKits 除了对 OSG 类的继承外，还能提供对 OSG 文件的封装。总之，NodeKits 由两部分构成：NodeKits 本身和. OSG 文件的封装插件库。以下列出几种 NodeKits：

osgFX 库：此类 NodeKit 提供附加的场景图形节点，以便于特效的渲染，例如反向光照、凹凸贴图、卡通着色等。

osgParticle 库：此类 NodeKit 提供基于粒子的渲染特效，如爆炸、火焰、烟雾等。

osgSim 库：此类 NodeKit 提供 OpenFlight 数据库所需的特殊渲染功能，例如光照节点、DOF 节点等。

osgText 库：此类 NodeKit 提供向场景中添加文字的功能，完全支持 TrueType 字体。

osgShadow 库：此类 NodeKit 提供支持阴影渲染的框架结构。

3. OSG 插件

OSG 的核心库提供了各种 2D 图形和 3D 模型文件格式的 I/O 支持。

osgDB::Registry 可以自动管理插件链接库。只要提供的插件确实可用，Registry 就可找到并使用它，应用程序只需调用相应的函数来读写文件即可。

OSG 图形库允许用户采用“节点到节点”的方式直接建立场景图形。相反，OSG 插件允许用户仅仅编写几行代码就能从磁盘中调用整个或部分场景图形，并且程序可以将其列入整个场景图形的系统。

OSG 支持大量常用的 2D 图形文件格式，包括.bmp，.dds，.gif，.jpeg，.pic，.png，.rgb，.tga和.tiff。OSG 还支持 QuickTime 插件以读取电影文件，并有专门的插件用于读取 FreeType 类型的字体。OSG 也广泛支持各种 3D 模型文件格式，包括.3ds，.obj，.geo，.dae，.shp，.flt，.md2 和.txp 等常见格式。除了上述的标准格式外，OSG 还定义了自己的文件格式。.osg 格式是场景图形的一种 ASCII 文本描述格式，用户可以使用文本编辑器对其进行修改。另一方面，.ive 格式是一种二进制格式，经优化之后它更适于迅速读取。除 2D 图形和 3D 模型文件以外，OSG 插件还支持对压缩文件和文件集合的 I/O 操作，OSG 目前支持的压缩格式有.tgz，.zip，以及 OSG 特有的.osga 格式。此外，OSG 还包含了一组名为“PseudoLoader”的插件，以提供除简单文件读取之外更多的功能。

缩放、旋转和平移：此类 PseudoLoader 读取文件，并在读取的场景图形根节点上添加一个 Transform 节点，并指定缩放、旋转和平移的值。

图标：图标类 PseudoLoader 允许在读取的 3D 场景之上显示 HUD 样式的图片文件。

8.2 OpenGL 视景过程的编程实现

8.2.1 配置 VC 环境

在进行 OpenGL 编程前，首先需要安装 GLUT 函数库，GLUT 不是 OpenGL 所必需的，但它会给用户的学习带来一定的方便，推荐安装，可从网络下载。Windows 环境下的 GLUT 下载地址：（大小约为 150kB） http://www.opengl.org/resources/libraries/glut/glutdlls37beta.zip。

Windows 环境下安装 GLUT 的步骤：

（1）将下载的压缩包解开，将得到 5 个文件。

（2）在“我的电脑”中搜索“gl.h”，并找到其所在文件夹（如果是 VC＋＋ 6.0，则应该是其安装目录下面的“VC98\Include\GL 文件夹”），把解压得到的 glut.h 放到这个文件夹。

（3）把解压得到的 glut.lib 和 glut32.lib 放到静态函数库所在文件夹（如果是 VC＋＋ 6.0，则应该是其安装目录下面的“VC98\Lib”文件夹）。

（4）把解压得到的 glut.dll 和 glut32.dll 放到操作系统目录下面的 system32 文件夹内（典型的位置为：C:\Windows\System32）。

OpenGL 库安装完成后，需要配置 VC＋＋编程环境，本节以 VC＋＋ 6.0 为例进行说明，步骤如下：

（1）启动 VC＋＋ 6.0，并新建一个“Win32 Console Application”控制台工程，如图 8－4 所示。

（2）在工程配置选项中，选择“Hello World Application”项，如图 8－5 所示。

（3）进入 Project 菜单，选 Settings 项，弹出 Settings 对话框，选 Link 项，在 Libraries 栏目中加入 OpenGL 库：opengl32.lib glu32.lib glaux.lib，如图 8－6 所示。

（4）在 main 函数所在的文件起始包含头文件：#include ＜windows.h＞ #include ＜gl\gl.h＞ #include ＜gl\glu.h＞ #include ＜gl\glaux.h＞。

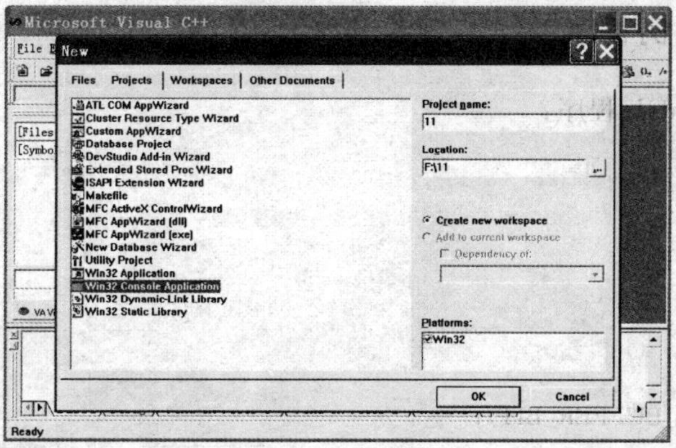

图 8-4 新建工程

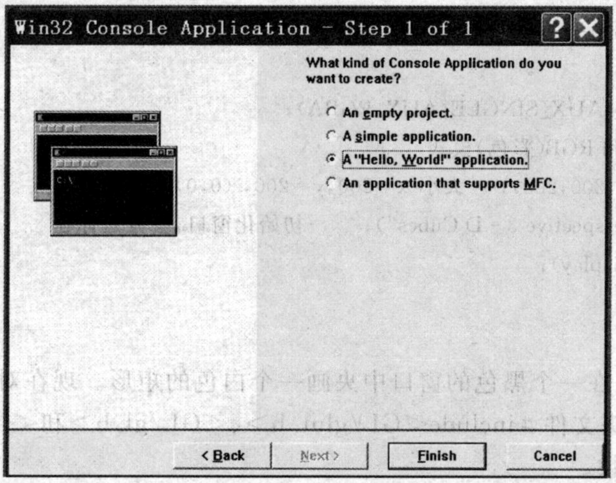

图 8-5 选择工程初始配置

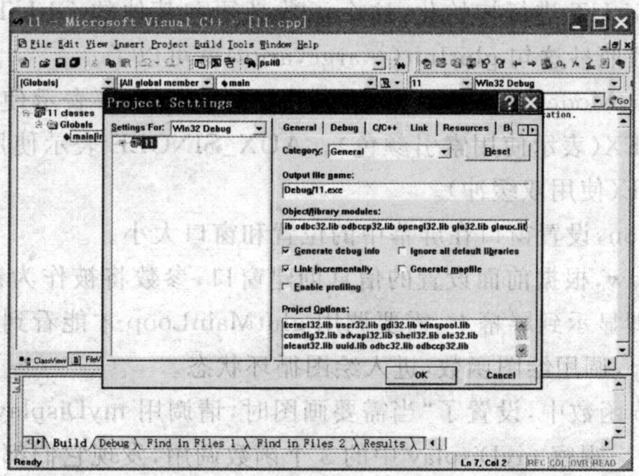

图 8-6 程序配置属性页

8.2.2 简单示例程序

一个简单的 OpenGL 程序：

```
#include <gl\gl.h>
#include <gl\glu.h>
#include <gl\glaux.h>

void myDisplay(void)
{
glClear(GL_COLOR_BUFFER_BIT);
glRectf(-0.5f,-0.5f,0.5f,0.5f);
glFlush();
}
Int main(int argc,char *argv[])
{
auxInitDisplayMode(AUX_SINGLE|AUX_RGBA);
//窗口显示单缓存和 RGB(彩色)模式
auxInitPosition(0,0,200,200); //大小 x=200,y=200, (0,0)是屏幕左上点
auxInitWindow("Perspective 3-D Cubes");    //初始化窗口,参数是标题
auxMainLoop(myDisplay);
return 0;
}
```

该程序的作用是在一个黑色的窗口中央画一个白色的矩形。现在对各行语句进行说明。

首先,需要包含头文件#include<GL/glut.h>、<GL/gl.h>和<GL/glu.h>。

然后看 main 函数。

注意 main 函数中的各语句,除了最后的 return 之外,其余全部以 glut 开头。这种以 glut 开头的函数都是 GLUT 工具包所提供的函数,下面对用到的几个函数进行介绍。

(1)glutInit,对 GLUT 进行初始化,这个函数必须在其他的 GLUT 使用之前调用一次。其格式比较死板,一般照抄这句 glutInit(&argc,argv)就可以了。

(2)auxInitDisplayMode,设置显示方式,其中 AUX_RGBA 表示使用 RGB 颜色,与之对应的还有 AUX_INDEX(表示使用索引颜色)。AUX_SINGLE 表示使用单缓冲,与之对应的还有 AUX _DOUBLE(使用双缓冲)。

(3)auxInitPosition,设置窗口在屏幕中的位置和窗口大小。

(4)auxInitWindow,根据前面设置的信息创建窗口,参数将被作为窗口的标题。注意:窗口被创建后,并不立即显示到屏幕上,需要调用 glutMainLoop 才能看到窗口。

(5)auxMainLoop,调用绘图函数,进入绘图循环状态。

在 auxMainLoop 函数中,设置了"当需要画图时,请调用 myDisplay 函数"。于是 myDisplay 函数就用来画图。观察 myDisplay 中的 3 个函数调用,发现它们都以 gl 开头。这种以 gl 开头的函数都是 OpenGL 的标准函数,下面对用到的函数进行介绍。

(1)glClear,清除。GL_COLOR_BUFFER_BIT 表示清除颜色,glClear 函数还可以清除

其他的内容，但这里不作介绍。

(2)glRectf，画一个矩形。4个参数分别表示了位于对角线上的两个点的横、纵坐标。

(3)glFlush，保证前面的OpenGL命令立即执行(而不是让它们在缓冲区中等待)，其作用跟fflush(stdout)类似。

8.2.3 基本函数说明及编程方法

1. 基本形状绘制

通过点、直线和多边形，就可以组合成各种几何图形。甚至于，用户可以把一段弧看成是很多短的直线段相连，这些直线段足够短，以至于其长度小于一个像素的宽度。这样一来弧和圆也可以表示出来了。OpenGL提供了一系列函数来制定点、线以及多边形的顶点。它们都以glVertex开头，后面跟一个数字和1～2个字母。例如：glVertex2d，glVertex3fv等。

$$\text{glVertex}\,\frac{\text{N}}{2,3,4}\,\frac{\text{X}}{\text{i,f,d}}\,\frac{\text{v}}{\text{v},\times}$$

N表示参数的个数，2表示有两个参数，3表示三个，4表示四个。

X表示参数的类型，i表示32位整数(OpenGL中将这个类型定义为GLint和GLsizei)，f表示32位浮点数(OpenGL中将这个类型定义为GLfloat和GLclampf)，d表示64位浮点数(OpenGL中将这个类型定义为GLdouble和GLclampd)。

v表示传递的几个参数将使用指针的方式，见下面的例子。

这些函数除了参数的类型和个数不同以外，功能是相同的。例如，以下5个代码段的功能是等效的：

```
glVertex2i(1,3);
glVertex2f(1.0f,3.0f);
glVertex3f(1.0f,3.0f,0.0f);
glVertex4f(1.0f,3.0f,0.0f,1.0f);
GLfloat VertexArr3[]={1.0f,3.0f,0.0f};    glVertex3fv(VertexArr3);
```

假设现在用户已经指定了若干顶点，那么OpenGL是如何知道用户想拿这些顶点来干什么呢？是一个一个地画出来，还是连成线？或者构成一个多边形？或者做其他什么事情？

为了解决这一问题，OpenGL要求：指定顶点的命令必须包含在glBegin函数之后，glEnd函数之前(否则指定的顶点将被忽略)，并由glBegin来指明如何使用这些点。

例如：

```
glBegin(GL_POINTS);
glVertex2f(0.0f,0.0f);
glVertex2f(0.5f,0.0f);
glEnd();
```

则这两个点将分别被画出来。如果将GL_POINTS替换成GL_LINES，则两个点将被认为是直线的两个端点，OpenGL将会画出一条直线。还可以指定更多的顶点，然后画出更复杂的图形。glBegin支持的方式除了GL_POINTS和GL_LINES，还有GL_LINE_STRIP，GL_LINE_LOOP，GL_TRIANGLES，GL_TRIANGLE_STRIP，GL_TRIANGLE_FAN等，每种方式的效果如图8-7所示。

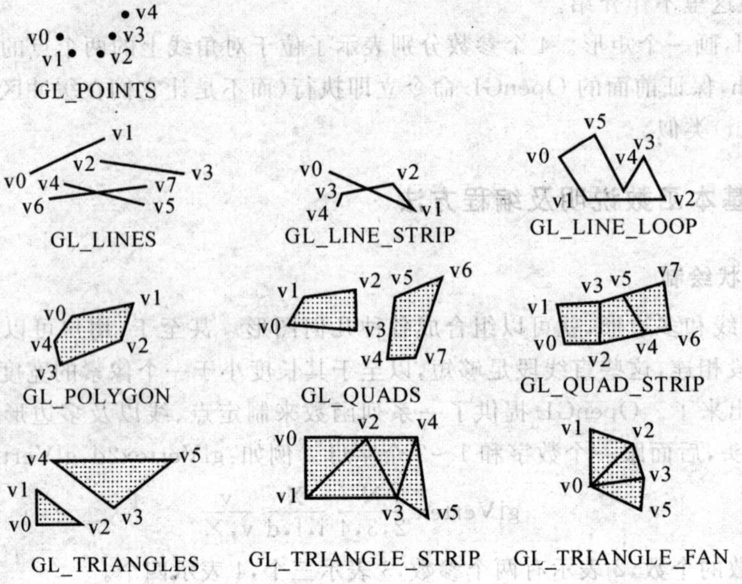

图 8-7 glBegin 函数的参数

程序代码：

```
void myDisplay(void)
{
glClear(GL_COLOR_BUFFER_BIT);
glBegin( /* 在这里填上用户所希望的模式 */);
/* 在这里使用 glVertex* 系列函数 */
/* 指定用户所希望的顶点位置 */
glEnd();
glFlush();
}
```

2. 线型设定

直线可以指定宽度：

Void glLineWidth(GLfloat width);

直线可以指定线型：

首先，使用 glEnable(GL_LINE_STIPPLE);来启动虚线模式，使用 glDisable (GL_LINE_STIPPLE);可以关闭之。

然后，使用 glLineStipple 来设置虚线的样式：

Void glLineStipple(Glint factor,GLushort pattern);

pattern 是由 1 和 0 组成的长度为 16 的序列，从最低位开始看，如果为 1，则直线上接下来应该画的 factor 个点将被画为实的；如果为 0，则直线上接下来应该画的 factor 个点将被画为虚的。

图 8-8 是一些例子：

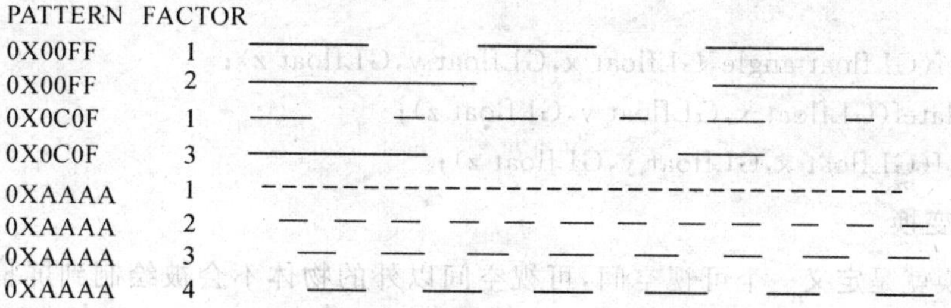

图 8-8 线型

3. 颜色设定

OpenGL 支持两种颜色模式：一种是 RGBA，一种是颜色索引模式。在 RGBA 模式下选择颜色是十分简单的事情，只需要一个函数就可以完成。

void glColor3f(GLfloat red,GLfloat green,GLfloat blue)；

void glColor4f(GLfloat red,GLfloat green,GLfloat blue,GLfloat alpha)；

使用以下函数清除颜色设置：

glClearColor(GLfloat red,GLfloat green,GLfloat blue,GLfloat alpha)；

glClear(GL_COLOR_BUFFER_BIT)；意思是把屏幕上的颜色清空。

4. 模型变换和视图变换

我们生活在一个三维的世界，如果要观察一个物体，我们可以：

(1)从不同的位置去观察它(视图变换)。

(2)移动或者旋转它，当然还可以放大或缩小它(模型变换)。

(3)如果把物体画下来，可以选择：是否需要一种“近大远小”的透视效果。另外，可能只希望看到物体的一部分，而不是全部(剪裁)(投影变换)。

(4)可能希望把整个看到的图形画下来，但它只占据纸张的一部分，而不是全部(视口变换)。

这些，都可以在 OpenGL 中实现。

从“相对移动”的观点来看，改变观察点的位置与方向和改变物体本身的位置与方向具有等效性。在 OpenGL 中，实现这两种功能甚至使用的是同样的函数。

由于模型和视图的变换都通过矩阵运算来实现，在进行变换前，应先设置当前操作的矩阵为“模型视图矩阵”。设置的方法是以 GL_MODELVIEW 为参数调用 glMatrixMode 函数：

glMatrixMode(GL_MODELVIEW)；

通常，需要在进行变换前把当前矩阵设置为单位矩阵：

lLoadIdentity()；

然后，就可以进行模型变换和视图变换了。进行模型和视图变换，主要涉及 3 个函数：

glTranslate *，把当前矩阵和一个表示移动物体的矩阵相乘。3 个参数分别表示在 3 个坐标上的位移值。

glRotate *，把当前矩阵和一个表示旋转物体的矩阵相乘。物体将绕着(0,0,0)到(x,y,z)的直线以逆时针旋转，参数 angle 表示旋转的角度。

glScale *，把当前矩阵和一个表示缩放物体的矩阵相乘。x,y,z 分别表示在该方向上的缩放比例。

glRotatef(GLfloat angle,GLfloat x,GLfloat y,GLfloat z);

glTranslatef(GLfloat x,GLfloat y,GLfloat z);

glScalef f(GLfloat x,GLfloat y,GLfloat z);

5. 投影变换

投影变换就是定义一个可视空间,可视空间以外的物体不会被绘制到屏幕上。OpenGL支持两种类型的投影变换,即透视投影和正交投影。投影也是使用矩阵来实现的。如果需要操作投影矩阵,需要以 GL_PROJECTION 为参数调用 glMatrixMode 函数。

glMatrixMode(GL_PROJECTION);

通常,需要在进行变换前把当前矩阵设置为单位矩阵。

glLoadIdentity();

透视变换通过调用 gluPerspective 函数设定参数。其参数的意义如图 8-9 所示。

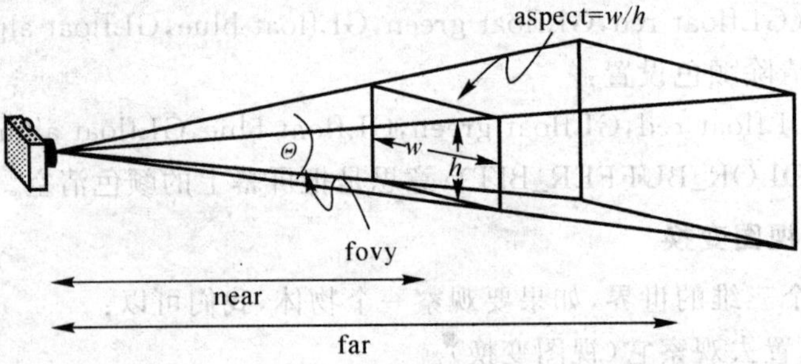

图 8-9 透视变换

void gluPerspective (Gldouble fovy,Gldouble aspect,Gldouble zNear,Gldouble zFar);

例如:为了得到透视效果,使用 gluPerspective 来设置可视空间。假定可视角为 60°,高宽比为 1.0,最近可视距离为 1.0,最远可视距离为 10000。即:

gluPerspective(60,1,1,10000);

正投影相当于在无限远处观察得到的结果,它只是一种理想状态,但对于计算机来说,使用正投影有可能获得更好的运行速度。使用 glOrtho 函数可以将当前的可视空间设置为正交投影空间。其参数的意义如图 8-10 所示。

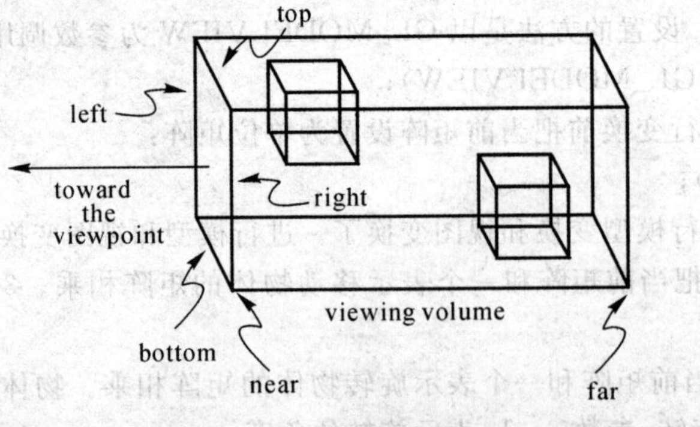

图 8-10 正交投影

voidglOrtho (Gldouble left, Gldouble right, Gldouble bottom, Gldouble top, Gldouble near, Gldouble far);

对于二维图形向二维屏幕的投影，则应使用实用库中的如下函数：

void gluOrtho2D(Gldouble left, Gldouble right, Gldouble bottom, Gldouble top);

6. 视口变换

在一切工作已经就绪后，只需要把像素绘制到屏幕上了。这时候还剩最后一个问题：应该把像素绘制到窗口的哪个区域呢？通常情况下，默认是完整地填充整个窗口，但完全可以只填充一半（即把整个图像填充到一半的窗口内）。视口变换如图 8-11 所示。

void glViewport(GLint x, Glint y, Glsizei width, Glsizei height);

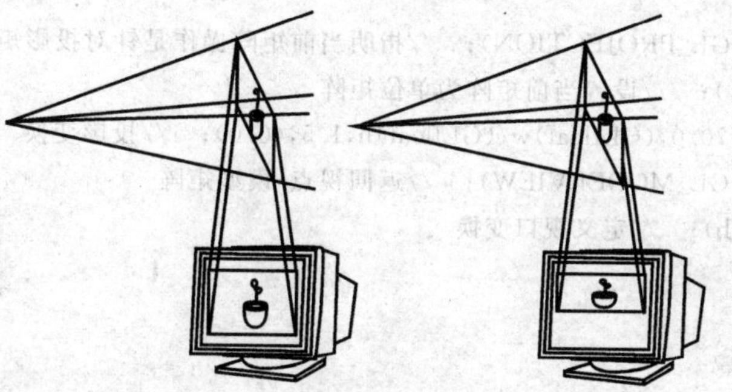

图 8-11 视口变换

7. 变换综合举例

本节将通过一个简单的程序进一步阐述 OpenGL 的基本变换命令及其使用方法。

例 8-1 三维空间绘制立方体的程序 cube.c。

```
#include <windows.h>
#include <GL/gl.h>
#include <GL/glu.h>
#include <GL/glaux.h>
#include <stdio.h>
void myinit(void);
void CALLBACK myReshape(int w,int h);
void CALLBACK display(void);
//初始化
void myinit(void)
{
glClearColor(0.0,0.0,0.0,0.0);   //将窗口清为黑色
glShadeModel(GL_FLAT); //常量明暗处理方式
}

void CALLBACK display(void)
{
    glClear(GL_COLOR_BUFFER_BIT);
```

```
    //将颜色缓存清为glClearColor命令所设置的颜色,即背景色
    glColor3f(1.0,1.0,1.0);  //选当前颜色(R,G,B)为白色
    glLoadIdentity();  //设置当前矩阵为单位矩阵
glTranslatef(0.0,0.0,-3.0);  //平移变换
    glRotatef(45,1.0,1.0,0.0);  //旋转变换
    glScalef(1.0,2.0,1.0);  //缩放变换
    auxWireCube(1.0);  //绘制立方体
    glFlush();  //强制绘图,不驻留缓存
}
void CALLBACK myReshape (int w,int h) //用于窗口改变大小时的处理,与绘图无关
{
    glMatrixMode(GL_PROJECTION);  //指明当前矩阵操作是针对投影矩阵进行的
    glLoadIdentity();  //设置当前矩阵为单位矩阵
    gluPerspective(70.0,(GLfloat)w/(GLfloat)h,1.5,40.0);  //投影变换
    glMatrixMode(GL_MODELVIEW);  //返回视点-模型矩阵
glViewport(0,0,w,h);  //定义视口变换
}
void main(void)
{
    auxInitDisplayMode(AUX_SINGLE|AUX_RGBA);
    //窗口显示单缓存和RGB(彩色)模式
    auxInitPosition(0,0,200,200); //大小 x=200,y=200,(0,0)是屏幕左上点
    auxInitWindow("Perspective 3-D Cubes");  //初始化窗口,参数是标题
    myinit();
    auxReshapeFunc(myReshape);
    auxMainLoop(display);
}
```

运行效果如图 8-12 所示。

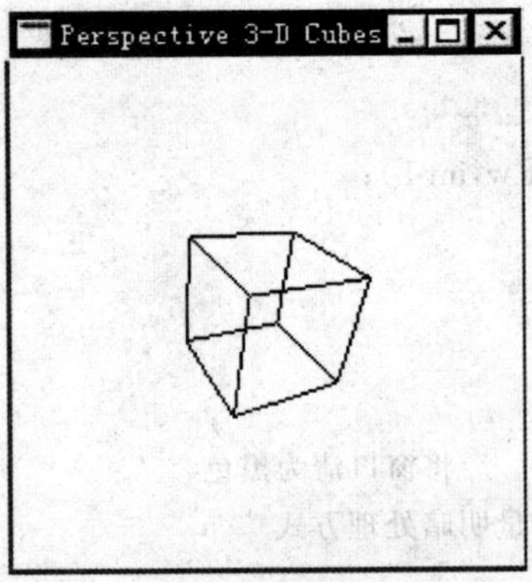

图 8-12　运行效果图

8. 光照效果

光照处理是 OpenGL 中绘制逼真的三维图形的一个重要步骤。否则,就无法使最终显示

在屏幕上的物体表现出立体感。在 RGBA 模式下，如果不启用光照处理，则顶点的颜色由当前颜色值所确定；启用光照处理后，则另行计算。场景中物体的光照计算不仅取决于光源的属性，而且与材料的特性直接相关。即光照计算要反映出在场景中使用的光照特性，以及场景中的物体对这种光的反射和吸收特性。

(1)OpenGL 光照的基本概念。OpenGL 中将光视为由红、绿、蓝三种成分所组成的，光源的特性由所发出的三种颜色的光的比例来确定。光源的 RGB 值代表各种颜色占最大光强的比例，通过调整各数值可以使光源呈现出各种不同的颜色。例如：当 R=G=B=1 时得到最强的白光，而当 R=G=B=0.5 时，由于光强减弱，得到灰白光。

OpenGL 在光照模拟中将光线分为辐射光、环境光、漫反射光和镜面反射光 4 种独立的成分。

1)辐射光：源自发光体，并且不受其他光源的影响。

2)环境光(泛光)：它经过环境的多次散射，已不可能确定其方向，而是好像来自各个方向。当它作用于物体的表面时，将沿各个方向均匀反射。

3)漫反射光：它来自一个方向，但作用于物体表面后将沿各个方向均匀散射。

4)镜面反射光：来自一个方向，并沿一特定方向离开。

顺便指出，可以在场景中设置多个独立的光，通过调整各光源的参数，得到满意的光照效果。

(2)物体表面的材质特性。OpenGL 中认为，材料的颜色决定于其对入射光中的红、绿、蓝各成分的反射比例。例如，对于理想的红色物体来说，它完全反射红色光，完全吸收绿色光和蓝色光。因而，白光照射下物体呈红色；纯绿光照射下物体则呈黑色。

材料的设置参数中也包括对 R,G,B 值的设定，但与光照的参数设置相比，两者的含义是不同的。对材料来说，上述各值分别对应材料对各种颜色光的反射比例。如上述理想的红色物体对应的参数为 R=1,G=0,B=0。一般地，如果光源和材料的参数分别为(Rl,Gl,Bl)和(Rm,Gm,Bm)，若不考虑其他影响因素，则观察到的光线的参数为(Rl * Rm,Gl * Gm,Bl * Bm)。

与光线的情况相似，材料也具有辐射色、环境色、漫反射色和镜面反射色。

为了模拟场景中的发光体，可以设定材料的辐射光特性；而环境色、漫反射色和镜面反射色则反映材料对环境光、漫反射光和镜面反射光的反射系数。

材料的泛光与每个入射光源的泛光组分相结合；漫反射与入射光源的漫反射光组分相结合；镜面反射与入射光源的镜面反射光组分相结合。

(3)对物体光照处理的步骤。

1)定义物体各顶点的法向量，由此确定物体与光源的相对方向。OpenGL 通过法向量来确定指定顶点从每个光源所得到的受光量，并用于像素点颜色的计算中。

2)光源的创建、定位和启用

由 glLight()函数创建光源，指定光源的位置，可创建 8 个。

必须用命令 glEnable(GL_LIGHTING)启用所定义的光源。用 glEnable(GL_LIGHTi)打开第 i 个光源。

· 选择光照模型

光照模型由 glModel()函数进行选择。OpenGL 的光照模型由三部分组成：全景泛光强度，观察点的位置，对前、后面光照计算的处理。

· 定义场景中物体的材料属性

通过函数 glMaterial()指定材料的环境色、漫反射色、镜面反射色及其光亮度。

示例：

```
Glfloat mat_specular[]={1.0,1.0,1.0,1.0};
Glfloat mat_shininess={50.0};
Glfloat light_position[]={1.0,1.0,1.0,0.0};//无穷远光源

glMaterialfv(GL_FRONT,GL_SPECULAR,mat_specular);
glMaterialfv(GL_FRONT,GL_SHININESS,mat_shininess);
glLightfv(GL_LIGHT0,GL_POSITION,light_position);

glEnable(GL_LIGHTING);
glEnable(GL_LIGHT0);
```

第9章 实时半实物仿真

9.1 半实物仿真概述

在第1章曾经指出，系统仿真是利用相似论、控制理论、计算技术等理论和技术，通过综合性的模型试验来揭示原型的本质和运动规律的科学方法。依据观察问题的角度和选择的分类标准不同，可以将仿真分成多种类型。如果按仿真时间与实际时间的比例关系来进行分类，可分为实时仿真、超实时及欠实时仿真。

实时性是进行半实物仿真的必要前提。所谓半实物仿真是指在仿真试验系统的仿真回路中接入部分实物的实时仿真。“半实物仿真”这一称谓是国内仿真界对这一类系统仿真方法和相应的仿真系统的一种通俗而习惯的称呼，其准确的含义是：Hardware In the Loop Simulation（HILS），即回路中含有实物的仿真。

HILS同其他类型的仿真方法相比具有实现更高真实度的可能性，是仿真技术中置信度最高的一种仿真方法。从系统的观点来看，HILS允许在系统中接入部分实物，意味着可以把部分实物放在系统中进行考查，从而使部件能在满足系统整体性能指标的环境中得到检验，因此是提高系统设计的可靠性和研制质量的必要手段。

9.1.1 导弹半实物仿真概念

导弹制导控制系统的半实物仿真类似其他复杂系统的半实物仿真，是计算机、数学模型、系统实际部件（或设备）与环境物理效应装置相结合的仿真。其突出特点：①可使无法准确建立数学模型的实物部件如导引头、自动驾驶仪直接进入仿真回路。②可通过物理效应装置，如飞行模拟转台、光电制导模拟器、射频目标模拟器、成像目标模拟器、气压高度模拟器、力矩负载模拟器等提供更为逼真的物理实验环境，包括飞行运动参数（飞行速度、角速度、加速度等）；探测系统电磁波（毫米波、微波、可见光、红外、紫外）发射、传输、反射（散射）及其干扰特性（自然或人为的干扰信号）；红外、可见光和无线电射频的目标及其相应环境限制（目标大小、形状、信号强度以及目标方位角、高低角和距离杂波，角闪烁，振幅起伏，多路径效应等，以及各种自然和人为干扰信号等）。③直接检验制导控制系统各部分，如陀螺仪、舵面传动装置、自动驾驶仪、导引头等的功能、性能和工作协调性、可靠性；通过模型和实物之间的切换及仿真数据补充等手段进一步校准数学模型。

半实物仿真主要是研究制导控制系统用数学模型解决不了的问题，并在互相补充下更充分地发挥数学模型的作用。制导控制系统半实物仿真所起的重要作用可归结为：①检验制导控制系统更接近实战环境下的功能；②研究某些部件和环节特性对制导控制系统的影响，提出改进措施；③检验各子系统特性和设备的协调性及可靠性；④补充制导控制系统建模数据和检验已有数学模型。

9.1.2 半实物仿真在飞行器系统研制中的作用

对于导弹、火箭或其他类型的飞行器而言，半实物仿真和数学仿真都是其制导控制系统研制工作的强有力的手段，具有提高制导控制系统研制质量、缩短研制周期和节省研制费用等优点，具体表现在下述几方面。

1. 避免建模困难

有的制导控制系统很难建立起准确的数学模型，如射频寻的制导控制系统，导引头在工作条件下，从目标运动(包括射频特性)至导引头输出，都很难建立起这部分的准确的数学模型。在半实物仿真中，将这一部分以实物直接参与仿真，从而可以避免建模之困难，克服建模不准确造成的误差。

2. 有效确定飞行器系统的作战空域

武器系统性能的评定，特别是作战空域的确定，是各型号飞行器研制中的重要课题。传统的观念倾向于以靶场实弹飞行试验的结果作为依据。为了全面地检验作战空域和取得统计数据，要求客观的试验次数，需要付出昂贵的代价，而为了省钱大量减少试验次数就会使靶场试验结果置信度水平降低。新的概念是，主要通过仿真试验来确定导弹的作战空域，而实弹靶场试验只是作为检验仿真结果真实性的依据和基准。以仿真打靶试验替代部分乃至大部分实弹靶场试验，国内外已得到实现。

以美国响尾蛇空空导弹发展的 3 个型号为例加以说明(见表 9－1)。由于采用系统仿真技术，每个型号研制实弹靶场试验次数明显减少。实弹靶场试验次数减少，型号间的继承性固然是一个原因，但主要的是采用了半实物仿真技术。

表 9－1 美国三种型号响尾蛇空空导弹试验耗弹情况

型号	研制周期	靶场试验次数
AIM－9D	1960－1964 年	129
AIM－9L	1972－1975 年	69
AIM－9M	1978－1981 年	35

根据国外对 3 种不同类型的地空导弹型号——爱国者、罗兰特、尾刺研制过程中的统计分析，可得出以下结论：由于采用系统仿真技术，使实弹试验次数减少了 30%～60%，研制费用节省了 10%～40%，研制周期缩短了 30%～40%，其效益是显而易见的(见表 9－2)。

表 9－2 三种地空导弹采用仿真技术后的效益

型号	原计划靶试次数	采用仿真后的靶试次数	节省导弹发数	节省经费(仅导弹一项)万美元
爱国者	141	101	40	8 000
罗兰特	224	95	129	4 200
尾刺	185	114	71	2 500

美国先进的中程空空导弹 AMRAAM 的系统仿真是极其成功的，由于仿真试验充分，在 3

次试验后就获得了导弹生产合同。

美国波音公司也对系统仿真做过效益分析。用一个例子来说明问题，若做 3 000 发实弹试验需两年时间，耗资 1.2 亿美元，而做同样次数的仿真试验，只需 3 周时间，仅花费 10 万美元。

因此，可以得出结论，系统仿真可以有效地确定武器系统的作战空域，且省弹、省时、省钱。

3. 弥补外场飞行试验的不足

对于如今的多种模式、多种功能的导弹制导系统，只靠单一的飞行试验是难以作出恰如其分的评价的。一个多模式的复合系统，要想测试其功能，就要在一个受控环境中，输入各种模式情况下所要求的各种激励信号，并确定系统对激励信号的响应灵敏度。由于受到外场飞行试验条件的限制，多功能测试往往难以实现。

另外，对于一些特定的复合的地形地貌或其他环境因素，外场试验条件是难以实现的。

4. 是有效地评价系统性能的重要方法

如图 9－1 所示，通过从飞行试验前的准备到飞行试验的实施全过程，逐步形成了对导弹系统性能评价方法分级的概念。以逼真程度和复杂程度为性能评价方法分级的依据，从设计分析到实际作战可以将导弹性能评价方法分为 6 级。

计算机数学仿真和半实物仿真都是进行飞行试验前预测和事后结果分析的有效工具。

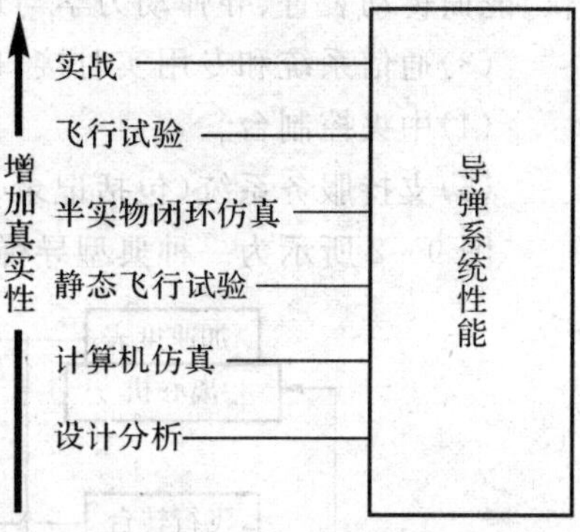

图 9－1 性能评价方法分析

5. 为管理决策和技术决策提供依据

近 20 年来，仿真技术在武器系统研制中的应用，已经有了相当的发展：从某一子系统应用发展到全系统应用，从某一阶段应用发展到全过程应用（仿真贯穿于从系统研制到使用的全生命周期中）。现代仿真系统为多快好省地研制导弹武器系统提供了技术保障。也可以这样说，武器系统仿真是一种越来越重要和有价值并能为决策提供有用信息的手段，因为充分而可信的仿真信息可以减少盲目性和不确定因素，使决策正确、合理、及时、有据。

6. 仿真的效益

仿真在技术上的效益是显而易见的，可以利用仿真理解系统、评价系统、确认系统、设计和改进系统，这已为大家所公认。除此以外，采用仿真技术使得导弹武器系统的研制过程变成为可预测的。总之，仿真的综合效益可以反映在以下几个方面。

（1）理解系统。通过在一个可控的和可重复试验的实验室环境中的半实物仿真试验，可以检测出系统能达到的性能指标和受到的限制。由于试验条件能够覆盖已有环境的场景的一个较宽的范围，因而得到的数据较之传统的系统测试方法得到的数据更加详细和完整。由于具有实时数据分析能力，仿真工作人员可以通过交替改变参数来暴露和探索事先未能预见到的现象。

（2）评价系统。经过模型验证和确认有效的半实物仿真和数学仿真能为决策者提供可靠的信息资料。

（3）确认系统。半实物仿真和数学仿真是确认导弹性能是否完备，能否完成作战任务所需要能力的强有力的手段。在系统全寿命周期的所有阶段都要完成研究和作战两方面的测试，伴随技术风险的减少，可使对系统性能测试结果置信度的增加。

9.2　半实物仿真系统组成

半实物仿真系统与数学仿真系统的主要区别在于：用制导控制设备实物代替该部分的数学模型；目标特性用模拟器代替；弹体特性和目标运动学特性由仿真计算机实现；增加许多模拟环境的物理效应装置。制导控制系统的半实物仿真系统组成在很大程度上取决于导弹采用的制导体制和目标探测方式。据此，常见的半实物仿真系统有指令制导半实物仿真系统、射频制导半实物仿真系统、红外(成像)制导半实物仿真系统和光电制导半实物仿真系统等。它们在系统组成方面虽然有较大差别，但亦有许多共同之处。制导控制系统的半实物仿真系统一般由以下五部分组成。

(1)仿真设备，主要包括仿真计算机系统、实时网络系统、飞行模拟转台、目标模拟器、舵负载模拟器、数据库及仿真软件等。

(2)参试设备和模型，指制导控制系统的部件、设备和有关数学模型，如导引头、自动驾驶仪、舵面传动装置、导弹动力学与运动学模型、各种干扰模型以及系统评估模型等。

(3)通信系统和专用实时接口。

(4)中央控制台。

(5)支持服务系统(包括记录、测试、显示、数据处理系统及分析设备等)。

图 9-2 所示为一种典型导弹制导控制系统的半实物仿真系统基本组成。

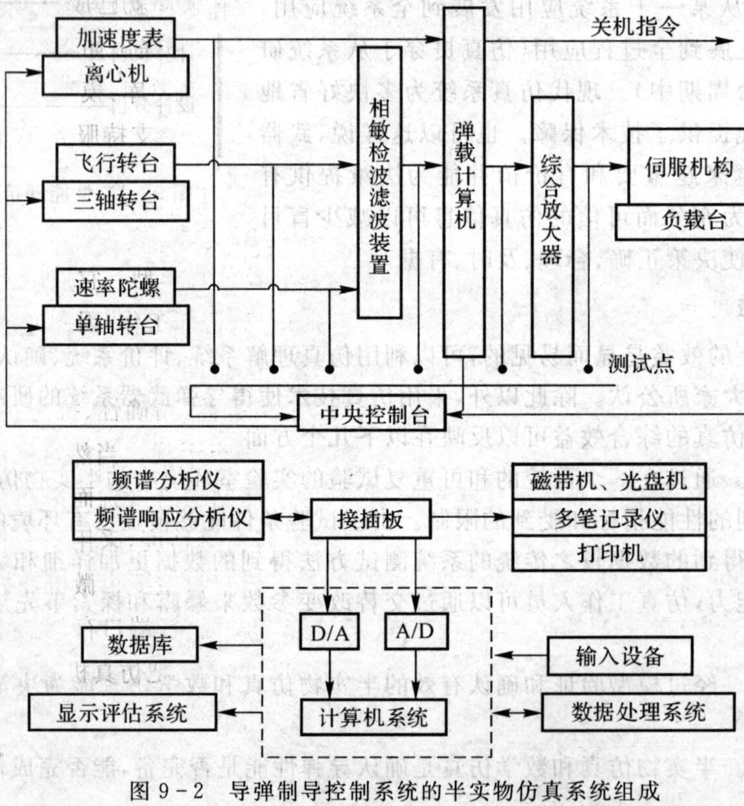

图 9-2　导弹制导控制系统的半实物仿真系统组成

9.3 半实物仿真系统的主要设备和模型

9.3.1 仿真计算机系统及其软件

仿真计算机系统是半实物仿真系统的核心部分，主要担负着导弹动力学与运动学计算、目标特性计算、图形/图像生成、数据处理等。除此，还具有调用数据库和仿真软件及控制其他设备之功能。

目前，仿真计算机有 3 种形式，即模拟机、数字机和混合机。模拟机具有高速实时、便于连接实物设备、适于连续系统、特别善于求解系导弹动力学与运动学常微分方程的优势。但存在精度低、无逻辑判断和存储能力，且处理非线性困难的严重缺陷。在 20 世纪 50 年代的导弹武器系统仿真中曾风云一时，后逐渐失去风头。60 年代至 70 年代，空间技术的发展推动了模拟机与数字技术的结合，出现了混合机用于导弹仿真的黄金时代，它在仿真性能上兼具了二者的优点。随着微电子技术的发展，全数字仿真性能价格比不断改善并突破了实时大关后，数字机在导弹制导控制系统半实物仿真中已成为主流。

另外，在仿真计算机运行中，可按质心运动和绕质心运动的采样周期分开，这样可减少运算时间。通常绕质心运动效率较高，若系统最高频率为 f_r，则采样周期 T_c 取 $T_c \leqslant 1/nf_r$（一般取 $n=5\sim10$）。因此，要做到实时仿真，通常要求仿真计算机的速度为 1×10^9 次/s 左右。仿真计算机的字长，可按照对脱靶量计算误差要求提出。若误差不大于 1 m，则应用 32 位字长。

自从半实物仿真系统广泛应用数字计算机仿真以来，仿真软件就已成为系统的重要组成部分。为保证系统能够正确、可靠和高效地运行，通常对仿真软件提出如下基本要求：①必须满足实时运算和计算精度要求；②能够提供半实物仿真系统的各类库：模型库、图形/图像库、算法库、数据库和文档库等；③具有高效的管理系统；④建立完善的支持服务系统。

9.3.2 专用实时接口

半实物仿真系统中有种类繁多的仿真设备、参试部件及仿真模型。它们结构、类型相距甚远，通信方式各不相同，但又要连成一个有机整体，互通信息、协同工作，因此通过适当的接口，实现实时仿真系统各部分间的信息交互是至关重要的。

半实物仿真系统对接口的要求很高，其基本要求为：实时性、精确性、抗干扰性和可靠性。理想的情况是：接口传递函数为 1，没有延时，没有衰减，无噪声干扰。当然这实际上是做不到的。但必须采取技术措施基本满足上述要求。例如，为了抑制噪声干扰而采用了隔离传输技术、平衡电路连接技术和屏蔽技术等。为保证实时性，提高仿真精度，采用了专用仿真实时数字通信接口技术。图 9-3 所示为这种接口的系统结构。该接口主要由微机和插在 ISO 总线上的四种插件板（FIFO 数字通信从控板、双端口存储器输出板、双端口存储器输入板及存储器控制板）组成。显然，这种通信方式是通过微处理机和接口电路把仿真机的数据分配给各仿真设备和制导部件的。

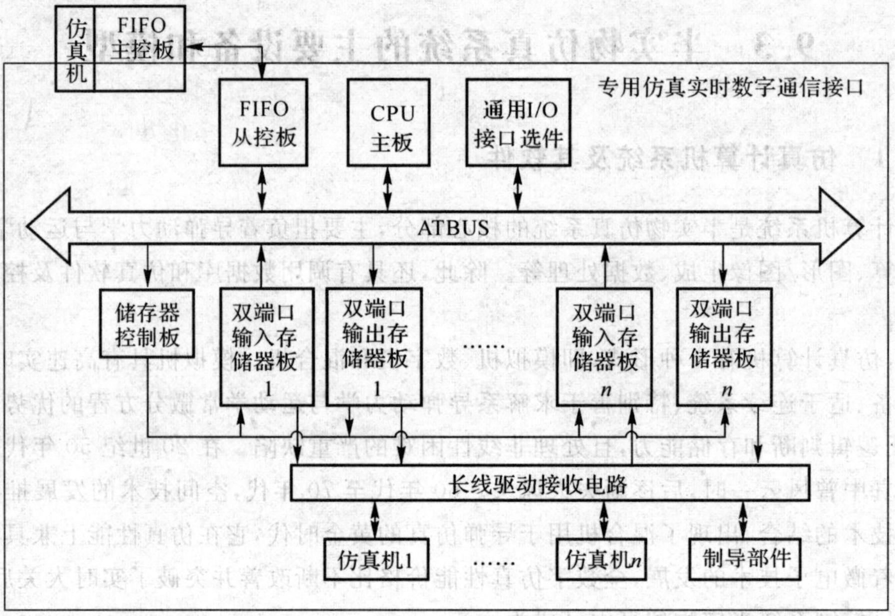

图 9-3 一种采用专用通信处理器管理的实时数字接口技术

9.3.3 实时网络环境

为了便于进行工作管理和维护，可以建立起对应的应用网络系统。一般的计算机系统自带的以太网络能够满足工程师日常工作的需要。不过在进行仿真工作时，往往传输的数据量比较大，而且要求响应速度快，因此还需要建立起仿真平台的实时网络环境，其重要功能包括：

(1)足够的带宽能够满足大数据量的吞吐；

(2)较低的数据传输延迟，保证系统运行的实时性；

(3)足够的传输距离；

(4)良好的接口，开发工作尽量少。

实时计算通常包含“复杂的”系统设计，若干个互相连接的计算机一起工作处理分布式的计算任务。典型分布式、实时的应用包括采用人在回路中(man-in-the-loop)、硬件回路(hardware-in-the-loop)和虚拟现实的仿真技术的训练与系统开发维护系统。实时应用具有独特的和数据通信的需求，而这些需求往往不是大多数商业数据处理网络所能够满足的。

1. 最小的传输延迟(低数据等待)

第一个独特的实时需求是最小的数据传输延迟。传输延迟是用来测量网络从一个 CPU 上获取数据有效载荷然后将其送到另外一个 CPU 所花费时间(传输延迟也可以叫做 A-T-A，或“应用到应用(Application-to-Application)”时间)。对最小传输延迟的需求来源于应用程序运行的模块和算法必须以 1～2 000 Hz 频率重复。从这些模块产生的数据将作为另外的运行在其他分布式的计算机系统上的软件应用程序模块的输入数据。在实时的世界，在计算机系统之间的数据传输必须在微秒以内发生。这与花费若干毫秒的数据处理网络对比，只够它们建立网络介质访问。

对于实时数据传输而言，运行在一个计算机系统上的一个应用将其输出的数据作为运行在另一个计算机系统上的另一个应用的数据输入的时间具有测量的意义。不幸的是对于实时系统的架构，在今天的市场上的大多数网络的目标是数据处理，它们的数据处理设计目标是带宽最大化，它们被设计用来实现带宽效率最大化，而在传输延迟最小化方面很少受到关注。

2. 确定性的性能

第二个独特的实时性需求源自第一条：数据传输延迟最小化的需求。对于大多数实时系统而言，简单的实现 A－T－A 的低时间开销是不够的，数据传输还必须是高可预见的，或者说"确定性"。实时系统中，为另一个应用程序使用的数据必须很容易地在指定的和可预见的时间内准时获得，而且在系统运行期间的任何时候都必须做到这一点。

例如，一个航空飞行模拟器必须以真实世界的形式操练硬件和软件，并成功地进行功能的确认和验证。这可能意味着通过飞行，人在回路和仿真来练习所有可能的飞行操作模式。如果支持任务的硬件/软件的模仿的环境不能跟上甚至一帧的时间，那么模拟仿真就可能失败，并且硬件/软件系统就得不到充分的验证。

可预知数据流的需求给网络协议的确定性设定了一个刚性的要求，确定性对于大多数基于 OSI 七层协议模型兼容网络是不可能做到的。建立在物理层和数据链路层之上的 OSI 协议往往是用软件的形式实现的，而这意味着增加网络系统在消息路由处理和数据编码/解码的能力，这个软件给网络操作带来了变数，即使是简单的网络过程，如网络介质访问，也会影响可预知的性能，而这决定了网络数据传输延迟。

3. I/O 的透明性

"透明"网络 I/O 是第三个独特的实时性需求。与大多数数据处理应用不同，实时系统是 CPU 敏感的。既然 CPU 时间在这些系统中是非常难得的，CPU 最好是用于执行应用模块和算法的需要而不是 I/O。这意味着 I/O 相关的通信需要放在主机 CPU 以外独立处理。

9.3.4 飞行模拟转台

飞行模拟转台又叫运动模拟器，分三轴转台和角速率转台，且主要是三轴转台。

三轴转台是安放惯性器件、寻的导引头并响应弹体姿态运动的仿真设备，并对制导控制仿真计算机所输出的角位置、角速度、角加速度在允许误差范围内作出响应。

为了保证三轴转台的工作性能，通常要求它应满足以下技术指标：

(1)负载尺寸：能够安装整个导引头或惯性器件。

(2)负载质量：应使转台设计负荷大于导引头和惯性器件质量。

(3)系统频响：是转台的最主要指标之一。设计中应考虑：制导回路的等效带宽、系统信号及噪声的功率谱密度、弹体的振动频率等。为此，目前一般提出满足双十指标和双三指标，即分别为

$$\text{横滚}\begin{cases}12\ \text{Hz}\\3\ \text{Hz}\end{cases},\quad \text{俯仰}\begin{cases}10\ \text{Hz}\\3\ \text{Hz}\end{cases},\quad \text{方位}\begin{cases}8\ \text{Hz}\\3\ \text{Hz}\end{cases}$$

(4)各框转角范围：由导弹飞行过程中 3 个姿态角变化的最大角度决定。其典型值为：横滚$\pm 165°$，俯仰$\pm 160°$，方位$\pm n$圈。

(5)最大角加速度：由导弹飞行中制导指令和噪声产生的最大角加速度和转台所需要的频

响而定。目前，转台可达到值：内框为40 000°/s²，中，外框为7 000°/s²；一般要求横滚为3 500°/s²，俯仰为2 500°/s²，方位为1 500°/s²。

(6)最大角速度：转台的最大角速度应大于导弹飞行可能的最大角速度。目前可做到：内框为400°/s，中框为200°/s，外框为200°/s。一般要求横滚为350°/s，俯仰为200°/s，方位为150°/s。

(7)位置精度：根据导弹类型而定，对于战术导弹，要求达到$(10^{-3})°$的量级。典型值为0.002°，0.001°(即4″)。

(8)速率平稳度：一般为5×10^{-4}°/s。

(9)机械误差：一般要求三轴不垂直度为15″；三轴不相交度≤0.5 mm，安装台面水平误差为10″。

(10) 其他：如保护功能、电磁兼容性、可靠性及工作环境等。

三轴转台按动力源可分为液压转台和电动转台，按框架配置形式分为卧式和立式。目前，一般采用电动三轴转台，并施行数字式控制，由无刷交流力矩电机拖动。典型的三轴电动转台系统如图 9-4 所示。

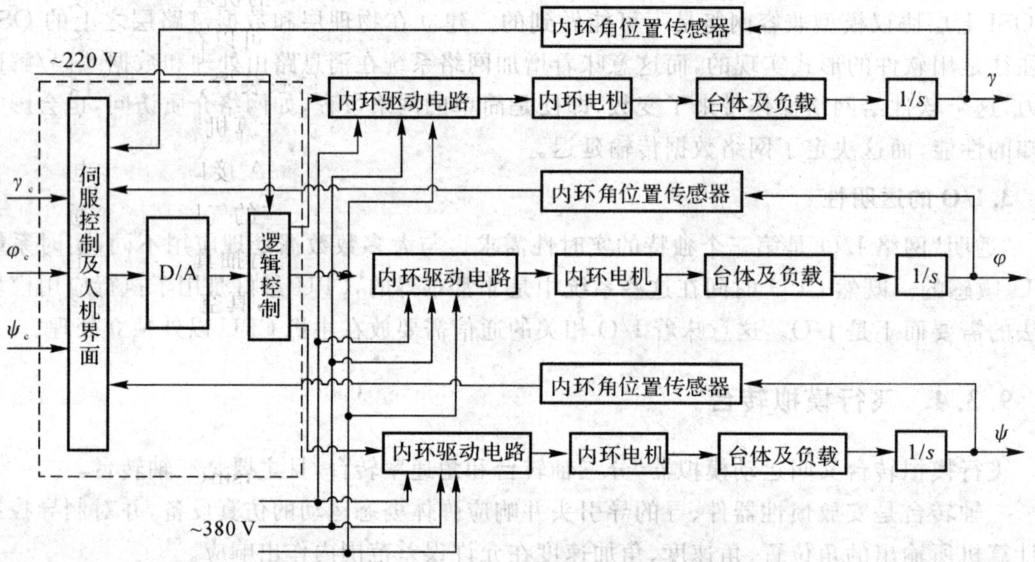

图 9-4 三轴电动转台电控系统框图

9.3.5 舵负载模拟器

舵负载模拟器实现给参试舵机施加力矩，用以模拟导弹飞行过程中作用于舵面上的气动铰链力矩。有液压、电动和弹簧机械负载模拟器之分。目前，广泛应用的是电动舵负载模拟器。

对这种模拟器的主要要求：① 结构上正确实现导弹舵面的力矩加载；② 负载力矩大小和方向应同飞行状态一致；③ 负载力矩频带应大于舵系统带宽。

为此，对舵负载模拟器提出以下技术指标：

(1)最大加载力矩(单位：N·m)。决定于舵面最大铰链力矩，应大于此值的 30%左右，典型值为50～80 N·m。

(2)最大转角。应大于舵面最大偏度,通常取±30°。

(3)最大角速度。相对于舵面偏转角速度,一般取200°/s。

(4)加载梯度。一般根据舵面铰链力矩随飞行状态变化的梯度而定。通常取值范围为0.5～5 N·m/(°)。

(5)加载精度。有一定精度要求,但不宜过高,一般取1%。

(6)零位死区。可取0.5 N·m。

(7)多余力下幅度。可取80%。

(8)带宽。当频率为10 Hz时,$\Delta A/A<10\%$,$\Delta\varphi<10°$,当频率为5 Hz时,$\Delta A/A<5\%$,$\Delta\varphi<5°$。

(9)通道数。视具体导弹舵面数而定,一般为4。

9.3.6 气压高度模拟器

气压高度模拟器又被称为总、静压模拟器。根据气压式高度表的机理,只要能使气压高度模拟器实现使固定容腔内的压力随高度及飞行速度变化而变化,就可以在实验室条件下使用该模拟器进行半实物仿真试验。模拟器主要由气源装置、电气伺服装置、真空发射装置、静压封闭容器腔、压力传感器及计算机等部分组成。其工作原理如下:计算机装有气压高低随导弹飞行状态变化的数据库,在计算机控制下,电气伺服装置将通过D/A接口送出与电信号成比例的气体流量至静压封闭容器腔,产生气压变化,从而获得与之反应的气压高度和通过压力传感器的压力反馈,以构成闭环。真空发生装置用来对封闭容器腔进行抽真空,以产生负气压信号。当计算机输出信号越大时,通过电气伺服装置的气体流量越大,真空装置抽真空度越大,产生的负气压便越大。通常,气压高度模拟器的技术指标为:

模拟范围:−500 m～11 km,11～22.6 kPa;

静态精度:0.2%;

动态精度:在11～22.6 kPa内任一基础上输入正弦信号。$p=A\sin(2\pi ft)$,$f=0\sim1$ Hz,$A=\pm129$ Pa,允许幅值误差$\Delta A/A<5\%$,允许相位误差$\varphi<5°$;

最大垂直精度:−70～80 m。

9.3.7 目标模拟器

目标模拟器用以仿真目标的物理效应,可能是射频的、红外的、成像的,也可能是光电的;还用以提供目标运动学的各种信息,如飞行速度、高度、加速度和机动能力以及目标的散射特性、角闪烁、振幅起伏、背景及各种有源或无源干扰等。

所有目标模拟器的仿真都基于"相对等效原理",即仿真目标与真实目标相对于导弹的空间运动特性相同;射频或红外辐射空间特性的仿真等效为仿真目标在导引头上形成的效应与真实目标相等;射频或红外辐射光谱特性等效于在工作波段内真实目标与仿真目标在导引头接收系统入瞳处的辐射通量相等。

目标模拟器有各种类型。按目标信号的馈入方式分为辐射式和注入式,按辐射信号的物理性质分微波、毫米波、红外、紫外、红外图像等，按结构分机械式、阵列式、机电混合式、平行光管和复合扩束式等，按注入频率分为中频、高频和低频注入等。通常，指令制导半实物仿真系统采用注入式目标模拟器，而寻的制导半实物仿真系统采用辐射式目标模拟器。目前，获得广泛应用的较先进的目标模拟器，在射频寻的仿真中有阵列式目标模拟器；在红外寻的仿真中，有复合扩束目标模拟器及更先进的红外成像目标模拟器。

9.4 射频制导半实物仿真及其系统设计

9.4.1 概述

雷达制导体制有多种，但从仿真角度可归结为两大类：一类是雷达寻的制导，另一类是雷达指令制导或架束制导。针对两类制导体制，目标模拟信号的馈入方法亦有两种：前者采用射频辐射法，后者采用信号注入法。射频辐射法是在微波暗室内，模拟目标及环境信号，导引头通过天线接收信号，从而复现寻的制导导弹在拦截目标过程中所面临的射频目标及环境。把这种仿真过程称为射频制导半实物仿真，实现该仿真的系统谓之射频制导半实物仿真系统，简称射频仿真系统。

射频仿真系统的根本任务是将雷达目标及环境的数学模型，通过计算机及有关射频仿真设备，转化为雷达目标及环境的射频物理效应。射频仿真系统有两种工作方式，即闭环仿真和开环仿真。前者由导弹制导回路通过射频目标仿真系统和导引头形成闭环仿真系统，用于仿真中检验整个导弹制导控制系统的功能和性能。后者仿真时导弹制导回路不闭合，主要用于研究导引头性能，还可以作为闭环仿真前的准备。图 9－5 所示为闭环射频制导半实物仿真示意图。

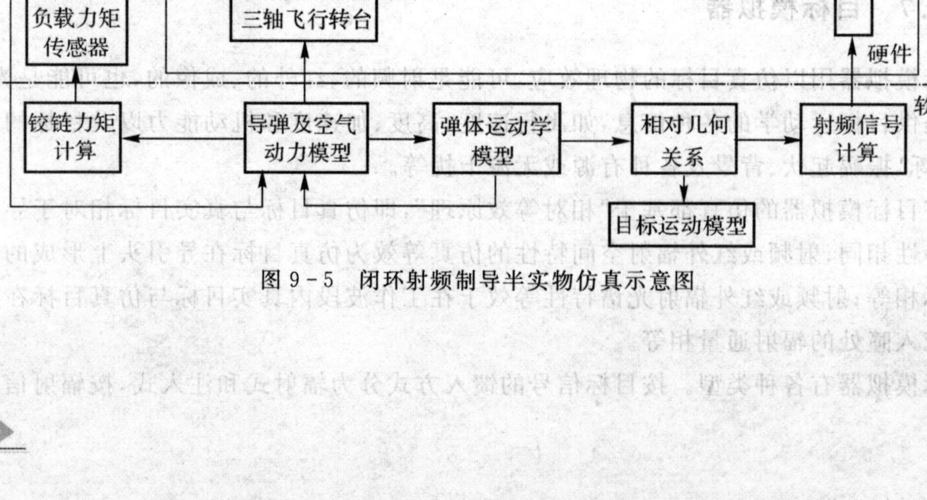

图 9－5　闭环射频制导半实物仿真示意图

9.4.2　射频仿真系统设计要求及基本技术参数

1. 系统设计要求

系统设计要求视仿真实验室性质和任务不同而各异，实验室应用范围及试验内容覆盖面亦显著影响对系统的要求。一般讲，所设计的射频仿真系统，通过制导回路的仿真试验，应达到以下目标：

(1)对研究中的导弹制导控制系统性能验证、评定和修改设计提供依据。

(2)对正在服役的导弹制导控制系统进行性能评估和改进发展提供依据。

(3)辅助新型导弹的制导控制系统设计，并为研究复杂部件及其交联影响的数学模型提供充分的试验数据。

(4)系统应能开展以下仿真试验：

- 用于制导雷达抗干扰仿真试验，并对制导雷达的性能进行评估；
- 用于导弹在复杂干扰环境下的模拟打靶试验；
- 开展反辐射导弹攻防对抗仿真试验。

2. 基本技术参数及性能要求

射频仿真系统的基本技术参数及性能要求：

(1)工作频率范围：一般重点考虑厘米波段，通常能覆盖 0.5～18 GHz 整个微波频段，同时又要兼顾 18～40 GHz 毫米波段。

(2)瞬时带宽和频率捷变能力：通常瞬时带宽要求大于 600 MHz，而频率跟踪精度至少达到 0.5 MHz。

(3)暗室尺寸及静区特性。

(4)视场角：指阵列天线的视场角，通常大一些试验方便，但造价高，应折中处理。

(5)模拟目标数：一般至少要能模拟 2～4 个活动目标，其中一个目标是导弹制导系统的优选攻击目标，其余 1～3 个目标用来模拟次要目标和干扰。如果仿真近距离大目标闪烁效应，则需要模拟 6～10 个甚至更多活动目标。

(6)模拟目标至转台回转中心的距离。

(7)目标位置精度。

(8)射频信号形式、极化形式及信号谱纯度：为了节省经费，目标通道和干扰通道一般采用线极化。

(9)目标模拟信号的最大有效辐射功率电平、动态范围及分辨率。

(10)目标模拟信号的多普勒频率范围及分辨率。

(11)目标及环境模型。

(12)电子干扰模拟能力。

(13)目标模拟信号的更新率(包括目标位置更新率、功率电平更新率、多普勒频率更新率等)，其中位置更新率一般要求小于 5 ms。

9.4.3　射频仿真系统的工作原理及组成

射频仿真的核心是以射频形式复现雷达导引头的目标信号，包括它的空间属性(距离、距离变化率、角度、角度变化率)和信号特征(幅度、相位、幅度起伏、角闪烁、极化等)。实现射频仿真的方法有三类,即机械式、阵列式和机电混合式。目前,世界各国普遍采用阵列式射频目标仿真方法(见图 9-6)。

阵列式射频目标仿真系统的基本思想是采用电路控制的方法实现目标空间角度运动的仿真。其具体方法和原理如下:

(1)将若干个射频辐射单元按照一定的规律排列成一个阵列(可有二元、三元或四元组阵)。

(2)目标模拟器所模拟的目标信号是以阵列上相邻的两个(三个或四个)单元辐射的合成信号来表示的。

(3)元组阵的等效辐射中心位置可通过一定公式(如 Meada 公式)计算得到,它决定于两个辐射元的夹角、信号幅度比和相位差等。

(4)利用数控衰减器和数控移相器来分别控制元组内单元的射频信号相对幅度和相位,从而达到控制目标模拟信号在元组内的精确位置的目的。

(5)借助射频开关矩阵控制射频信号,可使目标模拟信号由一个元组转移到另一个元组,从而实现目标位置的粗略控制。

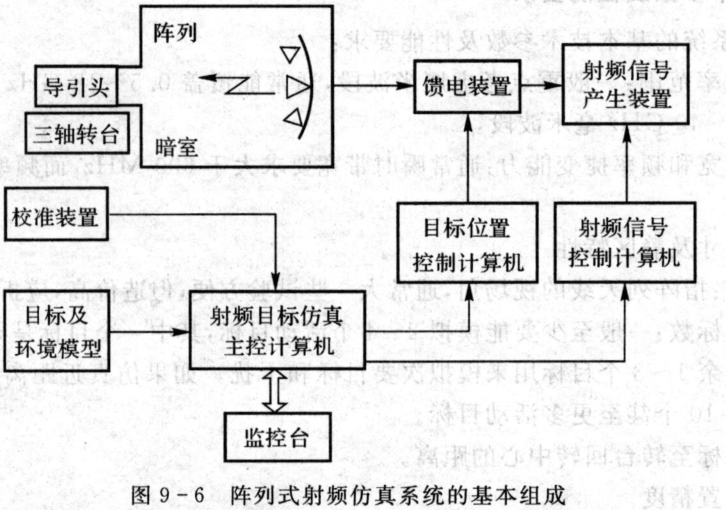

图 9-6 阵列式射频仿真系统的基本组成

1. 屏蔽微波暗室

微波暗室为射频仿真试验提供了一个电磁波的自由传播空间。室内一端安置射频目标阵列,另一端装有三轴飞行模拟转台。暗室技术性能与其尺寸密切相关。大都采用高、宽相等的正方形截面。长度主要决定于电磁波传播的远场条件,据此,参考长度为

$$R \geqslant \frac{K\,(D_1+D_2)^2}{\lambda} \tag{9.1}$$

式中,R 为暗室有效长度;D_1,D_2 分别为接收、发射天线的口径;λ 为工作波长;K 为常数,一般取 $K=2$。

暗室宽度取决于目标阵列视场角及对模拟目标位置的精度要求,亦有参考尺寸

$$\omega = R\cos\frac{q_{\max}}{2}\cot\theta + \frac{L}{2} \tag{9.2}$$

式中，ω 为暗室宽度；q_{max} 为阵列最大视场角；θ 为电磁波束对远侧墙的最大入射角；L 为阵列的口径。

暗室静区是整个暗室中发射电平最低的一个区域，其位置应与导引头工作区相一致，故一般安排在以三轴飞行模拟转台的转轴交点为中心，边长为 1 ～ 2 m 的立方体区域内。静区主要质量指标是反射率，它由对目标位置精度要求而确定，一般取 − 60 dB 左右。

为了防止干扰、导引头工作频率泄露和微波辐射对人身伤害，暗室应进行屏蔽，屏蔽指标可参照电磁兼容技术规范。一个高性能的射频仿真暗室，其屏蔽指标通常取为 100 dB。

2. 阵列及馈电控制系统

阵列射频辐射单元排列在一个球面上，其球心应位于三轴飞行模拟转台的回转中心。阵列形式有圆形、六角形、带状和混合形。通常，小视场角内可采用六角形或方形阵，而大视场角范围宜采用带状阵。

馈电控制系统由程控衰减器、程控移相器、开关矩阵及馈线组成(见图 9 - 7)。

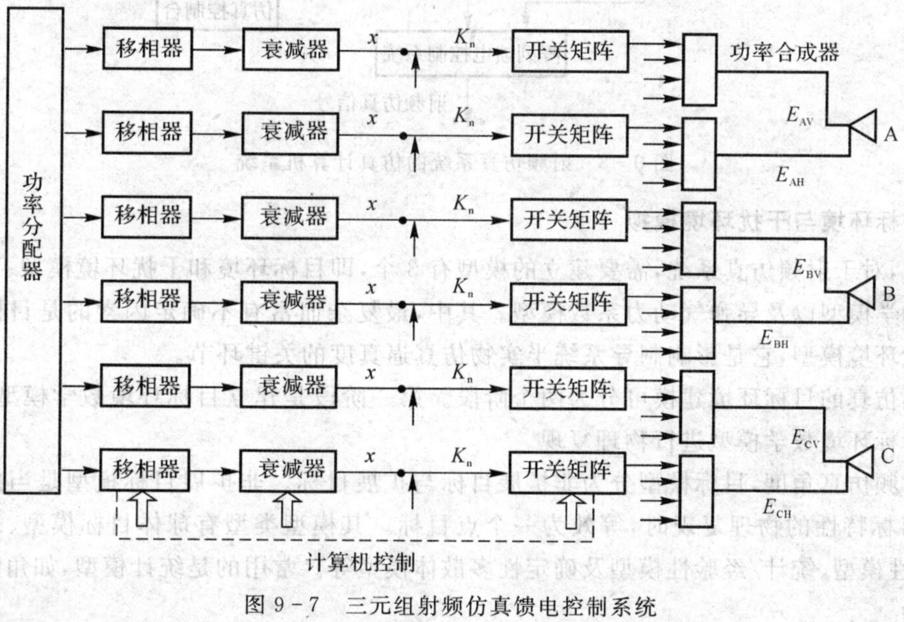

图 9 - 7　三元组射频仿真馈电控制系统

3. 射频信号生成系统

射频信号生成系统用来产生射频目标和环境模拟信号(包括杂波、多路径和电子干扰)。它主要由一些精密、高稳定度程控仪表及器件组成，包括主振信号源、目标通道、干扰通道、载波通道和监测与控制等五部分。主振信号源实际上是一台或多台高性能程控频率合成器，其频率覆盖范围视模拟对象而定。对于地空、空空导弹的导引头，频率范围为 8～18 GHz；若提供毫米波精确制导仿真，则需要扩展到 40 GHz 甚至更高；如果是反辐射导弹导引头仿真，则频率低端需要扩展到 5 GHz，甚至更低。导引头对发射信号的频谱纯度要求很高，其边带相位噪声指标为−90～100 dB/Hz(频偏为 5～10 kHz)。

4. 计算机及接口

射频仿真系统的计算机及接口，通常构成一个仿真计算机系统，担负着目标及环境模型数据的产生、阵列馈电控制参数计算、射频信号参数计算及整个系统监控和显示等任务。该仿真计算机系统一般由多台计算机组成，即主控计算机、阵列馈电控制计算机、射频信号控制计算机、目标环境模拟计算机、阵列图形显示计算机。该计算机系统在射频仿真系统中的地位以及计算机间的信号交联如图 9-8 所示。

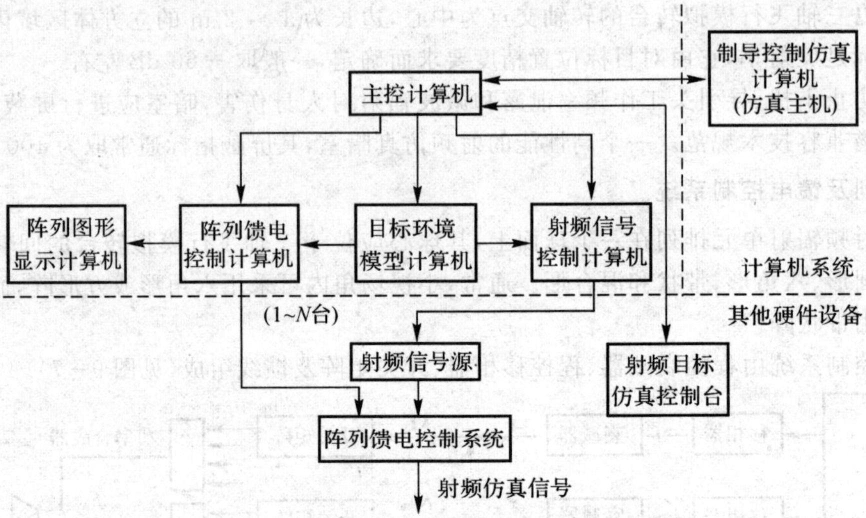

图 9-8　射频仿真系统的仿真计算机系统

5. 目标环境与干扰环境模拟

通常，对于射频仿真系统，需要建立的模型有 3 个，即目标环境和干扰环境模型、导弹动力学和运动学模型以及导弹气动力系数模型。其中，最复杂而富有不确定因素的是目标环境模型与干扰环境模型，它是影响制导系统半实物仿真逼真度的关键环节。

射频仿真的目标环境建模可分为两个阶段。第一阶段是建立目标环境数学模型，第二阶段是将目标环境数学模型进行物理复现。

从射频仿真角度，目标模型分为非扩展目标与扩展目标。非扩展目标模型是当射频仿真系统对目标特性的物理复现时，等效为一个点目标。其模型类型有球体目标模型、统计性模型、经验性模型、统计/经验性模型及确定性多散体模型等。常用的是统计模型，如角闪烁的统计模型为

$$\sigma_L = k\frac{L}{\Delta R} \tag{9.3}$$

式中，σ_L 为方差；L 为目标长度；k 为常数，取 $k=0.22$；ΔR 为弹目相对距离。

6. 监控台与记录、显示设备

监控台一般由射频信号监测系统、状态监视系统和数据采集系统组成。射频信号监测系统监测性能用微波测量仪器有频谱分析仪、功率计和频率计等。目前，已研制出专用射频信号监测仪。状态监测系统主要由监视计算机及相关软件组成。数据采集系统可采用分流—压缩—缓存—磁盘阵列与多机系统结构，并将多机挂在网络上。

7. 校准系统

校准系统指阵列天线校准系统，其主要功能如下：

(1)进行各天线单元方位标定；

(2)对各单元通道长度和通路进行校准；

(3)对程控衰减器和程控移相器的衰减量和相移量进行校准；

(4)自动测试阵列天线等效辐射中心方向和相位，并进行验证。

9.5 成像制导半实物仿真及其系统设计

9.5.1 概述

光学成像制导包括电视和红外成像制导。电视制导目标成像能力最好，红外和激光制导次之，毫米波和微波再次之。电视制导精度高、抗干扰能力强，但只能在能见度良好的白天工作。红外成像制导可直接命中目标或命中目标的要害部位，在多种复杂干扰条件下，能够自动搜索、捕获、识别目标和跟踪目标及正确选择命中点，同时具有全天候工作能力。

随着对精确制导武器的迫切需求，研制和开发电视/红外成像制导导弹成为制导化弹药的发展方向。这种开发和研制工作把光学成像制导半实物仿真推上了重要地位。而为了进行半实物仿真必须设计和建造专门的光学成像制导半实物仿真系统。

成像制导半实物仿真系统的设计和建造是由当前和发展中的程序制导控制系统亟须的仿真内容来决定的。红外成像制导系统是一个要求高、很复杂的系统，具有多维性和统计性的重要特点。目前，光纤传输成像制导控制系统是较为先进的，它一般由电视或红外成像导引头、图像跟踪器、光纤或无线电双向传输装置、地面操控器、弹上计算机、陀螺、舵机等部分组成(见图 9-9)。

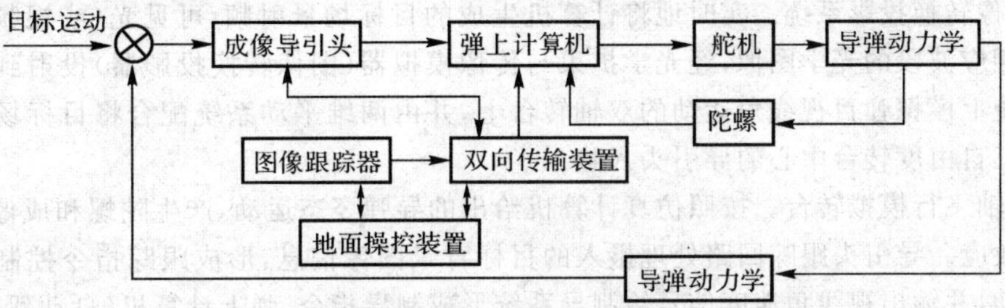

图 9-9 光纤传输成像制导导弹制导控制系统方框图

就导弹制导控制系统总体来说，其仿真内容基本与射频和红外点源制导半实物仿真任务相同，但仿真系统的建立将重点考虑光学图像目标仿真，即主要从导引头跟踪性能和武器系统研制精度仿真角度出发，在仿真过程中更深入地考核导引头探测、信息融合和图像处理技术，要求在半实物仿真试验中提供一个形状、色彩、亮度(能量)变化逼真的目标战场场景与环境，并使制导系统性能都得到真实考核。因此，成像制导半实物仿真系统的设计、运行都是以目标仿真为中心展开的。

9.5.2 仿真系统组成、功能及仿真过程

1. 系统组成

光学成像制导半实物仿真系统一般由仿真计算机、弹目相对运动模拟器、图像生成计算

机、图像转换投射器、扩束与传像模拟器、三轴飞行模拟转台(或五轴飞行模拟转台)、力矩负载模拟器、实时数字接口以及制导控制系统的部件(成像导引头、图像跟踪器、光纤或无线电双向传输装置、地面操控台、弹上计算机、陀螺、舵机等)组成(见图 9－10)。

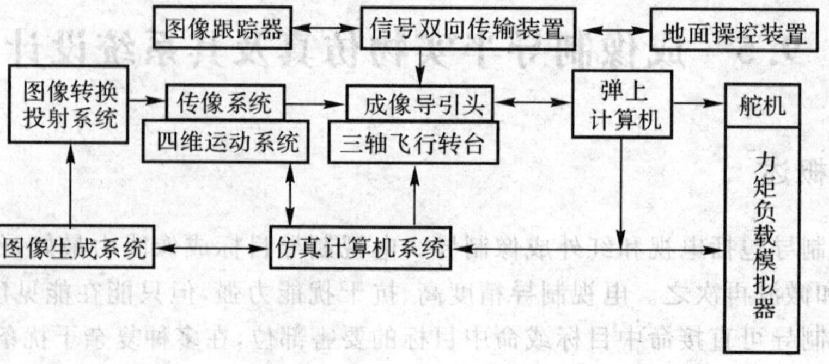

图 9－10　光学成像制导半实物仿真系统组成框图

2. 各部分功能及仿真过程

(1)仿真计算机系统。实时计算导弹动力学、运动学模型,输出导弹和目标的各种参数数据,实时控制参试制导部件和各模拟器工作,并实施对整个仿真系统的管理与调度。

(2)图像生成计算机系统。通过数字接口实时接收导弹与目标相对运动数据,根据目标特征和图像传输及图像传输模型,实时地生成具有足够分辨率和对比度的动态目标场景图像,输出其视频信号。

(3)图像转换投影系统。实时地将计算机生成的目标场景射频/可见光(或视频/红外)信号转换成相应波段的光学图像,经光学扩束与传像模拟器(图像转换投影器)投射到安装在四维运动系统上模拟弹目视线角运动的双轴转台上,并由两维平动系统配合将目标场景图像投入安装在三自由度转台中心的导引头入瞳。

(4)三轴飞行模拟转台。按照仿真计算机给出的导弹姿态运动,产生陀螺和成像导引头的运动物理效应。导引头跟踪回路处理摄入的目标背景图像信息,形成跟踪指令控制导引头跟踪目标运动,并输出视线角速度信号给制导系统形成制导指令,弹上计算机(自动驾驶仪)进行指令综合后形成控制指令,送入仿真计算机进行控制解算,闭合仿真回路,从而做到了导弹制导飞行过程的半实物仿真。如果将舵机接入仿真回路,则需要仿真系统中加入力矩负载模拟器,以模拟舵机工作过程中的气动铰链力矩作用(可由仿真计算机实时给出),舵轴在力矩模拟器上的真实运动角位置反馈给仿真计算机,形成仿真闭合回路。这就是系统的仿真过程。

9.5.3　成像制导半实物仿真系统设计问题

1. 图像目标的模拟

图像目标的模拟是光学成像制导半实物仿真系统中的关键。图像目标模拟分为弹目相对运动模拟和光学图像模拟。

弹目相对运动模拟可有各种不同方式,如四维运动系统、五轴转台方式、七自由度方式等。

对于五轴转台方式,其中三轴转台模拟导弹姿态,负载为导引头和陀螺;另两个轴模拟弹目相对运动,负载为光学目标图像投影仪。通常,五轴转台方式采用一体化设计,这就是产生了所谓的倒 U 形五轴转台形式。

对于七自由度方式，三轴转台模拟导弹姿态运动，负载仍为导引头和陀螺；另四个自由度分别为两自由度平动（水平、垂直）和两自由度转动（俯仰、偏航），负载为光学目标图像投射系统（即光学传像器）。

四维运动系统是在三轴转台体积大条件下，对五轴转台的简化，可实现两维转动和两维平动。

采用哪种模拟方式必须视仿真任务详细论证，进行优化选择。

2. 图像导引头的介入方式选择

图像导引头回路的两个重要部件是成像导引头和图像跟踪器。仿真中可采用两种形式之一，即信号注入法或光学目标投影法来考核这些部件的技术性能。它们的主要区别在于前者不需要把成像导引头摄像机接入回路，而后者则将其摄像机作为仿真回路的组成部分，选取何种方案则有权衡利弊的技术问题。

3. 制导部件的仿真测试

制导部件的仿真测试是成像制导半实物仿真的先期过程。被测试的部件一般包括导引头、图像跟踪器、弹上计算机、陀螺和舵机等部件。

导引头仿真测试中，导引头被安装在转台上，由目标背景模拟器提供一定规律运动的动态目标背景图像，同时转体带动导引头按匀角速度、变角速度、低频小角度振动等方式运动，以测试导引头的视线角速度、框架等输出信号，分析其导引头的静态定位精度、动态响应速度、线速度及稳像能力等。

图像跟踪器的仿真测试是采用信号注入法，由图像生成计算机生成各种形状的运动目标，并施加各种干扰的目标背景图像，其视频信号直接送给图像跟踪器，测试其跟踪器的各种跟踪算法的输出稳定性、抗烟雾、火眼、多目标干扰能力、对比度分辨率及目标遮挡，丢失后的滑行能力等性能指标。这时，由信号注入法构成的成像制导半实物仿真系统如图 9－11 所示。

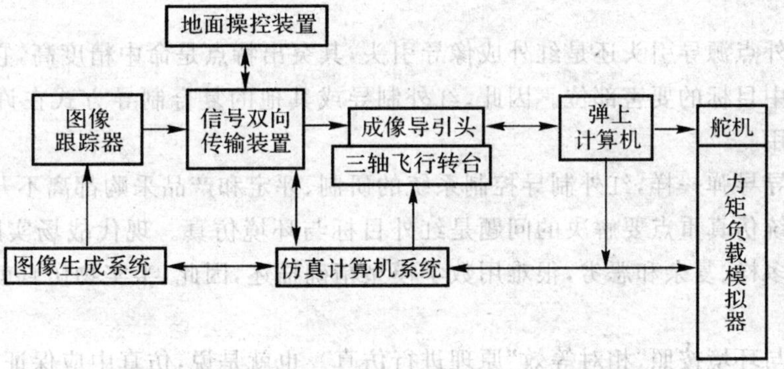

图 9－11　信号注入法成像制导半实物仿真系统框图

4. 制导部件的仿真测试

图像生成系统由仿真机、接口、网络、图形工作站、音响系统等组成，如图 9－12 所示。

图像目标模拟系统对计算机图像生成系统的根本要求是实时性和真实性（高逼真度）。为此，图像生成系统涉及计算机和多方面技术，主要包括图像/图形技术、视频技术、网络技术、音响技术、接口技术及立体影像技术等。

由图 9－12 可见，图像生成系统包括 3 台计算机，即仿真计算机、微机和图形工作站。

仿真机主要用于解算导弹动力学和弹目运动学方程及仿真控制与管理，并将弹目相对位置数据送入图形工作站。

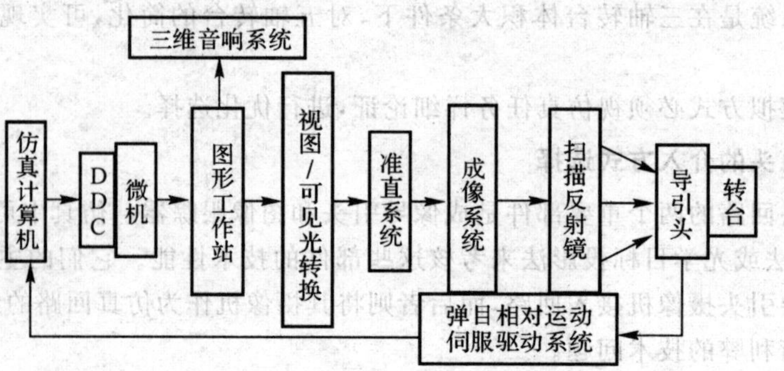

图 9－12　计算机图形生成系统框图

图形工作站选择主要考虑开放性、计算能力(约占总计算量的 60%～70%，存储量的 50%以上)、图形处理能力(图形显示分辨率在 1280 像素×1024 像素以上)及网络功能，目前，最适宜的图形工作站是 HP 公司的 XW 系统工作站。

微机主要用于数据采集、接收仿真机送来的弹目数据，进行转换并通过以太网将数据传输给图形工作站。

9.6　红外制导半实物仿真及其系统设计

9.6.1　概述

无论是红外点源导引头还是红外成像导引头，其突出特点是命中精度高，它能使导弹直接命中目标并命中目标的要害部位。因此，红外制导或其他的复合制导方式在许多型号导弹上得到了广泛应用。

与射频制导导弹一样，红外制导控制系统的研制、评定和产品采购都离不开系统仿真。红外制导控制系统仿真重点要解决的问题是红外目标与环境仿真。现代战场实践表明，红外目标与环境日趋多样、复杂和恶劣，很难用数学模型精确描述，因此，半实物仿真就显得更加重要和必不可少。

红外目标与环境按照“相对等效”原理进行仿真。也就是说，仿真中应保证：

(1)仿真目标与环境和真实目标与环境相对于导弹的空间运动特性相同，即仿真目标与环境的运动是目标-导弹的视线运动，而不是绝对运动；

(2)仿真目标与环境和真实目标与环境在红外导引头探测器上的像点或图像形状、尺寸相同；

(3)在红外导引头工作波段内，仿真目标与环境和真实目标与环境在红外探测器上的辐射响应(包括频谱与能量)相同。

类似前述射频仿真，红外目标与环境有两种仿真方法，即红外辐射法和信号注入法。前者将等效的红外目标与环境以辐射的形式输入红外导引头实物（包括头罩、光学系统和探测器等），而后者是将等效红外目标与环境在红外导引头探测器上的像与信号直接输入红外探测器的信号处理硬件。这时，红外导引头的头罩、光学系统和探测器均由数学模型替代。本节重点讨论红外辐射法及其仿真系统设计，并以红外点源导引头为主，而成像制导仿真将在下节研究。

9.6.2　红外辐射仿真分类及系统组成

1. 红外辐射仿真分类

红外目标与环境辐射仿真通常分为红外非成像和红外成像两类。前者产生相对红外非成像导引头的点源目标和环境，而后者产生相对于红外成像导引头的图像目标与环境。

2. 红外辐射仿真分类及系统组成

红外辐射半实物仿真系统比射频仿真系统简单。除红外制导系统实物外，主要由目标/背景仿真器、干扰仿真器、辐射显示器和计算机系统与控制台等部分组成（见图 9－13）。

(1)目标/背景仿真器。它由一个目标/背景产生器或多个目标产生器和背景产生器组成，用于生成各种目标阵列和背景的红外特征，通常以组合平行光束的方式传输至辐射显示器。

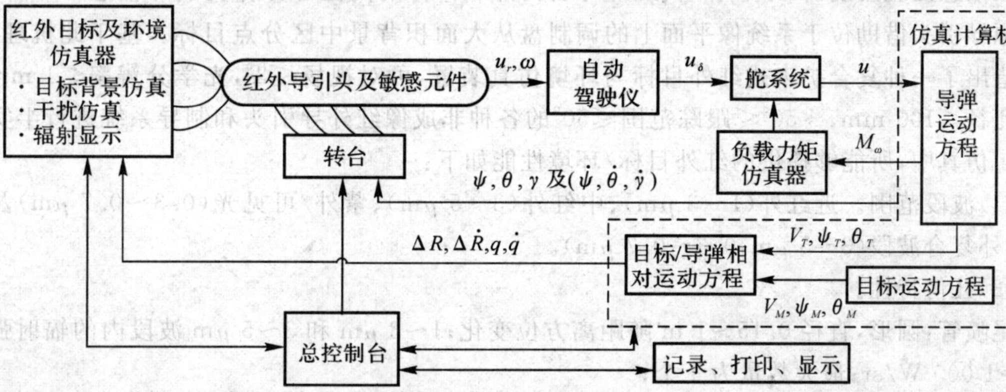

图 9－13　红外目标与环境半实物仿真系统框图

实现红外目标/背景仿真方法有两类，即热辐射法和可见光-红外图像变换法。前者包括直接产生红外辐射或通过温度控制产生红外辐射；后者是利用可见光-红外图像变换器，对可见光进行波长变换，产生红外图像。其具体工程实现有电阻元阵列技术、二氧化钒（VO_2）薄膜变换技术、黑体薄膜可见光-红外图像变换技术、液晶光阀可见光-红外图像变换技术等。

除此，还有一种简易的红外目标/背景半实物仿真方法。这就是，将外场试测到的目标/背景实时录像（红外图像），用录像机放给图像处理器（视频信号处理器），以替代计算机数学仿真中所用的目标/背景、大气的模型，从而获得贴近实际的仿真效果。这种仿真方法的示意图如图 9－14 所示。

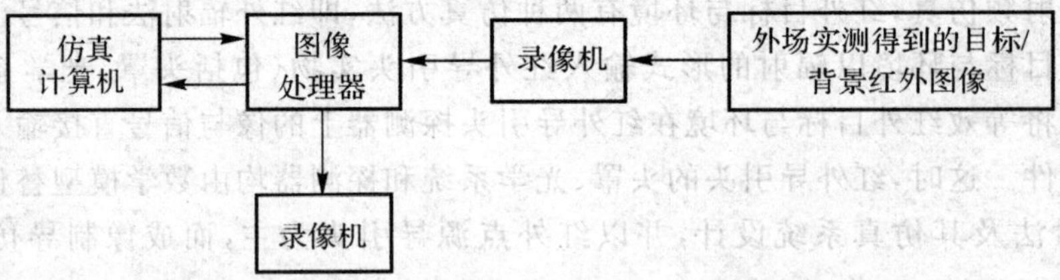

图 9-14　简易红外目标/背景半实物仿真方法示意图

(2)红外干扰仿真器。该仿真器是红外制导系统、分系统和导引头等部件反红外对抗仿真的重要组成部分,用于产生各种红外干扰源和红外隐身对抗特征。

(3)辐射显示器。辐射显示器用于将目标/背景仿真器和干扰仿真器生成的目标、背景和干扰的运动、辐射等特征,综合地显示在导引头视场内的远方,使导引头在每一瞬间探测的目标和环境特征如同实战那样。

(4)计算机系统和控制台。通常包括红外目标与环境仿真器过程控制的硬件、软件接口和必要的实时解算部件,用于红外辐射半实物仿真的模型解算、过程控制及通信、诊断,并提供定时、命令、性能数据分配、记录、显示、处理和打印等。

2. 红外非成像制导仿真装置

从信息处理角度讲,第一、二代红外导引头都以目标的高温部分作为制导信息源,并由红外点源导引头借助位于系统像平面上的调制盘从大面积背景中区分点目标。基于此机理,人们构造出了一种复合扩束式红外目标与环境仿真装置,可对视场$\leqslant 3°$,光学分辨率$\leqslant$1 mrad,通光孔径$\leqslant$100 mm,$-50° \leqslant$跟踪范围$\leqslant 50°$的各种非成像红外导引头和制导系统进行半实物仿真。仿真中,所能够提供的红外目标/环境性能如下:

(1)波段范围。近红外(1～3 μm)、中红外(3～5 μm)、紫外/可见光(0.3～0.7 μm)及红外/紫外复合波段(3～5 μm,0.3～0.7 μm)。

(2)几何特性。

尾喷管:圆形,直径 0.15～1 m 随距离方位变化;1～3 μm 和 3～5 μm 波段内的辐射强度为 1～1 000 W/sr;最大数量为 4 个;

尾焰:三角形,底×高为 1 m×1 m～1 m×3 m,随距离、方位变化,3～5 μm 波段内的辐射强度为 1～500 W/sr;

背景:晴天、分散小云和阴天,波段范围为 1～5 μm;

机身-背景:矩形,在 1 m×1 m～3 m×20 m 范围内随方位变化,对比度为$-0.1 \sim -0.9$,紧邻背景辐射变化范围为$10^{-4} \sim 10^{-6}$ W/sr。

(3)运动特性。

- 运动范围:方位为±50°,俯仰为±30°;
- 角速度:方位和俯仰为 0.1～100°/s;
- 角加速度:方位和俯仰为 0.1～100°/s^2;
- 最大接近速度:1 500 m/s;
- 距离变化范围:40～5 000 m;
- 角位置精度:方位和俯仰为±0.5 mrad;

・距离精度：±5%(1 km 内)；

・距离重复精度：±1%(1 km 内)。

(4)干扰。

红外干扰弹：圆形，直径为 0.15～1 m，波段范围为 1～3 μm 和 3～5 μm，辐射强度为尾喷管的 3～10 倍；

红外干扰机：辐射强度为目标的 0.5～2 倍，调频频率为 60～150 Hz。

该位置由投影分系统、显示分系统和计算机分系统组成。

9.6.3 红外目标与环境特性建模

红外目标与环境特性模型建立是红外仿真中的关键技术之一。目前有两种建模方法，即外场实测法和理论计算法。以理论计算法建模，用实测法校验是其发展的方向。

对于不同的导弹将涉及不同的内容和要求。一般包括如下方面：

(1)分析导弹武器性能，为外场实测和理论计算提供基本依据。

(2)根据导弹的工作波段确定建模工作波段和选用测量仪器及理论计算波段。

(3)选择典型目标作为目标特性建模和建库的根据。

(4)选择典型目标作为目标特性和红外辐射特性的测量、计算和分析，尤其是对主要辐射源(尾喷管、尾焰、蒙皮气动加热、发动机加力状态等)的研究和分析。

(5)目标建模高度、速度的选择。

(6)红外背景(天空、海况等)和大气传输。

(7)红外干扰模型(红外干扰弹、红外干扰机和“热砖”等)的建立。

(8)目标特性数据库的建立，包括目标模型、背景模型、干扰模型、大气传输模型等所用的数据(含理论计算和实测数据)。

(9)建立红外仿真试验程序库，包括上述各数学模型的组成程序和实战仿真程序。

9.7 激光制导半实物仿真及其系统设计

9.7.1 概述

由于激光制导具有制导精度高、抗干扰能力强、可与其他寻的器复合使用等优点，所以受到高度重视，越来越得到广泛应用。激光制导技术近年来取得了惊人的进步，其中，激光主动制导雷达、激光成像制导雷达及激光半主动制导雷达已成为导弹精确制导的重要手段和重要发展方向。实践证明，激光制导技术的发展有赖于其他相关技术的进步，激光制导半实物仿真技术就是其中之一。半实物仿真除用于对激光制导控制系统的性能进行检验和评估外，还将辅助系统设计和有关激光制导技术的发展研究，如研制激光主动式寻的器，发展激光成像寻的器，研究激光与其他制导方式(红外、毫米波等)复合制导技术与系统及激光制导的对抗措施(伪装和隐身、实施激光干扰、配置激光警告系统等)。下面以激光半主动制导系统为例研究激光制导半实物仿真及其系统设计。

9.7.2 激光半主动制导系统

激光半主动制导系统由发射装置、制导导弹和激光目标指示器组成。导弹导引头主要由光学系统、探测器、陀螺平台和电子设备(微处理机)组成。其中,激光导引头的探测器采用四象限探测器阵列。

激光目标指示器可以是地面的或机载的,但在导弹发射后必须一直照射目标。如果导引头接收到从目标反射的激光能量,由光学系统汇聚到四象限探测器上,形成一个近似圆形的激光光斑,经信号处理(见图 9-15)可得俯仰和偏航两个通道的误差信号为

$$\left.\begin{aligned} y&=\frac{(I_A+I_B)-(I_C+I_D)}{I_A+I_B+I_C+I_D}\\ z&=\frac{(I_A+I_D)-(I_B+I_C)}{I_A+I_B+I_C+I_D}\end{aligned}\right\} \tag{9.4}$$

式中,I_A,I_B,I_C,I_D 分别为表示 4 个象限管接收的激光功率。

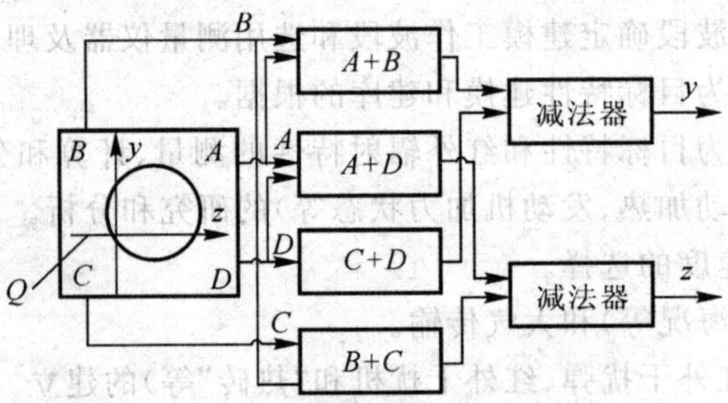

图 9-15 四象限探测器的信号处理过程

导弹发射后,先按方案弹道飞行,在距离目标约 3 km 时,弹上导引头四象限探测器接收到激光回波编码信号,得到导引头光轴与弹目连线之间的角误差,产生进动力矩进行小回路跟踪控制;根据导引头输出的视线角速度,形成舵控指令,实现比例导引。

9.7.3 激光半主动制导半实物仿真系统设计与应用

根据上述激光半主动制导系统和仿真任务需求,可以设计与建造成如图 9-16 所示系统。

由图可见,该系统主要由激光目标模拟系统、三轴飞行模拟转台、激光导引头、姿态陀螺、自动驾驶仪、舵机及力矩模拟器组成。激光目标模拟系统是最关键的部件,它由激光发射调制器、动态衰减器、动态扩速器和二维投射器组成。其功能包括:

(1)控制激光光斑尺寸大小;

(2)控制激光能量受大气影响和距离的衰减;

(3)控制二维投射器和弹目相对位置;

(4)通过激光调制器模拟大气扰动引起的激光闪烁。其中激光调制器又由激光振荡器、扩展器、光学调制器及冷却系统组成。

二维投射器是另一个关键部件,用于按照目标视线角变化信号将激光束投射到投射屏幕上,亦具有叠加抖动信号(40 Hz 以下)的功能,以模拟激光指示器的抖动效果。设计中,对于

二维投射器提出的主要技术指标如下：

· 视线角范围：两轴±30°；

· 位置精度：±0.01°；

· 视线速度：120°/s；

· 视线角速度：偏航为1 200°/s²，俯仰为3 000°/s²。

另外，为了模拟激光半主动制导系统对付假目标的能力，可在激光目标模拟系统中增加一个假目标通道，并在控制器中设置同步和延迟控制电路。

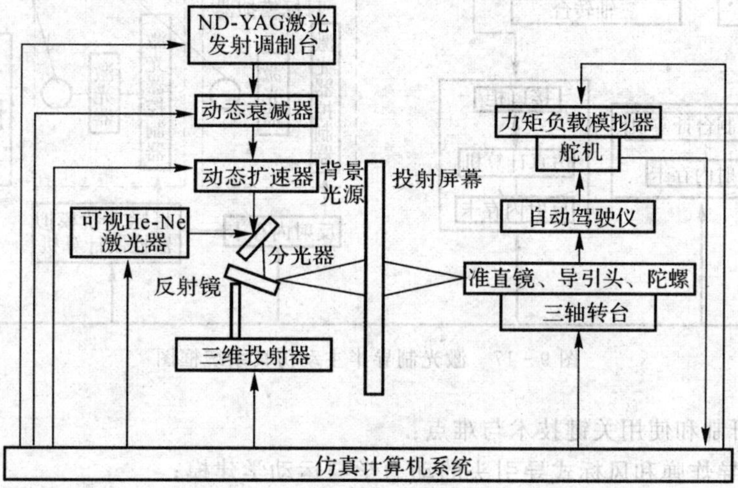

图 9-16 激光半主动制导半实物仿真系统结构框图

9.7.4 激光制导半实物仿真系统实例

该系统构造了一个激光制导兵器（激光制导炸弹），在接近实战环境下，将激光导引头实物接入回路的半实物仿真系统，用于对目标进行瞄准、跟踪和实施攻击。

· 该系统所提供角运动和弹目运动环境；

· 为导引头风标提供角运动和弹目运动环境；

· 为导引头提供目标运动环境；

· 为导引头提供干扰目标运动环境；

· 为导引头提供背景干扰特性环境；

· 提供照射机环境；

· 为线加速度传感器提供过载环境；

· 为弹体提供角运动环境等。

该系统由如下分系统组成：目标/环境模拟分系统、导引头姿态模拟分系统、仿真计算机分系统、实时通信接口分系统、总控制台及光学暗室等。其中核心部分是目标/环境模拟分系统。这部分又由激光目标模拟器、干扰模拟器、背景模拟器、场景合成子系统和视线运动子系统组成，主要用于模拟激光导引头视景中的目标激光散射、有源干扰及自然背景的辐射和运动特性。

整个激光制导半实物仿真系统如图 9-17 所示。其中导引头姿态分系统由三轴转台和相应附件组成；仿真计算机分系统采用仿真工作站；实时通信接口分系统采用反射内存实时网，在各子系统的控制计算机中插入反射内存卡，各分系统通过光纤连成一个环形网络；总控制台由控制台机架、系统管理与控制计算机、控制面板、接口及监控子系统等部分组成。

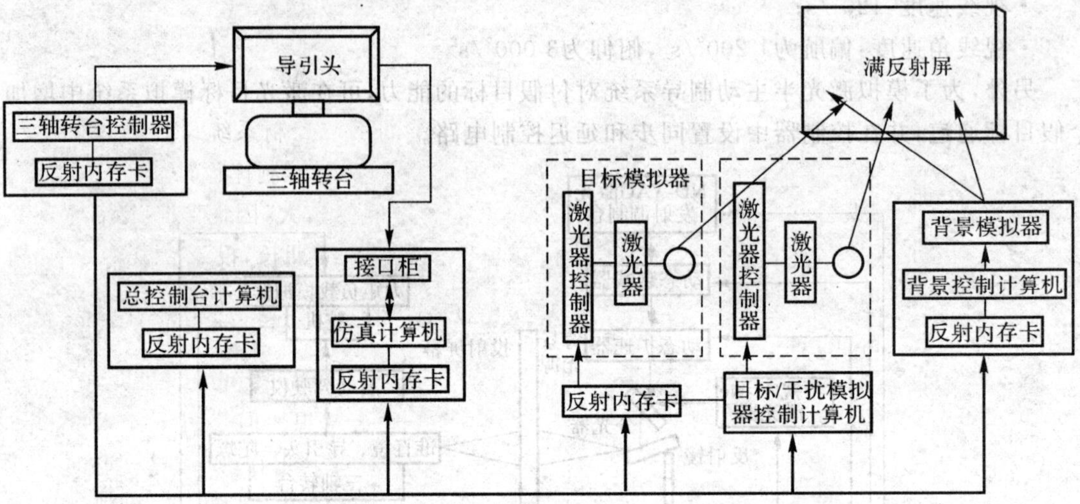

图 9-17　激光制导半主动仿真系统框图

该系统的研制和使用关键技术与难点：

(1)激光制导炸弹和风标式导引头的动力学与运动学建模；

(2)可连续调节激光光斑大小和强弱的激光器设计；

(3)各分、子系统时间同步和整个系统的实时性保证；

(4)主要因素对仿真结果影响的定量评估；

(5)激光高倍率可变衰减器的研制与控制；

(6)仿真模型的校核、研制与确认；

(7)各仿真设备的精确标定等。

第 10 章　制导控制快速原型技术

复杂控制系统产品的开发涉及诸多领域和学科，传统的飞行控制系统设计流程基本上是一个串行的过程，如建立飞行对象的数学模型属于飞行力学范畴，控制律设计属于飞行控制研究范畴等。由于专业涉及面过宽，一旦出现问题，返工后影响面较大，因而工作效率较低。同时，从工程研究角度看，控制软件的开发和硬件环节的设计不仅周期长，投入成本高，而且缺乏灵活的验证手段。因此，引进先进的产品研发模式，实现跨领域的一体化协同设计显得尤为必要和迫切。

近 20 年来，关于复杂产品研发的新方法和新技术层出不穷，如并行设计、协同设计、虚拟样机等，它们都体现了基于仿真的设计验证与设计优化等先进思想。但是由于技术的和非技术方面的种种原因，能够支持跨领域的一体化综合集成设计环境并未在现阶段得到完全实现。而快速原型设计因其相对简单易行而逐渐引起人们的重视，在工业控制和飞行控制等领域进行了初步尝试和应用，是一种崭新的针对复杂控制系统的设计方法。

10.1　快速原型设计的概念

各类控制系统产品在设计和制造时通常都有“样机”的环节，样机有物理样机和虚拟样机之分。虚拟样机是通过计算机构造一个纯数字化的样机来完成物理样机的功能，它能够反映实际产品的基本特性，包括产品外观、装配关系以及运动学和动力学等动静态特性。由于要求虚拟样机在仿真结果达到设计指标之后就可以直接用于生产，因此对建模精度有很高要求。同物理样机相比，虚拟样机能够方便地改进和优化设计，节约产品开发时间和费用，实现高质量、快速、低成本的设计。

快速原型设计的概念和虚拟样机密切相关，它是面向并行工程的、基于虚拟样机的设计，强调产品原型的快速生成和演化，以达到产品设计全局最优的目标。它实质上是集产品几何/物理建模、控制系统设计、机械动力学仿真和实验分析于一体的综合设计仿真平台。与虚拟样机技术相比，快速原型设计更注重时效性，要求在最短时间内为物理样机的设计提供优化设计方案和参数，并且在半实物仿真系统中运行通过。

快速原型设计在产品设计的早期阶段就可以评估产品的工作性能，发现设计缺陷并能够及时予以纠正，避免在开发后期才发现问题而造成更大损失；同时摆脱了对物理样机的过分依赖，因此可以带来更低的研发成本、更短的研发周期和更高的产品质量。快速原型设计所需的建模精度一般比虚拟样机的要求低，这在一定程度上弥补了虚拟样机技术上的不足，可以看作是现阶段发展虚拟样机技术的一个廉价、快速的替代方案。

10.1.1　快速原型技术原理

实时仿真理论与技术多年来一直是系统仿真领域的重点研究课题之一。在系统进行仿真时，若有实物介入整个仿真系统，必须要求仿真时间标尺与实际系统时间标尺相同，这种仿真称为实时仿真。它的主要研究内容包括系统实时建模和模型验证、实时仿真计算机、实时仿真算法、实时仿真软件、实时仿真系统、实时仿真的时间控制以及实现实时仿真的方法等。

快速原型仿真是实时仿真的一种，它处于产品研发的算法设计阶段与具体实现阶段之间。快速原型技术就是以图形化方式建立系统模型，对算法进行概念化，构思解决方案；用普通的PC或工控机搭建起快速原型化的系统；在硬件布置、编写控制软件和确定设计方案之前对系统进行物理仿真，对性能进行评估；通过在算法设计和原型系统之间的快速重复来对设计进行完善；还可以在快速原型目标系统运行期间进行参数的调整等。快速原型仿真避免了用C语言或汇编语言编写大量代码的过程，同时还降低了对开发人员硬件知识的要求，并提供了硬件在回路仿真的能力。快速原型技术的基本原理如图10－1所示。

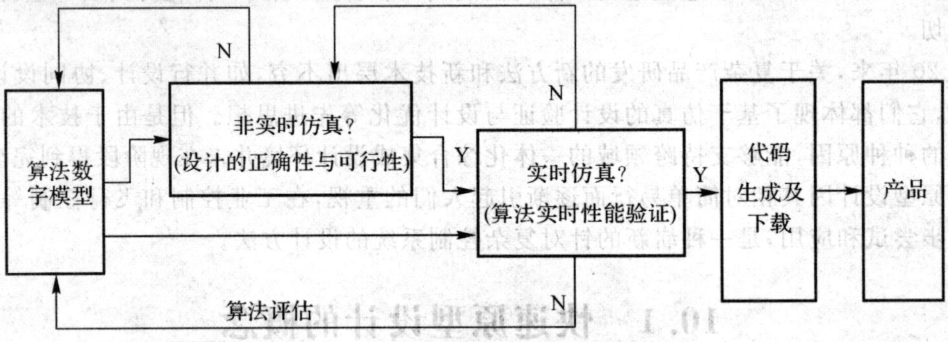

图10－1　快速原型技术基本原理图

要实现快速原型仿真，必须有集成良好并便于使用的建模、设计、离线仿真、实时开发及测试工具。用户选择的实时系统允许反复修改模型设计，进行离线及实时仿真。这样，就可以将错误及不当之处消除于设计初期，使设计修改费用减至最小。使用快速原型技术，可以在费用和性能之间进行折中；在最终产品硬件投产之前，仔细研究诸如离散化及采样频率等的影响、算法的性能等问题。通过将快速原型硬件系统与所要控制的实际设备相连，可以反复研究使用不同设备时系统的性能特征。

10.1.2　快速原型技术优点

传统的系统设计一般都是串行开发模式，其开发流程如图10－2所示。图中每个模块代表了一个工作阶段，往往一个开发项目需要涉及几个工作组，如算法设计组、软件开发组、硬件实现组和测试组等。每个阶段使用的工具也不尽相同，各个阶段间的交流需要通过文档来完成，这样导致整个开发过程是顺序的，而不是迭代式的。开发者在进行下一个阶段前必须首先输入上一个阶段的结果，这样很容易造成错误，而且发现错误的阶段越晚，需要付出越多的代价和时间进行更正。当检测到错误或测试的结果不满足设计要求时，需要反馈到各部门重复设计。这种断裂的开发流程降低了工作效率，延长了开发周期，缺乏灵活的验证手段，而快速原型技术可以很好地解决这些问题。

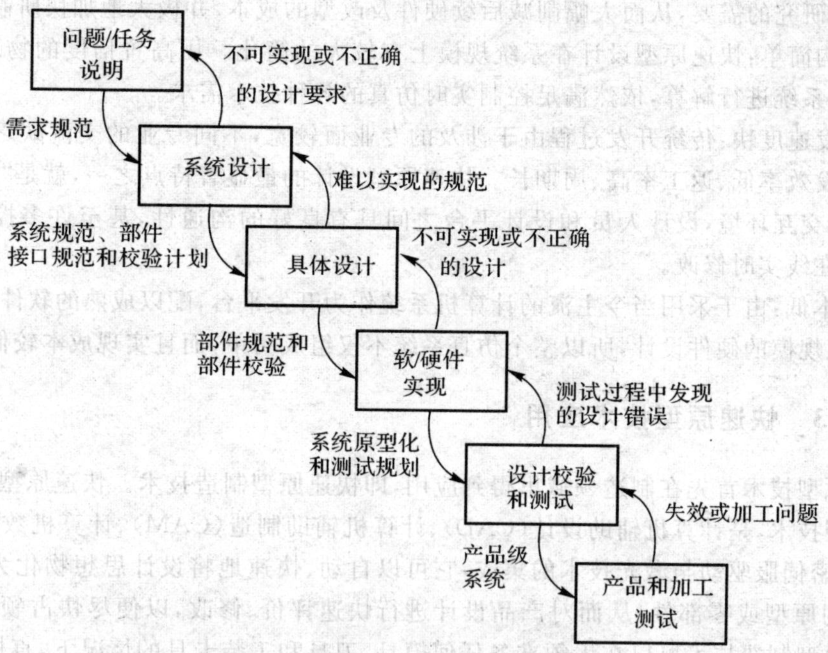

图 10-2 传统的串行开发流程图

快速原型的整个开发过程是一个螺旋形的开发过程(见图 10-3)。这种螺旋形的设计过程可实现各个阶段之间快速的重复过程,工程师所设计的系统模型代表了对整个系统的理解,并且这种理解贯穿了整个产品的开发过程,从而减少了返回到上一阶段的可能性,即使必须返回到上一阶段设计,由于在整个阶段使用相同的模型和工具,也很容易返回到上一阶段甚至上几个阶段。快速原型技术的核心是在一个统一的开发环境中进行算法设计和系统仿真,从而有效地将算法开发和产品实现两个部分结合在一起,实现了不同阶段的无缝集成。

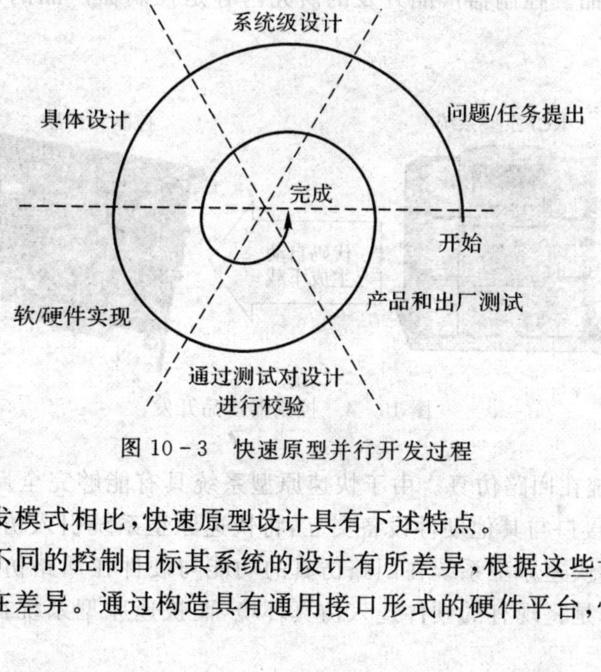

图 10-3 快速原型并行开发过程

与传统的串行开发模式相比,快速原型设计具有下述特点。

(1)可重复利用:不同的控制目标其系统的设计有所差异,根据这些设计需求形成的控制系统的硬件环境也存在差异。通过构造具有通用接口形式的硬件平台,快速原型设计可以适应不同控制研究的需要，从而大幅削减后续硬件及改型的成本，并极大地加快研制进度。

(2)结构简单：快速原型设计在系统规模上有较大的简化。用高置信度的物理模型、低成本的计算机系统进行解算，依然满足控制实时仿真的各种技术需求。

(3)开发速度快：传统开发过程由于涉及的专业面较宽，不同专业的交流缺乏整体的交互性，导致开发效率低、返工率高、周期长。快速原型设计的最显著特点之一，就是“快”。由于提供了良好的交互环境，设计人员和设计平台之间具有良好的沟通性，甚至许多控制参数的调整，都可以在线实时修改。

(4)成本低：由于采用当今主流的计算机系统作为开发平台，配以成熟的软件平台，设计过程中没有大规模的硬件设计，所以整个仿真系统不仅组成简单，而且实现成本较低。

10.1.3 快速原型技术应用

快速原型技术首先在制造领域里得到应用，即快速原型制造技术。快速原型制造技术，又称快速成型技术，是计算机辅助设计(CAD)、计算机辅助制造(CAM)、计算机数控(CNC)、材料科学、精密伺服驱动与激光技术的集成，它可以自动、快速地将设计思想物化为具有一定功能和结构的原型或零部件，从而对产品设计进行快速评价、修改，以便尽快占领市场，获取利润。快速原型制造技术可以在无须准备任何模具、刀具和工装卡具的情况下，直接根据产品设计(CAD)数据，快速制造出新产品的样件、模具或模型，与传统的铸、锻、轧、焊、车、铣、刨、磨等一系列加工过程相比，原型制造的加工过程大大缩短了加工周期并降低了产品研制的成本，对促进企业产品创新、提高产品竞争力有积极的推动作用。

20 世纪 90 年代初，美国福特汽车公司为了降低车用嵌入式控制器的研发时间和开发成本，创造性地将快速原型技术引入控制器开发领域并将这种技术应用在其新产品的开发上。目前，快速原型技术主要应用在以下 3 个方面：

(1)控制器产品开发。利用快速原型技术的迭代设计和代码自动生成下载可短时间、低成本地开发出控制器产品。控制器产品开发的研究内容是控制器产品的设计实现，其过程如图 10-4 所示。

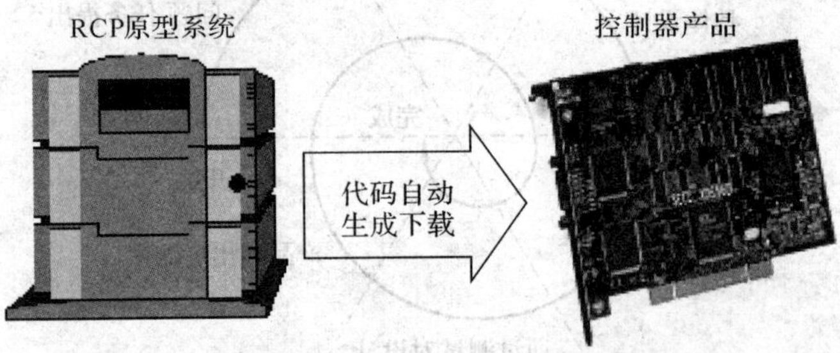

图 10-4　控制器产品开发

(2)快速原型系统在回路仿真。由于快速原型系统具有能够完全反映研究对象的属性和行为，并能通过 I/O 接口与其他硬件设备交互，将快速原型系统引入仿真环境，能够提高仿真的精确度和准确度。快速原型系统在回路仿真的功能与硬件在回路仿真的功能相似，不同点在于硬件在回路仿真是将现有的硬件连入仿真环境，而快速原型系统在回路仿真是将实时仿真机模拟硬件连入仿真环境进行仿真，这适用于硬件尚未开发或硬件已开发但为保护硬件不受损坏等情况，研究的内容是整个仿真系统的性能，其过程如图 10-5 所示。

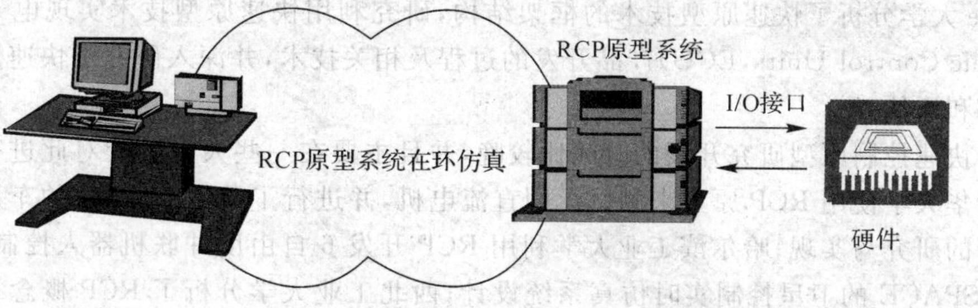

图 10-5　快速原型系统在回路仿真

(3)快速原型系统测试。由于快速原型系统能够模拟控制器，并具有参数调节、数据分析等功能，将控制器控制对象硬件连接到原型系统中，通过调整控制方案并根据数据分析对控制对象硬件进行测试。快速原型系统测试的研究内容是测试硬件是否符合产品的要求，其过程如图 10-6 所示。

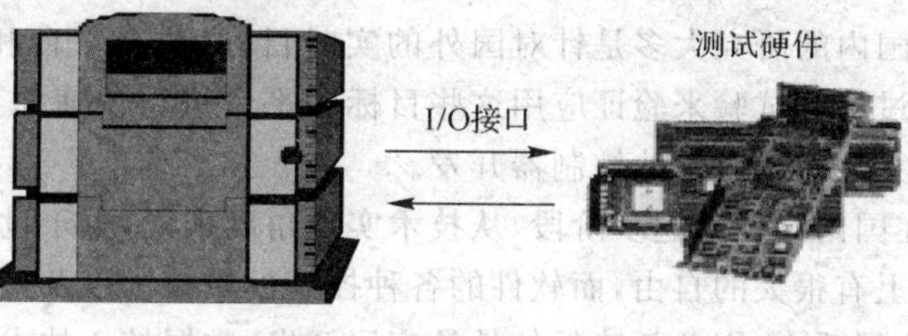

图 10-6　快速原型系统测试

10.1.4　国内外发展状况

国外自 20 世纪 90 年代初提出了快速原型的概念后，各大高校和商业公司认识到快速原型技术在控制器开发领域的开发过程的创造性变革和其在缩短开发时间、节约开发成本等方面的显著优势，纷纷开展快速原型技术的研究。

在商业领域，美国 MathWorks 公司开发了基于 Simulink 的代码自动生产环境 RTW；德国 dSPACE 公司开发的一套基于 RTW 的控制系统在实时环境下的开发和测试平台 dSPACE；英国 Pi Technology 公司使用 RTW 开发研制了 OpenECU 系统，该系统主要面对汽车电子领域的软/硬件开发；加拿大 OPAL-RT 公司推出了一套工业级的系统平台软件包 RT-LAB，使得工程师可以直接将 Matlab/Simulink 建立的动态系统数学模型应用于实时仿真、快速原型开发与硬件在回路测试；加拿大 Quanser 公司开发了一套基于 Matlab/Simulink/RTW 的控制开发及半实物仿真的软硬件集成一体化平台 QStudioRP。

在学术领域，美国 Rise 大学研究了快速原型技术在数字信号处理器(Digital Signal Processing，DSP)算法和嵌入式硬件平台设计和研制中的作用，并成功应用于码分多址(Code-Division Multiple Access，CDMA)无线通信系统的开发；美国南卡罗莱纳州大学将快速原型技术应用于电力电子数字控制器的开发上，他们使用自主开发的虚拟测试床(Virtual Test Bed，

VTB)作为仿真、集成、可视化环境；德国 Scuola 大学研究了基于 Scilab/Scicos 和 Linux RTAI (Linux 操作系统硬实时扩展)的快速原型，提供了一种廉价的快速原型实现方式；德国 Karlsruhe 大学分析了快速原型技术的框架结构，研究利用快速原型技术实现电子控制单元(Electronic Control Units，ECU)产品开发的过程及相关技术，并深入研究了快速原型技术的调度策略和评估。

国内快速控制原型研究开展的时间比较晚，并且主要在一些大专院校对此进行基础性的研究。清华大学使用 RCP 原型来测试无刷直流电机，并进行了基于 Matlab 的车用快速原型软件平台的研究与实现；哈尔滨工业大学利用 RCP 开发 6 自由度并联机器人控制系统，并介绍基于 dSPACE 的卫星控制实时仿真系统设计；西北工业大学分析了 RCP 概念及其与虚拟样机的区别和联系，并设计了针对飞行器 GNC 系统的 RCP 方案；同济大学建立了以 RTLinux 为实时操作系统的 RCP 系统；上海交通大学介绍了 xPC 目标以及基于 xPC 的 RCP 设计方法，并介绍了 dSPACE 实时系统及基于 dSPACE 的快速控制原型设计方法，此外，也介绍了 RT-LAB 快速控制原型在随动系统的应用；南京航空航天大学提出了直升机飞行力学建模和飞行控制设计环境集成的想法；台湾国立中山大学以 I－8000 嵌入式控制器作为控制系统的执行平台，在 Simulink 的环境下为其建立驱动程序框图并将生成代码自动下载至目标硬件上执行。

可以看出，目前国内的研究大多是针对国外的实时目标、仿真平台和 RCP 概念进行初步的探索和研究，并通过仿真试验来验证应用这些目标和平台进行快速原型开发的可行性和建立软/硬件环境的方案探讨或简单的控制器开发。

快速原型技术在国内尚处于起步阶段，从技术实现角度来说，由于世界范围内硬件市场相对开放，在硬件选型上有很大的自由，而软件的各种控制模块技术以及核心算法则掌握在少数处于垄断地位的大公司手中，因此要确保软件从底层开发，掌握核心技术势在必行。

10.2 快速原型系统构成

快速原型系统是将在建模与仿真平台上所开发的系统算法通过快速原型开发平台下载到实时仿真机，通过与物理和测试硬件相连接，以便验证与硬件相连时算法的实时性能。当在建立大型复杂的快速原型系统时，单一的实时仿真机无法满足其实时性要求，因此需要实时网络来实现实时仿真。快速原型系统由软件和硬件两部分组成。

软件部分包括：

(1)建模与仿真平台(Matlab/Simulink 集成开发环境等)；

(2)快速原型开发平台，即实时仿真平台(dSPACE，RT-LAB，RtFly 等)。

硬件部分包括：

(1)网络平台(以太网、因特网 Internet 或实时网 Rtnet 等)；

(2)标准硬件接口(AD/DA，USB，串口、总线等)；

(3)物理和测试设备(控制器、伺服机构、星载设备、试验设备、测试设备等)。

其中，软件部分负责实现原型系统的设计、仿真以及调度等任务；硬件部分是实现原型系统的物理对象和通信纽带。

10.2.1 建模与仿真平台

仿真即建立系统的模型,并在模型上进行试验,其研究重点是如何建立合理的仿真计算模型。为了获得有用的仿真结果,研究者需要投入大量的精力到仿真算法的设计和仿真程序的编制、调试上,选择一个好的仿真软件会达到事半功倍的效果,MathWorks 公司提供的 Matlab/Simulink 系统设计及仿真工具无疑是众多仿真软件中最成功的一个。Matlab/Simulink 的建模过程非常简单,仿真过程可以交互,还可以利用 Matlab 的各种工具对仿真结果进行分析和可视化处理等。

利用功能强大的 Matlab/Simulink 开发环境可以轻松建立系统仿真模型;使得系统各功能模块化,便于用户理解和掌握;最关键的是可以利用 Matlab 提供的一个特殊应用工具箱——实时工作间 RTW(Real-Time Workshop)——来实现系统仿真和产品的快速原型化设计。

1. Matlab/Simulink

Matlab/Simulink 最大的优点是将用户从许多重复的代码编写工作中解脱出来,让用户把精力从编程转向模型的构造、试验以及结果的分析处理。Matlab/Simulink 提供基本的功能模块,存放在 Simulink 模型库中。

Simulink 提供了一些按功能分类的基本系统模块,用户只需要知道这些模块的输入输出及模块的功能,而不必考虑模块内部是如何实现的,通过对这些基本模块的调用,再将它们连接起来就可以构成所需要的系统模型。搭建好系统仿真模型后,用户就可以设定参数,进行仿真以及分析仿真结果,而对于具体的运行细节、事件如何驱动等不用花费过多的精力,可以方便地以图形化方式建立系统模型并进行仿真。Simulink 的主要特点可以归纳如下:

(1)交互式、图形化的建模环境。Simulink 提供了丰富的模块库以帮助用户快速地建立动态系统模型。建模时只需使用鼠标拖放不同的模块库中的系统模块并将它们连接起来即可。另外,还可以把若干功能块组合成子系统,建立起分层的多级模型。Simulink 这种图形化、交互式的建模过程非常直观,且容易掌握。

(2)交互式的仿真环境。Simulink 框图提供了交互性很强的仿真环境,既可以通过下拉菜单执行仿真,也可以通过命令行进行仿真。菜单方式对于交互工作非常方便,而命令行方式对于运行仿真非常有用。有了 Simulink,用户在仿真的同时,可采用交互或批处理的方式,方便地更换参数来进行分析仿真。仿真过程中各种状态参数可以在仿真运行的同时通过示波器显示。

(3)专用的模块库。作为 Simulink 建模系统的补充,Math Works 公司还开发了专用功能块程序包。通过使用这些程序包,用户可以迅速地对系统进行建模、仿真与分析。

(4)提供了仿真库的扩充和定制机制。Simulink 的开放式结构允许用户扩展仿真环境的功能:采用 Matlab,FORTRAN 或 C 代码生成自定义模块库,并拥有自己的图标和界面。因此用户可以将使用 FORTRAN 或 C 语言编写的代码链接进来,或者购买使用第三方开发提供的模块库进行更高级的系统设计、仿真与分析。

(5)与 Matlab 工具箱的集成。由于 Simulink 可以直接利用 Matlab 的诸多资源和功能,因而用户可以直接在 Simulink 下完成诸如数据分析、过程自动化、参数优化等工作。工具箱提供的设计和分析能力可以融入仿真过程。

2. RTW 快速原型化工具

RTW(Real-Time Workshop)是 Simulink 的一个重要的补充功能模块,简而言之,它是一个基于 Simulink 的代码自动生成环境,它能直接从 Simulink 的模型中产生优化的、可移植的和个性化的代码,并根据目标配置自动生成多种环境下的程序。RTW 将用户所设计好的系统模型,在不须撰写任何程序代码的情形下,即可直接转换为原始码 (source code),这是快速原型技术中最关键的部分。RTW 具有以下 5 个基本功能:

(1)Simulink 代码生成器:能自动地从 Simulink 模型中产生目标可执行代码。

(2)创建过程:可扩展的程序创建过程使用户产生自己的产品级或快速原型化目标。

(3)Simulink 外部模式:外部模式使 Simulink 与运行在实时测试环境下的模型之间或在相同计算机上的另一个进程进行通信成为可能。外部模式使用户将 Simulink 作为前向终端进行实时的参数调整或数据观察。

(4)多目标支持:使用 RTW 捆绑的目标,用户可以针对多种环境创建程序。通用实时目标和嵌入式实时目标为开发个性化的快速原型环境或产品目标环境提供了框架。

(5)快速仿真:使用 Simulink 加速器、S 函数目标或快速仿真目标,用户能以平均 5～20 倍的速度加速仿真过程。

RTW 主要是使用户加快设计过程,同时降低费用,缩短投向市场的时间并提高质量。传统的开发过程倾向于劳动密集型,采用低劣的工具经常导致缺乏重用性的软件项目的泛滥。RTW 可以使用户将精力集中在设计上,并且使用更少的人力在更短的时间内产生更好的效果。为了实现上述目标,RTW 具有下述重要特征。

1)基于 Simulink 模型的代码生成器。

·可生成不同类型的优化和个性化的代码。

·支持 Simulink 所有的特性,包括 Simulink 所有的数据类型。

·所生成的代码与处理器无关。

·支持任何系统的单任务或多任务操作系统,同时也支持“裸板”环境。

·使用 RTW 目标语言编译器(TLC)能够对所生成代码进行个性化。

·通过 TLC 生成 S 函数代码,可将用户手写代码嵌入到生成代码中。

2)基于模型的调试支持。

·使用 Simulink 外部模式可将数据从目标程序上传到模型框图的显示模块上,进而对模型代码的运行情况进行监视。

·通过使用 Simulink 的外部模式,用户可通过 Simulink 模型来调节所生成的代码。当改变模型中的模块参数时,新的参数值下载到所生成代码中并在目标机上运行,对应的目标存储区域也同时被更新。

3)与 Simulink 环境的紧密集成。

·代码校验。用户可从模型中产生代码并生成单机可执行程序,可对所生成的代码进行测试,生成可包含执行结果的 MAT 数据文件。

·所生成代码包含了系统/模块的标识符,有助于辨识源模型中的模块。

·支持 Simulink 数据对象,可按需要实现信号和模块参数与外部环境的接口。

4)具有加速仿真功能。

· 通过生成优化的可执行代码，RTW 提供了加速仿真过程的方法。

5）支持多目标环境。

· 基于 RTW 可生成多种快速原型化的解决途径，能极大地缩短设计周期，实现重复设计的快速转向。

· RTW 提供了多个快速原型化目标范例，有助于用户开发自己的目标环境。

· 从 Mathworks 公司可得到基于 PC 硬件的目标环境。这些目标能将快速、高质量和低造价的 PC 机变为一个快速原型化系统。

· 支持多种第三方硬件和工具。

6）扩展的程序创建过程。

· 允许使用任何类型的嵌入式编译器和链接器，使其可与 RTW 结合使用。

· 可将手工编写的监管性或支持性代码简单地链接到所生成的目标程序中。

当作为快速原型化工具使用时，RTW 可使嵌入式系统的设计工作得以快速实现，而无须进行烦琐的手工编写代码和调试过程。其典型的快速原型化可用于设计周期中的软/硬件集成和测试阶段，功能包括：在模块图建模环境下以图形化的方式对算法进行概念化；在设计早期阶段对系统的性能进行评估；通过算法设计和原型化之间的快速重复对设计进行完善；使用 Simulink 外部模式，可将 Simulink 作为图形前向终端，在运行实时模型的同时调整参数。

对于 RTW 的快速原型化目标，所生成的代码包含了一个数据结构——SimStruct，用于将模型的细节封装起来。该数据结构在外部模式下用于和 Simulink 进行双向联系，允许直接进行访问。通过 Simulink 外部模式可以很容易地对生成的代码进行监视和调试，用户可在线地监视信号和调整参数，并通过快速重复设计过程进一步简化模型，使用户快速得到满意的结果。

10.2.2 dSPACE 快速原型系统

dSPACE 实时仿真系统是由德国 dSPACE 公司开发的一套基于 Matlab/Simulink 的控制系统在实时环境下的开发及测试平台，实现了和 Matlab/Simulink 的无缝连接。dSPACE 实时系统主要由两大部分组成，一是硬件系统，二是软件环境。其中硬件系统的主要特点是具有高速计算能力，包括处理器和 I/O 接口等；软件环境可以方便地实现代码生成/下载和试验/调试等工作。dSPACE 具有强大的功能，可以很好地完成控制算法的设计、测试与实现，并为这一套并行工程提供了一个良好的环境。dSPACE 具有以下关键特性。

(1)组合性强。dSPACE 可以利用标准组件系统对仿真系统进行多种组合，以满足不同用户的需求，另外对于不同的用户而言，可以在运算速度不同的多处理器之间进行选择，还可以选择不同的 I/O 配置，以组成不同的应用系统。

(2)过渡性和快速性好。由于 dSPACE 与 Matlab 的无缝连接，使 Matlab 用户可以轻松地掌握 dSPACE 的使用，从而方便地从非实时分析、设计过渡到实时的分析和设计上来，也正是由于这种无缝连接，使用户在几分钟之内就可以完成模型参数的修改以及代码的生成和下载等工作，从而在短时间内就可以完成对所设计的控制系统进行反复更改和试验，大大节省了时间和费用。

(3)性能价格比高。dSPACE 是一个操作平台，这就意味着用户用 dSPACE 完成一种产品的设计和测试后，还可以用它进行其他新产品的开发或实时仿真测试，而不是一物一用。

(4)通用性好。dSPACE 基于 PC Windows 操作系统,而不像有些仿真系统是基于 Unix 或 Dos,另外还考虑到用户普遍使用 PC,dSPACE 实时系统与主机的硬件接口一般采用标准 ISA 总线,从而避免了用户再附加投资别的设备。

(5)实时性好、可靠性高。dSPACE 实时系统硬件、代码生成及下载软件、试验工具软件都是由 dSPACE 工程师精心设计、制造和调试的,不用考虑任何兼容问题,代码一旦下载到实时系统中后,代码本身将是独立运行的,试验工具软件只是通过内存映射访问试验过程中的各种参数及结果变量,不会产生对试验过程的中断,因此它的实时性和可靠性都要好,是一个可信赖的软/硬件平台。

10.2.3 RT-LAB 快速原型系统

RT-LAB 是加拿大 Opal-RT 公司开发的一套基于模型的仿真系统平台软件包,可以直接利用 Matlab/Simulink 建立的动态系统数学模型应用于实时仿真、控制、测试及其他相关领域。RT-LAB 的突出特点是开放性和扩展性,开放性使它可以灵活地应用于任何工程系统仿真与控制场合;优秀的可扩展性为所有的应用提供一个低风险的起点,使工程人员可以根据项目的需要随时随地地扩展系统。RT-LAB 具有以下关键特性。

(1)快速性好:与 Matlab/Simulink/Real-time Workshop 紧密集成;只需用 Simulink 设计好的模型中嵌入 RT-LAB 的针对实时性的模块,然后在 RT- LAB 提供的简单易用的界面中点几下鼠标,就可以得到实时运行的仿真模型。

(2)操作性好:简单、易用、友好的图形用户界面,用户只要简单地点击鼠标即能完成模型编译、目标节点分配和执行过程。

(3)支持性好:完善的 API,可以使用 LabVIEW,C++,VB,Matlab 以及 3D 虚拟现实工具等开发上层应用程序,与运行的模型实现实时交互。

(4)扩展性好:RT-LAB 支持众多 NI 的 PCI 接口的硬件板卡。

(5)实时性好:提供基于 PC 平台的优秀的硬实时性能,且确保并行运算不会改变模型的行为,引入实时干扰,或造成死锁。

(6)可靠性高:底层实时操作系统(RTOS)提供较高的稳定性和可靠性。

(7)实时数据显示和记录:RT-LAB 独特的数据显示和记录特性使其成为现今最完整和便利的实时系统设计环境;利用 RT-LAB 的数据显示和记录工具,用户可以从容地在线读取仿真模型的实时信号或将其记录为文件。

(8)通用的共享内存卡驱动:RT-LAB 完全透明的支持共享内存方式的目标机之间的超高速数据通信,但在某些应用中用户希望和仿真系统以外的设备(如嵌入式控制器或其他计算机)通过共享内存通信,因此,RT-LAB 提供专门的共享内存模块,用户可以把这些模块设置为共享内存和反射内存设备,用来实现设备间的数据读写。

(9)动态信号跟踪:RT-LAB 的动态信号跟踪功能灵活地解决了模型创建和仿真测试时与模型交互的问题。用户可以直接通过 Simulink 的界面,也可以利用 RT-LAB API 自行开发前端应用程序对模型仿真进行监控。动态信号跟踪功能允许在模型运行时动态地选择读取模型的变量值和变量名,而省去了每次在设置需要显示或记录哪些信号后都要重新编译模型的麻烦。这在模型开发和调试阶段节省了宝贵的时间。在用 Simulink 创建模型的时候,用户不需要考虑在模型运行时需要显示哪些信号,因为所有的信号都可以在模型运行时通过 RT-

LAB 的 Probe Control 或者 API 动态选择。

10.2.4　RtFly 快速原型系统

RtFly 快速原型系统是由西北工业大学开发的产品，基于 RTX（Windows 嵌入式实时系统）实时系统、以 Simulink 为模型开发工具的快速原型系统。该系统能够快速将 Simulink 模型转化为 RTX 环境下的实时模型，并能够实现 Simulink 模型自动编译与下载、仿真参数在线修改、仿真数据实时存储、自动分布仿真、仿真工程文件管理功能。该系统能够实现复杂大系统的闭环实时仿真，也能快速实现单个部件原型测试，通过 Simulink 自带模型仿真验证了该系统的可靠性、仿真的准确性。

1. RTX 实时系统

RTX 被设计为 Windows 上的一个实时的扩展子系统，其本身并不是一个独立的操作系统。RTX 提供了对 IRQ、I/O、内存的精确控制，以确保实时任务执行时具有 100%的可靠性。由于 RTX 作为一个完全的 Windows 扩展系统，RTX 并不对 Windows 系统架构作任何封装、修改。RTX 子系统（RTSS）拥有精确高速的任务调度器，RTX 调度器可以确保线程切换时间保持在 500 ns 到 2 μs 之间。RTX 的时钟分辨率可以达到 100 ns，并且不会产生任何漂移现象。其定时器周期最低可以做到 100 μs。作为 Windows 的扩展子系统，除了借助 Windows 的资源外，RTX 还可以独立存在，即使当 Windows 系统呈现蓝屏时，RTX 依然可以运行。

为了成功地开发基于 RTX 的软件系统，必须对软件的各功能按照运行特性进行正确有效的划分。一般，应将软件划分成两部分：非实时部分（Win32 进程）和实时部分（RTSS 进程）。例如，数据图形显示应划入非实时部分，而实时运算和实时数据输入/输出应划入实时部分。如果将实时部分放入 Win32 进程中，将非实时部分放入 RTSS 进程中，这样不可能达到系统预期的运行效能（见图 10-7）。

其次，按系统运行机制，采用实时信号量和共享内存将实时部分和非实时部分有机结合在一起。必须建立在非实时进程（Win32 进程）和实时进程（RTSS 进程）之间的功能平衡，确立两者之间的接口。尽量减少在两种进程之间的同步信号和数据流，保证系统运行的高效性。

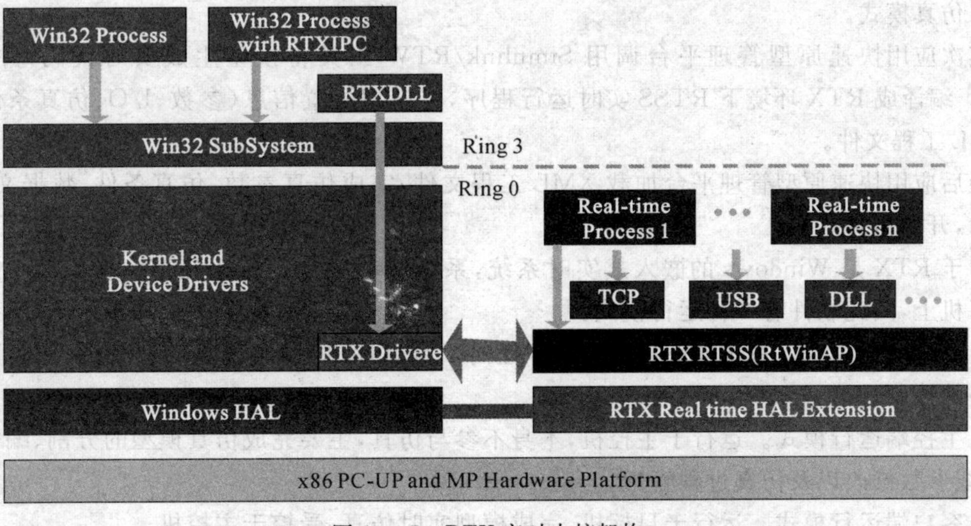

图 10-7　RTX 实时内核架构

2. 快速原型构架

快速原型系统以 RTX 作为实时程序运行平台，以 Simulink 作为建模工具。系统充分利用 RTX 特点，将实时与非实时任务分离，模型参数、模型 I/O、仿真设置等信息与实时程序分离，完成模型分割、编译、加载、仿真信息修改，仿真运行管理。快速原型系统构架如图 10－8 所示。

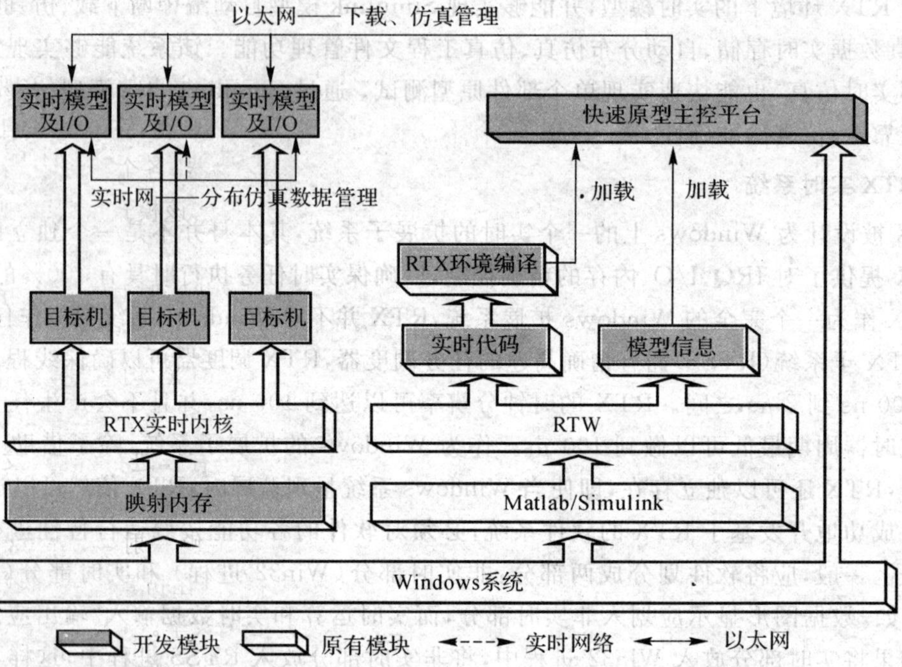

图 10－8　快速原型系统构架

3. 快速原型系统工作流程

首先应用 Simulink 建立该系统仿真模型，确认数字仿真结果正确无误后，将模型设置为定步长仿真模式。

其次应用快速原型管理平台调用 Simulink/RTW 工具将模型生成实时代码，并应用 VC＋＋编译成 RTX 环境下 RTSS 实时运行程序，将模型配置信息（参数、I/O、仿真条件）生成 XML 工程文件。

最后应用快速原型管理平台加载 XML 工程文件，完成仿真参数、仿真条件、数据文件等设置后，开始仿真。

由于 RTX 是 Windows 的嵌入式实时系统，系统能够独立运行于任何一台安装了 RTX 的计算机上，因此软件有 3 种运行模式：

· 单机运行模式。系统能够独立运行于任何一台目标机上，实现对模型编译、仿真，及原型设备的控制。

· 主控端运行模式。运行于主控机，本身不参与仿真，主要完成仿真模型的分割、编译、下载、在线参数修改以及仿真过程管理。

· 客户端运行模式。运行于目标机，完成模型实时仿真，受控于主控机。

4. 快速原型系统基本功能设计

(1)实时分布仿真。快速原型系统分布式仿真采用两套网络机制:以太网主要用于非实时部分,实现仿真模型下载、参数下载、数据上传;实时网络系统用于实时部分,实现完成分布仿真各目标机间仿真同步、数据交互任务。系统应用 VMIC5565 实时网络实现分布式仿真,采用模块化设计,VMIC5565 实时网络模块由 Simulink 模型库形式提供(不集成在软件中),有利于用户灵活配置分布仿真模式,设计有以下两种分布模式:①网络中断方式同步推进模式。该模式由一台目标机定时器为时钟标准(由用户在 Simulink 模型中指定),每仿真一步向其他目标机发出一次仿真指令,其他目标机接到指令后,完成一步仿真。该模式能够实现各目标机间时钟完全统一,但该模式要求各个目标机运行模型的仿真步长必须保持一致,各自定时器推进。②独立定时器模式。该模式任意一台目标机都有自己的定时器,各个目标机运行模型的仿真步长可以不一致。仿真启动后,各个目标机按自己的时钟运行,该模式可以实现多采样速率模型仿真。

(2)仿真数据记录与显示。由于仿真运行于实时操作系统,因此实时对硬盘进行读写仿真数据记录严重影响了仿真性能。由于 RTX 系统是 Windows 的嵌入实时系统,其任何一个优先级都要高于 Windows,在 Windows 环境下对硬盘操作不会对 RTX 实时性能产生影响,因此系统设计一种共享内存缓存区,完成 Windows 和 RTX 间的数据交互。RTX 每仿真一步,将数据存储到共享内存的缓存区中,而 Windows 程序则不断对缓存区进行检测,发现有数据立即取出,将其写到硬盘上存储成数据文件,或者添加到示波器实时显示,同时将缓存区中的原有数据清除。为了能够快速对仿真信号进行观测与分析,系统能够映射 Simulink 的数据观测模块。即 Simulink 如果存在如 Scope,Display 等数据观测模块,在仿真平台加载其实时仿真模型后,也同样能够显示和记录相同的数据,这大大提高了仿真效率。

(3)仿真参数修改及仿真工程管理。设计人员在实时仿真中要经常修改参数来测试仿真效果,因此在仿真过程中的参数修改十分重要,本系统设计用户无需在 Simulink 下修改参数,通过该平台即可实现对参数的修改,即设计一套共享内存机制,将 Windows 平台上运行程序与 RTX 环境下的运行程序的参数完成映射,在仿真开始前,将所有修改的参数下载到 RTX 环境下的执行程序中,同时 Windows 平台的仿真程序还能将所有参数存储为工程文件进行保存,用户下次仿真时直接加载即可,提高了仿真效率。

10.3　弹载计算机

弹载计算机(missle-borne computer)是安装在导弹上的电子计算机。早期弹载计算机采用模拟技术。20 世纪 60 年代后期以来,微电子技术与数字技术迅速发展,特别是 70 年代初微处理器问世后,数字计算机在导弹上的应用日益广泛。

弹载计算机是一种嵌入式计算机,具有体积小、质量轻、功耗低、可靠性高、实时性强和能抗恶劣环境等特点。它用于导弹的制导和控制、起飞前的测试和瞄准计算、起飞后的实时测试计算和无线电通信管理等。它在导弹控制系统中的一般工作过程为:从控制系统的测量部分接收信息,按控制功能的要求进行实时处理,向控制系统的执行部分发送处理结果。例如:当用于惯性制导时,弹载计算机接收来自惯性器件的参数值,按惯性制导功能的要求计算出相应的控制指令,通过执行部件控制导弹的姿态,改变导弹的飞行弹道,使其命中目标。又如用于巡航导弹图像匹配制导系统中的多机系统，由位置修正系统中的相关处理机和惯性制导系统中的制导计算机组成。相关计算机利用雷达所获取的地图图像与事先存储的参考地图进行图像匹配处理，确定导弹的瞬时位置；制导计算机利用导弹的瞬时位置数据修正惯性制导的工具误差，提高制导精度。

随着导弹战术、技术性能指标的提高与使用环境要求的日益严格，弹载计算机将具有更好的实时性、可靠性、抗辐照和可重构的能力，并向着多功能、智能化的方向发展。

弹载计算机是导弹飞行控制系统的核心，是实施导弹发射和飞行控制的“指挥中枢”，它的主要任务是控制导弹按预定弹道稳定地飞行，使弹头准确命中目标，在飞行过程中控制弹上各系统进行工作状态的转换，并协调各系统之间的信号传递。

弹载计算机的要求与特点主要体现在高要求的实时性、可靠性与嵌入性 3 个主要方面。在弹载计算机中，时间是一个重要的参数，它是积分计算的自变量，也是程序脉冲的基准量。对弹载计算机进行半实物仿真就是把弹载计算机接入导弹系统数字仿真回路，为弹载计算机构造一个接近导弹真实飞行状态下的制导、姿态方程计算、信号传递、实时控制的半实物仿真环境，用以对弹载计算机的各项功能和性能指标进行考核和评估。

10.3.1 弹载计算机信号接口和软件特点

在弹道导弹中，弹载计算机主要进行制导与姿态控制的实时计算，在制导计算中，弹载计算机将惯性器件测量的弹体运动的加速度和速度进行积分运算后得到位置数据，在姿态控制计算中，主要是数字网络方程的计算。除了制导与控制计算，弹载计算机也承担其他实时控制计算：导弹的预定弹道程序由弹载计算机按程序角计算产生；为了提高制导精度，对工具误差进行实时修正计算；为了实时掌握导弹制导与姿态控制等的工作情况，弹载计算机还可为实时遥测系统采集与发送数据。

导弹从发射到命中目标的过程中，惯性测量组件需要在短时间内采集弹体的姿态角和角速率信号，传递给弹载计算机飞行控制软件，通过解算后输出相应的控制量。由于导弹的飞行速度很快，要求弹载计算机软件必须按照严格的时序要求活动与操作，飞行控制软件必须能快速完成规定的任务。对弹载计算机进行仿真评估，就是对其飞行控制软件的实时性进行充分考核。

10.3.2 弹载计算机软件开发工具 SCADE

SCADE 是法国爱斯特尔技术公司推出的高安全性嵌入软件开发工具，SCADE 具有 3 个强大技术核心的支持：①用明确的高级直观的图形和文本语言；②满足结构校正实现的编译算法；③形式化的测试和验证技术。总的理念是产生严格要求规范，增加代码质量而减少设计和验证花费。同步数据流方法已经有 20 多年的科学研究和 10 多年的在工业上的应用。

基于模型的 SCADE 图形化框图表示方法的源代码开发适用于控制工程，并利用安全状态机描述面向状态和模态的计算进行有效的补充，使之更加完善。这些需求规格级的表述具有精确的语义，不但使得软件开发更加直观，而且使得工程师之间和用户之间的沟通更加容易。这一过程中的关键工具是 KCG——一个从 SCADE 到 C 的满足航空电子 DO-178B A 级认证的高质量的编译器。功能测试可以在框图级完成并产生嵌入式的 C 代码，而这些工作都是自动化、正确和有质量保证的。

同步理论技术方法和相关的过程以及工具特别适合于开发重要的嵌入式软件：电传飞行控制、发动机控制、电源控制告警处理等等。当前用户市场的领导者是空中客车、达索航空、欧洲直升机等公司。在关键航空电子中，这一过程必须满足 DO-178B 航空认证，这一技术方法较之于老的技术降低了将近 50% 的开发成本。这是因为实现是自动完成的，运用correct-byconstruction的概念，因而这一过程中没有引入任何错误。

基于同步理论的同步编程技术已经在许多领域得到广泛而成功的应用，尤其是实时控制领域。如图 10－9 所示，实时系统是对任何外部刺激做出及时反应的计算机系统，并且在每个周期产生输出，其输出结果取决于环境的变化和系统的内在状态。

实时系统的正确性不仅取决于计算的逻辑结果，也取决于产生结果所花费的时间。这意味着实时嵌入式系统必须在一个可预测、可保证的时间段内做出对外部事件的反应。如果没有达到上述要求，那么系统就会做出错误的操作。

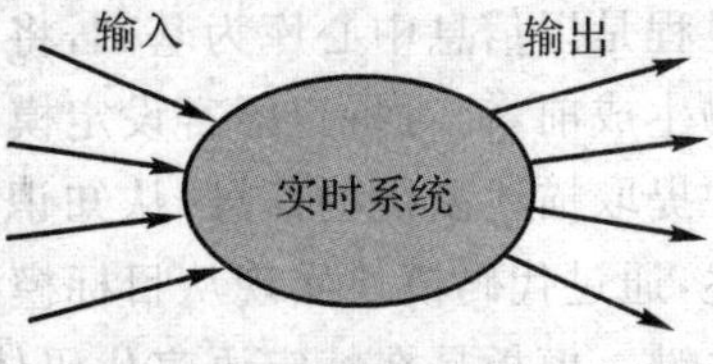

图 10－9　实时系统示意图

同步语言通过基本时钟将实际的物理时间分成若干离散的时刻，从而产生了逻辑的时间。它建立的同步模型是在一个逻辑周期内发生的事情，即每个时刻从外部环境获取输入并计算输出，由于实际的计算时间小于采样时间，可以假设系统在零时间内完成了输入到输出的计算，从而确保了系统的实时性。其物理时间和逻辑时间的转换如图 10－10 所示。

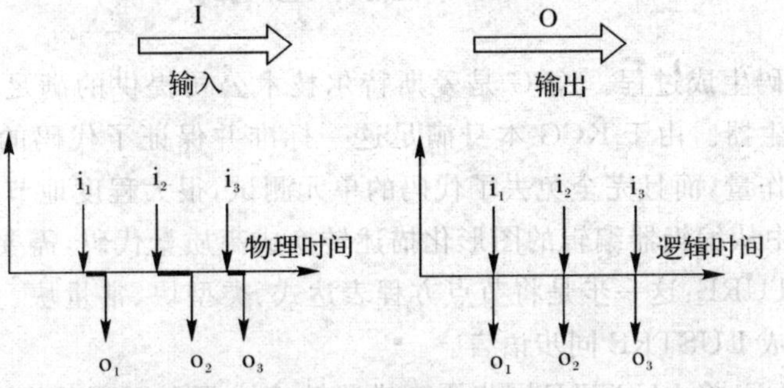

图 10－10　物理时间和逻辑时间

1. 仿真验证

在系统建模后，可以对整个系统或是系统中任意一个模块进行模拟仿真。仿真器是基于 SCADE 生成的代码进行仿真的，它是一个强大的可视化的图形调试工具，可以对模型持续地、交互地、批处理地进行仿真。在仿真过程中，可以对模型中所有输入和输出的值进行标记。它可以保存仿真场景，记录重要信号的变化，在图形模型中显示变量值，当遇到故障(bug)时，可以退回以前的步骤对其进行仔细研究。可以设置断言、断点、中断条件，可以检查输入数据、内部的变量和输出数据的值，还可以记录和回放仿真的场景(scenario)。支持脚本编程生成仿真驱动用例；还可以用文本或图表的形式记录仿真过程中各输入输出的值。此外，它还提供了 Double Simulation 功能，满足了定点运算时定点与浮点模型比较、增量开发时不同版本比较等同时模拟仿真两个模型的需求。由于 SCADE 基于非常严格的数学基础，因此可以保证“仿真的结果＝运行的结果"。

2. 代码生成

软件开发的最终目标是产生代码，即把为系统建立的各级分析、设计模型转换成特定语言的代码。自动代码生成处于开发链的最底层，其目的是为了实现开发过程中的快速迭代以提高开发效率。代码生成质量直接影响系统的可靠性和稳定性。

(1)代码自动生成原理。代码自动生成的原理是根据建模平台的当前目标系统模型，由代码产生器自动生成某种语言的源代码。具体而言，生成代码的信息来源有两个：模型属性（控制代码生成方式，即如何生成）和元素规范（控制代码生成内容，即生成什么）。相应的模型信息，进行与所生成的代码语言相关的语法、语义检查后，对其生成相应的代码。代码自动生成过程是以信息中心库为基础，将系统详细设计阶段得到的模型信息保存在信息中心库中，在代码生成前，针对特定语言设定模型属性，也保存在信息中心库中。生成代码时，从基本信息库中提取描述系统的信息，从知识库中提取特定语言的模型属性值，依据系统对映射关系的描述，通过代码模块实现从目标模型特定语言的可执行代码的转换。代码模板是代码产生器的关键。模板是在特定语言代码体系结构和组成的分析、提炼的基础上，建立设计模型与语言的映射关系。通用代码生成机制的描述如图 10－11 所示。

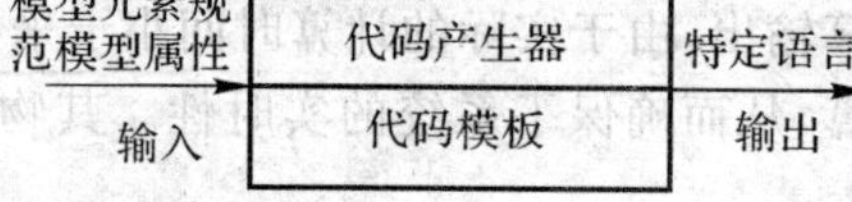

图 10－11　通用代码生成机制

(2)SCADE 代码生成过程。KCG 是爱斯特尔技术公司提供的满足 DO-178B 民航 A 级安全标准的代码产生器。由于 KCG 本身满足这一标准并保证了代码的正确性，所以它不仅大大节省了编码工作量，而且完全免去了代码的单元测试，很大程度地节省了验证工作和验证时间。在 SCADE 中从编辑器编辑的图形化描述转换成高质量代码，需要经过以下两个步骤：

SCADE2LUSTURE：这一步是将节点方程表达式、类型块、常量块、变量块等. sofad 格式图形描述文件转变成 LUSTRE 同步语言。

LUSTRE2CODE：将 LUSTRE 同步语言描述转换成面向工程的高安全性代码。其过程如图 10－12 所示。

SCADE 通过设置代码生成器的属性可以自动生成 ANSI C 或 Ada 的嵌入式产品代码。它生成的代码满足一系列的安全性特征，有良好的可读性和友好的接口。C 语言是由 Dennis Richie 于 1972 年在 AT&Bell 实验室研究成功并投入使用的系统编程语言。其设计目标是使 C 语言既具有汇编语言的效率，又具有高级语言的易编程性。从 20 世纪 80 年代中期涉足嵌入式实时系统后，C 语言受到了普遍欢迎，是目前使用最广泛的嵌入式系统编程语言。

Ada 语言是 20 世纪 70 年代美国国防部开发并投入使用的功能强大的通用系统开发语言，最初为 Ada 83。它支持模块化、独立编译、协处理等功能。其可靠性、可维护性、可读性都是相当好的。后来，为了更好地支持 OOP(Object-Oriented Programming)，对其进行了改进，形成了目前广泛使用的 Ada 95。使用 Ada 语言可以大大改善系统的清晰性、可靠性、可维护性等性能指标。它是美国国防部指定的唯一一种可用于军用系统开发的语言。在航空、航天等安全关键控制系统中有着广泛的使用，尽管在军事系统以外的领域中没有得到推广应用。由于美国国防部是世界上最大的实时系统软件的定购商，因此 Ada 语言就成为在军事相关领域中嵌入式实时软件系统事实上的工业标准。

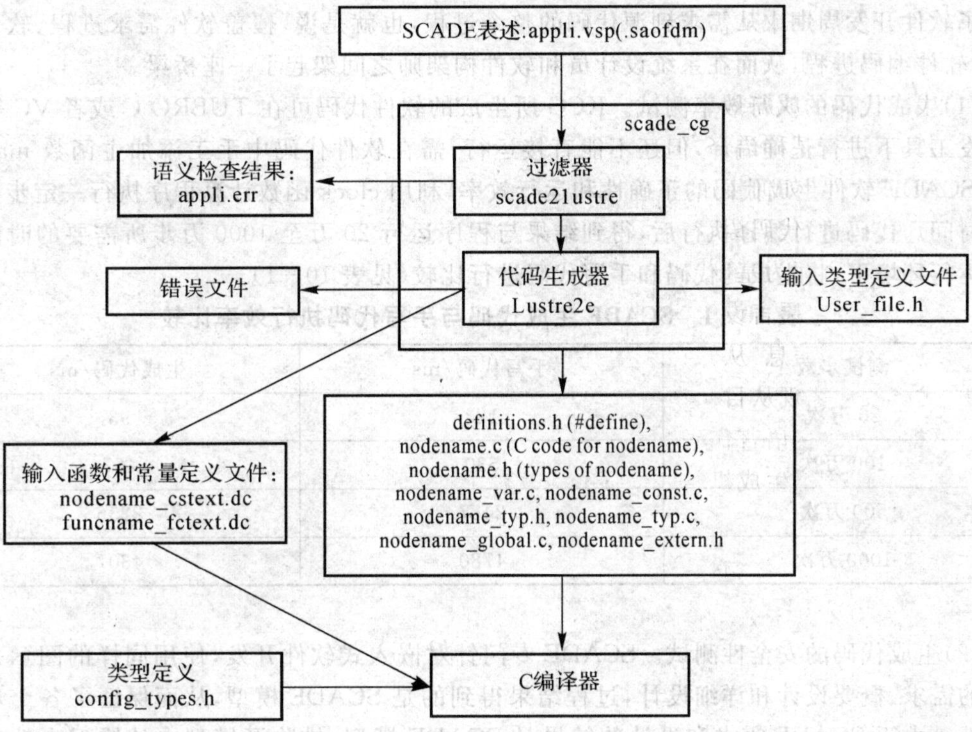

图 10-12 SCADE 自动代码生成过程

SCADE 代码生成器有两个显著的特点。第一，SCADE 所生成的代码是完全面向工程的产品代码，可以直接嵌入到产品中去而不需要做任何修改。第二，SCADE 基于严格的数学理论，保证了所生成的代码的正确性，同时保证了代码运行的结果和仿真的结果完全一致。

3. SCADE 软件与 DO-178B 标准

DO-178B 标准在 1992 年由航空无线技术委员会首次发布，它是由权威认证的专家和开发航空软件的公司联合制定的，它为航空系统的软件和设备开发提供了指导方针。其制定的目标就是保证当软件在实现预期功能时，安全性能满足耐飞的需求。DO-178B 标准将软件安全级分为五个等级，其中 A 级安全性要求最高，E 级安全性要求最低。

A 级：导致飞行器发生灾难性故障的情况，如飞行器坠毁。

B 级：导致飞行器发生严重故障的情况，如人员受伤。

C 级：导致飞行器发生主要故障的情况，如飞行管理系统失效，需要人工操作。

D 级：导致飞行器发生较小故障的情况，如通信系统故障。

E 级：对飞行器操作或飞行员工作量没有影响的情况，如娱乐功能失效。

航空电子系统的开发在保证安全性方面有着非常严格的要求，其开发流程必须满足 DO-178B 国际标准。在欧洲和美国，如果一架民用飞机没有通过 DO-178B 质量认证就不允许在其领空飞行。越来越多的国家将 DO-178B 标准作为民航领域必需的资格认证。在我国，DO-

178B 标准的推行和认证也是民航领域的必然趋势。

4. 代码的测试

SCADE 中的代码生成器 KCG 是目前世界上唯一满足 DO-178B 的民航 A 级标准的。它覆盖了软件开发周期中从需求到源代码的整个过程，也就是说，覆盖软件需求进程、软件设计进程、软件编码进程，从而在系统设计员和软件构架师之间架起了一座桥梁。

(1)生成代码的执行效率测试。KCG 所生成的软件代码可在 TUBRO C 或者 VC 等 C 语言开发工具下进行正确编译，但还不能直接运行，需在软件代码中手工添加主函数 main( )。验证 SCADE 软件生成代码的正确性和运行效率，利用 clock 函数计算程序执行一定步数所耗费的时间。代码进行编译执行后，得到结果与程序运行 20 万至 1000 万步所需要的时间。在相同运行环境下，将生成的代码和手写代码进行比较(见表 10－1)。

表 10－1　SCADE 生成代码与手写代码执行效率比较

测试步数	手写代码/ms	生成代码/ms
20 万次	123	93
100 万次	530	467
500 万次	2437	2236
1000 万次	4780	4307

(2)生成代码的安全性测试。SCADE 专门针对嵌入式软件开发，使用同样的图示来描述软件的需求、概要设计和详细设计，过程结果得到的是 SCADE 模型，从而保证了各个环节的连贯性。由于 SCADE 需求和设计的结果是 SCADE 模型，排除了模型中的错误也就排除了需求和设计中的错误，从而扼制了错误的放大，保证了软件的安全性。

在 SCADE 中提供了 3 套机制来排除模型的错误：

· 通过静态分析做模型检查，保证模型的完整性和一致性；

· 通过动态运行做模拟仿真，在测试范围内保证模型的正确性；

· 通过形式化的方法做形式验证，保证模型的安全性。

第11章 仿真可信度评估

任何仿真都存在可信度问题，因为仿真系统是利用仿真模型代替被研究的对象，在计算机或其他仿真设备组成的环境中进行试验的系统，也就是说，仿真是基于模型而非真实对象本身进行的试验。因此，仿真结果是不可能完全精确地代替真实对象的。仿真可信度能否达到要求，直接关系到仿真系统应用的成败，缺乏足够可信度的仿真是没有任何意义的，甚至可能产生严重的误导后果，从而导致重大的损失和浪费。为了保证武器仿真系统具备高可信度地在武器系统的论证、方案设计、制造、试验、性能评估、定型验收和性能改进等方面都发挥重要作用，必须对武器仿真系统进行可信度研究。仿真可信度研究的核心就是仿真系统的“校核、验证与确认(VV&A, Verification, Validation and Accreditation)”。

11.1 基本概念

11.1.1 仿真可信度评估发展历史

纵观国外仿真可信度研究的发展历程，可分为下述3个阶段。

1. 20世纪60年代初至70年代中期

仿真可信度研究的萌芽阶段。仿真结果的评估工作始于20个世纪60年代，Biggs和Cawthorne对“警犬”导弹系统仿真的评估，是有关仿真结果评估的最早记录。1967年，Fishman和Kiviate指出评估仿真模型时要包括两个方面：模型校核(verification)和模型验证(validation)。Mckenny和Shrank(1967年)提出了模型的有效性和仿真结果的应用相关的观点。Mihram(1972年)将模型开发过程分为5个步骤，即系统分析、系统集成、模型校核、模型验证和模型分析，首次将仿真可信度分析作为仿真工作的一个有机组成部分。20世纪70年代中期美国计算机仿真学会(SCS, Science of Computer Simulation)组织成立了模型可信度技术委员会TCMC，其目的是建立一系列与模型可信度相关的概念、术语和规范。该事件是仿真可信度研究的一个重要里程碑，表明该领域的研究已进入规范化和组织化。

该阶段提出了很多重要的有关仿真可信度的概念和原则，为后来可信度研究工作的开展奠定了良好的基础。

2. 20世纪70年代中期至90年代中期

仿真模型的校核、验证技术蓬勃发展阶段。Holmes(1984年)提出了确定模型动态特性置信度等级的CLIMB(Confidence Levels In Model Behavior)方法，并针对导弹系统模型的验证总结开发了一种十分有效的分析工具——随机工具箱，该工具箱包含的方法有对照比较法、专家评定法、半实物仿真法、CADET法、Monte Carlo法、TIC指数法、数据图法、均值和方差检验法、假设检验法、数据覆盖法、频谱分析法、回归分析法等。Schurben(1980年)提出了图灵检验法(Turing Test);Hess(1988 年)提出了最优时间匹配法来验证实时仿真系统的输出结果。Balci 和 Sargent(1994 年)综述了模型验证的各种方法并对其进行了分类,主要有静态分析法、动态测试法、约束分析法、理论证明法、图灵测试法、灵敏度分析法、极端条件测试法、统计检验法、主观有效性检验法等。Murray-Smith(1995 年)综述了外部验证的概念和方法,将外部验证的方法归纳为输出数据比较法、系统辨识法、灵敏度分析法和逆系统模型(Inverse Model)方法等。

该阶段学术界对仿真模型的校核和验证方法,主要是验证方法进行了深入研究和系统总结,并广泛应用于工程实践,取得了较好的效果。

3. 20 世纪 90 年代中期至今

仿真可信度评估标准化和规范化,面向新技术应用和适应新需求挑战的可信度研究萌芽阶段。一方面,各行业、各部门纷纷制定自己的 VV&A 手册。以仿真技术发展先进国家为例,美国国防部于 1996 年 11 月提交了《VV&A 建议实施指南》(VV&A Recommended Practices Guide,VV&A RPG),并于 2002 年秋组织各部门对其进行了修订,随之将其推荐为 IEEE 标准;美国陆军部、海军部、空军部、导弹防御机构分别以此为基础,制定了自己的 VV&A 手册,包括概念、原则、过程、方法和文档等;此外,在航空、航天、机械工程、核联盟、工程计算领域等也都建立了相应的 VV&A 标准。英、法等西欧国家的 VV&A 标准化研究也紧随其后。2001 年,英法国防研究组织(Anglo-French Defense Research Group,AFDRG)资助了一项 VV&A 框架,对两国间相关领域所遵循的共同性问题进行研究。V&V 的标准化和规范化因其具有简化操作、节省费用和协调沟通等优点,已被日益多样化、规范化和制度化的当今社会所接受。

在我国,仿真可信度研究也得到了充分的重视,其主要思路是在跟踪国外先进评估技术的同时,结合国内仿真工程的实际需要进行有益的研究和探索,所遵循的是一条跨越式发展路线。目前,在仿真评估的理论、原则、方法、工具和应用上均已取得了一系列成果;这些成果的取得通常以特定的仿真系统和技术为背景,如国防科技大学以导弹系统为背景进行了仿真可信度研究和以 HLA 技术为背景进行了仿真系统 VV&A 的理论和方法研究。此外,还启动了仿真评估的标准化进程,如空军工程大学在建模与仿真术语的规范化方面进行了一些探索性研究;国防科技大学已制定出 DIS 仿真系统 VV&A 的军队标准,并制定出 HLA 仿真系统的通用测试标准。

11.1.2 VV&A 的定义

如同建模与仿真(M&S)本身的概念一样,VV&A 的基本概念也是一个逐渐发展和完善的过程,最早被提出来的是仿真模型的校验,后来有学者提出了校核与验证的概念,即 V&V,在此基础上人们提出了 VV&A 的概念。在此过程中还有学者提出过 VV&T 的概念,到目前为止,在 M&S 领域中 VV&A 的提法得到了更多学者和工程人员的认同。简单地讲,VV&A 的基本概念包括校核、验证与确认三部分内容。在国外的学术界对 VV&A 的基本概念定义也不完全一致,比较常用的和比较权威的定义是美国国防部在 DoD5000. 61 中给出的 VV&A 定义,在 M&S 特别是军用 M&S 领域得到更多的认同。具体为:

Verification: The process of determining that a model implementation and its associated data accurately represent the developer's conceptual description and specification.

Validation: The process of determining the degree to which a model and its associated data are an accurate representation of the real world from the perceptive of the intended uses of the model.

Accreditation: The official certification that a model, simulation, or federation of models and simulations and its associated data are acceptable for use for a specific purpose.

翻译为:

校核:确定模型实施及其相关数据是否精确描述了开发者的概念描述及相关技术规范的过程。

验证:根据模型开发的预期目的,确定模型及其相关数据描述真实世界的精确程度的过程。

确认:官方对一个模型,或一个仿真,或一系列的模型和仿真及其相关数据可用于特定仿真目的的认证活动。

为了更好地理解 VV&A 的概念和基本活动,下面对以下几个有关概念进行说明:

问题实体(Problem Entity)即研究对象,可以是一个系统(真实或假想的),也可以是一种构思、一种概念、一种情景、一项决策或政策,或者其他等待研究的事物或现象。

概念模型(Conceptual Model)是针对某一具体研究目的而对问题实体所做出的数学的、逻辑的或自然语言的表述,这些表述最终应该能用仿真设备或程序来实现。

计算机模型(Computerized Model)是指概念模型在仿真设备上的实现。

概念模型是在问题分析和建模阶段建立起来的;计算机模型是在概念模型的基础上通过程序设计和实现阶段建立起来的;关于问题实体(研究对象)的一些结论,则是在仿真试验过程通过运算计算模型而获得的。

概念模型有效性(Conceptual Model Validity)是指在形成概念的过程中所使用的理论和假设是否正确,对问题实体的模型表达对于该模型的指定用途和具体目的是否合情合理,能否充分体现建模的预期目的。

运行有效性(Operational Validity)是指在给定的系统工作域和模型应用域内,模型的行为相对于预期的应用目的来说是否足够精确。

数据有效性(Data Validity)是指保证模型建立、模型评价、模型测试以及指导各种模型试验所用的数据是充分而可靠的。

11.1.3 VV&A 与 M&S 的关系

VV&A 是贯穿于 M&S 开发全生命周期的活动。简单地描述它们之间的关系可以用图 11-1 来表示。其中:目标系统是被仿真对象,它可能是实际存在的系统,也可能是一个概念系统;概念模型(系统模型)和仿真模型是目标系统在 M&S 开发过程不同阶段的不同表现形态。与 M&S 开发过程中的三个步骤分析与建模、编程与实现、仿真试验相对应的 VV&A 活动为概念模型验证、仿真模型校核、仿真结果验证。从图中还可以看出,数据的有效性是很重要的,而且数据有效性的 VV&C(Verification, Validation and Certification)也应该是贯穿于 M&S 开发全生命周期的。

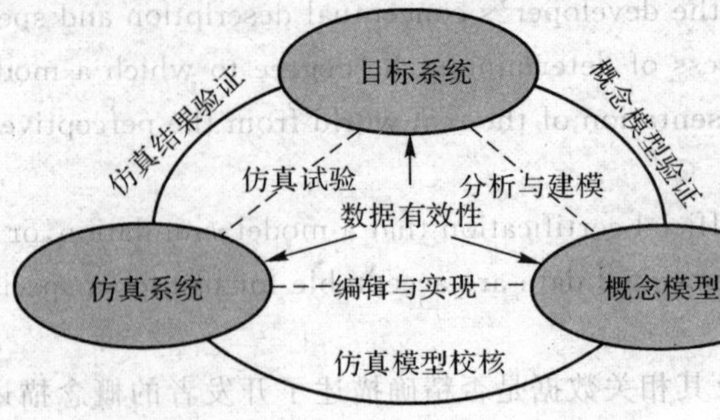

图 11-1　VV&A 与 M&S 的关系

11.1.4　VV&A 原则

VV&A 原则对理解 VV&A 的基础是很重要的，这些原则帮助研究人员、工程人员和管理人员更好地全面理解 VV&A，理解和运用这些原则对于成功地建模和仿真是至关重要的。

原则 1：没有绝对正确的模型。

由于模型是基于一定相似形式，在一定的相似程度上对客观事物的抽象和近似描述，相似程度为 1 的模型是不存在的。而且对于一个 M&S 应用来说是适用和可信的模型，对另一个应用来说不一定是适用并可信的。

原则 2：VV&A 是贯穿于 M&S 整个开发生命周期的活动。

总的来讲，VV&A 在 M&S 开发生命周期中是一个迭代与循环的过程，VV&A 工作可以发现 M&S 中每个阶段存在的不足与错误，然后要求对此阶段的 M&S 工作进行修改，再进行此阶段的 VV&A 工作，直到通过 VV&A 工作为止。

原则 3：对预期应用准确、清楚的表达和阐述是 VV&A 的基础。

对 M&S 预期应用的描述和表达都不够准确和清楚，所开发的 M&S 及其仿真结果也是没有实际意义的，所进行的 VV&A 工作也就没有价值和意义了。

原则 4：M&S 的可信度与预期应用紧密相关。

M&S 的可信度包括客观和主观两个方面的因素：客观上是仿真模型或整个仿真系统与被仿真对象在一定相似形式上的相似程度；主观方面则是基于 M&S 的应用目的来主观判断仿真模型和仿真系统所达到的相似程度是否满足 M&S 应用的可信度要求及达到可信度要求的程度。

原则 5：M&S 的验证不能保证从 M&S 应用中得到的分析结果的正确性和可接受性。

M&S 的验证是从 M&S 应用中得到的分析结果正确和可用的必要条件，但不是充分条件，如果 M&S 的目的和需求描述本身就不清楚或不正确，那么分析结果就不可能正确。

原则 6：对子模型的 V&V 不能说明整个仿真系统的可信度，反之亦然。

每个子模型（联邦成员）的误差处于允许的范围内，但是子模型的组合会带来误差的累积，从而可能导致整个仿真系统的误差超出允许的范围，反之亦然。

原则 7：对 M&S 的确认不是一个接受或拒绝的二值选择。

M&S 在客观上只能是基于一定的相似形式，在一定的相似程度上对被仿真对象的抽象描述与近似，完全要做到在所有形式上的完全相似，根本就是不可能的。对 M&S 的确认应该表达 M&S 在多大程度与 M&S 的开发目的相适应，也就是给出 M&S 的可信度。

原则 8：VV&A 需要 VV&A 人员有足够的创造性和洞察力。

M&S 的 VV&A 工作并不是一个简单的选择和运用 VV&A 技术的过程。它要求 VV&A 人员对 M&S 的开发目的有深入、透彻的理解，而且还需要具有 M&S 开发和应用的知识和经验。

原则 9：系统分析人员影响 VV&A 工作能否成功。

仿真系统的分析人员需要参与并协助 VV&A 人员完成各个阶段工作，对 VV&A 工作的成功与否有重要影响。

原则 10：VV&A 工作必须有良好的计划和记录。VV&A 工作计划可以保证 VV&A 工作及时有效地开展。而 VV&A 工作的记录可以很好地对前阶段的 VV&A 工作进行总结并促进下一阶段的 VV&A 工作的开展，使 VV&A 工作有据可查，保证 VV&A 工作的客观性和公正性，并可以提高 M&S 的可重用性。

原则 11：VV&A 工作需要一定程度的独立性。

VV&A 人员通常由非 M&S 开发和设计人员担任，尽量减少 M&S 开发和设计人员对 VV&A 工作的公正性和客观性的影响。

原则 12：成功的 VV&A 包括相关数据的 VV&C。

可信的仿真模型和仿真系统使用不正确和不适当的数据得出的仿真结果通常是不可信的。因此在 VV&A 过程中，相关仿真数据的正确性和有效性也需要被检测。

以上 12 条 VV&A 原则是目前学术界公认的进行成功 VV&A 工作必须遵循的基本原则，在此我们也将其作为虚拟试验 VV&A 的基本原则。

11.2 仿真可信度评估方案

武器仿真系统是非常复杂的大系统，武器仿真系统的可信度评估工作也是非常复杂的工作。因此，为了保证武器仿真系统的可信度评估工作有效、高效地进行，就必须建立合理、有效的可信度评估方案。

11.2.1 CLIMB 方案

CLIMB(Confidence Levels In Model Behavior)方案最早由 Willord. M. Holmes 提出并研究，主要是针对形成仿真验证技术的方法而非实际使用的方法的集合。CLIMB 方案的一个重大发现就是知识库和数据库(见图 11－2)，知识库提供从建模到验模所必需的理论、资料和方法，数据库提供验模所必需的数据资料和评价基础。CLIMB 方案的评价手段是采用仿真数据库与实测数据库的对比，在这种对比过程中，知识库和数据库是必不可少的，知识库的作用是指导各种信息的生成和仿真数据库的生成；数据库的作用是提供模型评价的基石，使评价有据可依。

导弹的研制一般经历以下几个阶段：论证阶段、方案阶段、工程研制初样阶段、工程研制试样阶段、设计定型阶段以及生产定型阶段。在不同的研制阶段，对模型有不同的要求，模型的表述形式及繁简程度都有所不同。在导弹不同的研制阶段对系统模型进行验证，实际上就形成了模型验证的不同等级。结合导弹研制的实际情况，数据库也应该分层次、分阶段建立。在数据库的基础上，通过逐级比较，不断地对模型进行修正。CLIMB 方案模型验证与数据库之间的关系如图 11－3 所示。

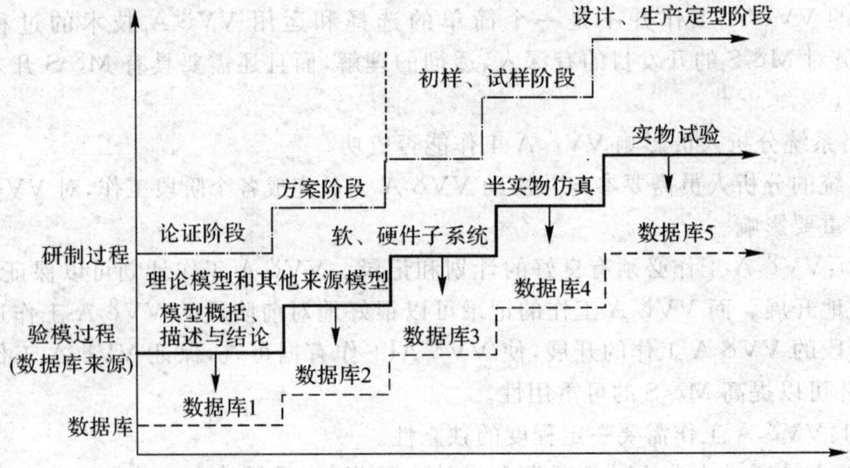

图 11－2　CLIMB 方案的知识库和数据库

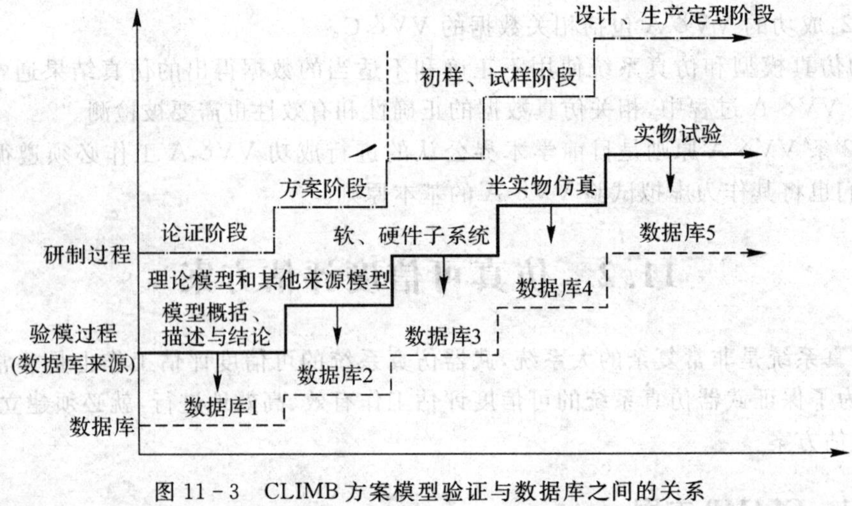

图 11－3　CLIMB 方案模型验证与数据库之间的关系

1. CLIMB 第一级模型概括、结果及结论

第一级包括建模者的确认模型的概括以及用简单化框图对模型进行一般性描述。这一级着重说明仿真的目标、预定的应用范围(应用域)和模型的鉴定标准，确定模型的关键变量以及在模型的研究中所做的主要假设，并提出有关模型总体性能的结论。

2. CLIMB 第二级系统模型和子模型的理论数据库与间接数据库

将仿真模型和子模型的性能与理论模型及现有的经过鉴定的有关仿真模型相比较。确定模型性能的比较方法，还要给出分析方法及有关假设存在的缺陷。

3. CLIMB 第三级分系统仿真模型的数据库

为了与仿真模型的结果作比较，至少应当取得一个重要分系统的实际测试数据。在这一级应给出整修复杂模型的技术文件，确定检验子模型及整个系统模型的方法，并说明仿真模型是否可以接受。

4. CLIMB 第四级半实物仿真

利用主要分系统做半实物仿真，取得数据，建立相应的数据库。典型的过程应当是包括搜集 CLIMB 第三级数据所用的硬件。同时要详细规定数据比较和性能验证所采用的方法，并将模型与硬件性能进行比较后所取得的结果记录下来。

5. CLIMB 第五级全部实际系统运行

通过整个实际系统的运行，取得数据，建立相应的数据库。最低限度要给出在预定的应用范围内运行的系统关键变量的结果，还应给出有关模型验证和性能比较的详细说明，并对此系统模型的性能及其缺陷作出评价，提出改进模型的建议。

11.2.2 M&S 生命周期中的 VV&A

建模与仿真的可信度评估工作应该伴随整个仿真系统开发，对可能影响仿真系统的每一个阶段、每一个因素进行评估，因此应该建立 M&S 全生命周期的可信度评估过程模型和评估方案。一个有效的 VV&A 方案应该是：

(1)覆盖整个仿真系统全生命周期：这是建模与仿真 VV&A 工作的重要原则，仿真系统越来越复杂，开发周期越来越长，开发的风险越来越大，从仿真系统需求分析开始就考虑 VV&A 的要求，并制定覆盖整个仿真系统全生命周期的 VV&A 方案，有助于及早发现仿真系统设计和开发中存在的问题，及时纠正错误，才能保证仿真系统最终的可信度目标的实现。

(2)考虑各种对仿真系统可信度有重要影响的因素，如仿真系统应用目标、历史情况、开发团队、经费预算等各方面因素。

(3)可以实现的：仿真系统 VV&A 方案必须是经过努力可以获得最终结果的，并为仿真系统最终应用达到所需的可信度水平提供有力的保障。

(4)在有限的预算条件下最有效的：在仿真系统 VV&A 应用初期，对仿真系统 VV&A 工作所投入的经费是有限的；仿真系统 VV&A 方案设计要使用有限的预算更多地去支持对保证仿真系统可信度影响最大的 VV&A 活动，提高仿真系统 VV&A 的有效性；随着仿真系统 VV&A 应用的逐步深入，其重要性会日益突出，对 VV&A 预算会逐步增加；同时，仿真系统 VV&A 的信息和工具的增加及其有效利用会降低 VV&A 的经费，从而使整个 VV&A 的预算变得越来越宽松。

目前仿真界最为权威的 VV&A 方案是由美国 DMSO VV&A RPG 提出的 VV&A 方案，过程模型示意图如图 11-4 所示。

(1)确定 VV&A 需求：这是 M&S 的 VV&A 工作的起始阶段，主要任务是开发 M&S 的可接受性标准，确定 VV&A 工作所要达到的程度和范围，确定 VV&A 各阶段所要选用的技术，确定 V&V 代理，准备 VV&A 工作所需的工具，确定所需的时间和费用等。

(2)起草 VV&A 计划：起草 VV&A 计划需要完成校核与验证计划和确认计划。V&V 计划主要包括 V&V 管理计划、V&V 人员的职责、V&V 需要的信息资料、V&V 方法和技术、评估标准、要完成的重要工作、V&V 报告程序、应该提交的文档、采用的 V&V 方法所需要的资源等内容。确认计划主要包括确认人员的职责、需要完成的重要工作、确认工作所需要的信息资源、建议的确认方法等内容。

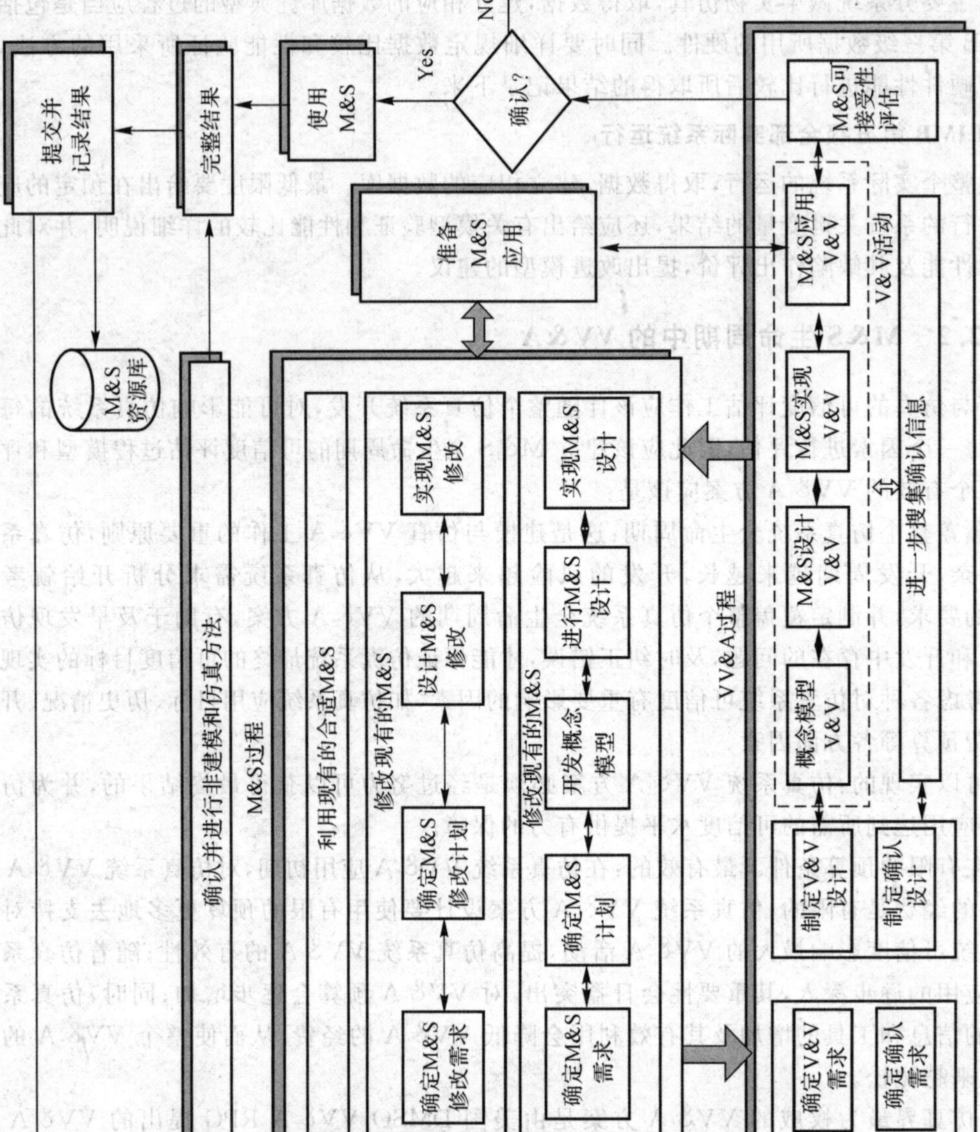

图11-4 M&S开发与VV&A过程

(3)概念模型V&V:概念模型校核主要是考查概念模型是否符合M&S功能需求,概念模型验证主要考察概念模型是否符合M&S的逼真度要求。概念模型的V&V文档需要说明M&S中的假定、算法、所期望的数据的有效性、概念模型的结构等是否满足预期应用需求及其原因。

(4)M&S设计V&V:M&S设计的V&V主要是确保M&S的概要设计与概念模型的一致性,详细设计与概要设计的一致性。

(5)M&S实现V&V:把仿真模型和仿真系统的输出与实际的或是期望的被仿真对象的输出进行分析比较,确定M&S的输出相对于特定的应用目的来说是有效的。

(6)M&S应用V&V:在M&S运行前,应确保需要的运行平台是可以使用的,对于人在回路的仿真系统,还要保证其操作人员经过了足够培训。

(7)可接受性评估:根据前面阶段提交的V&V文档和可接受性标准,评估M&S的性能和存在的局限对于预期应用来说是否可以接受,并需要提供可接受性评估报告。

(8)M&S的确认:确认代理和M&S用户依据V&V文档和可接受性报告、M&S及其开发文档,做出M&S是否可用的结论。

图11-4从M&S与VV&A的工作内容的角度全面、详细地描述了M&S与VV&A的关系,确定VV&A需求和起草VV&A计划需要在确定M&S需求和M&S开发计划阶段进行,概念模型的V&V需要在概念模型设计阶段进行,M&S设计V&V需要在M&S的概要设计和详细设计阶段进行,M&S实现的V&V对应于M&S的集成阶段,M&S应用的V&V、M&S的可接受性评估和M&S的确认工作需要在具体使用M&S之前完成。在整个M&S过程,V&V发现M&S存在的错误,就需要对模型进行修改,再进行V&V工作,循环往复进行,直到最后通过确认为止。因此,VV&A工作是M&S开发的有机组成部分,二者密不可分,VV&A贯穿于M&S开发整个生命周期中。

11.3　VV&A技术

美国国防部总结了可用于仿真系统VV&A的76种校核与验证方法。这些方法的来源主要是软件测试、系统评估及统计技术等领域,其中统计技术一项又包括18种用于验证的方法。这76种校核验证方法按照它们各自的特点,可分为非正式方法、正式方法、静态方法和动态方法四大类(见图11-5)。

(1)非正式方法,是VV&A中最常用的方法,其特点是简单、快捷,应用得当的话非常有效。但它的缺点是严重依赖于人的推理与主观判断。

(2)正式方法,基于严格的数学分析和推理,是最有效、最科学的证明方法。但由于正式证明技术的局限性,它只能适用于较为简单的系统。

(3)静态方法,用于评估静态模型的设计和源代码,它不需要模型的机器执行,通常采用人工的方式或借助静态分析工具进行。

(4)动态方法,建立在模型执行的基础上,通过分析模型执行的数据与结果评估模型和仿真的正确性、有效性。动态方法涉及的数据和环节众多,大多数动态方法需要借助模型探测器、数据采集工具和数据分析与处理软件进行。

图 11-5　V&V 方法

下面以动态连续系统建模与仿真的 VV&A 为需求背景，对常用的 VV&A 技术方法以及各自的算法特点、适用条件进行介绍。

11.3.1　专家经验评估法

这种评估方法的基本指导思想是：请那些熟悉和了解实际系统，而且专业知识和经验都十分丰富的专家和工程师对所建立的系统模型进行评估。评估考查的基本内容是：

(1)模型逻辑流程图。

(2)输入、输出关系。

(3)内部特性合理性。

(4)对仿真结果与实际过程输出进行比较分析。

评估结论：

(1)如果专家认为两类输出相差无几或未能区分，则认为仿真模型有效；

(2)否则，进一步向专家了解模型可能存在的问题及原因，及时修改模型，直至得到认可。

专家经验评估流程图如图 11-6 所示。

11.3.2　专家咨询法

专家咨询法是以专家作为获取信息的对象，依靠专家的知识和经验进行预测、评价的方法。专家调查法可分为专家个人调查法和专家会议调查法。专家个人调查法的最主要方法是德尔菲法(Delphi)，它是 20 世纪 60 年代由美国兰德公司首先提出的。这种方法的主要过程是：确定预测题目；确定被征询专家组成人员；制定调查表；进行逐轮征询和轮询反馈；作出预测结论。专家会议调查法的调查对象大体与专家个人调查法一致，只是征询意见时采取会议方法。优点是不同意见可以直接进行交流，有助于对重大问题达成共识，且时效好。Delphi 法一般在数据缺乏时（如确定权重系数）应用，可配合层次分析法使用。其基本流程如图 11－7 所示。

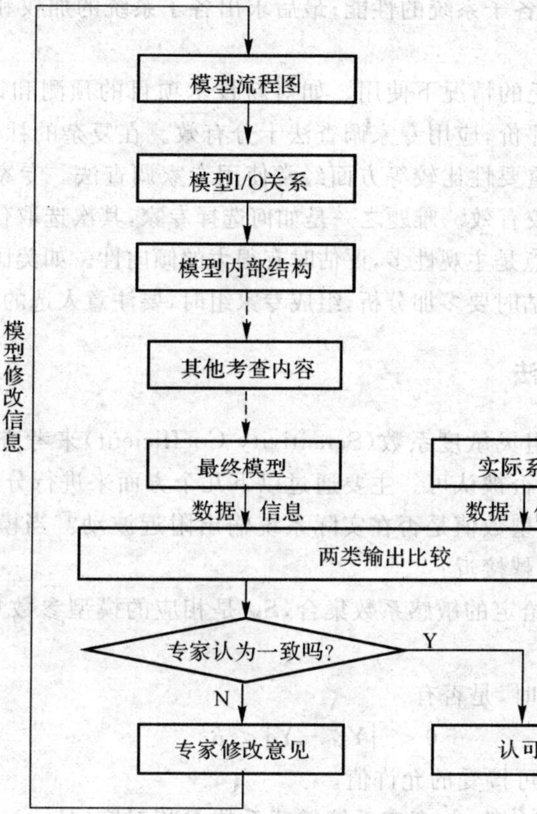

图 11－6　专家经验评估流程图

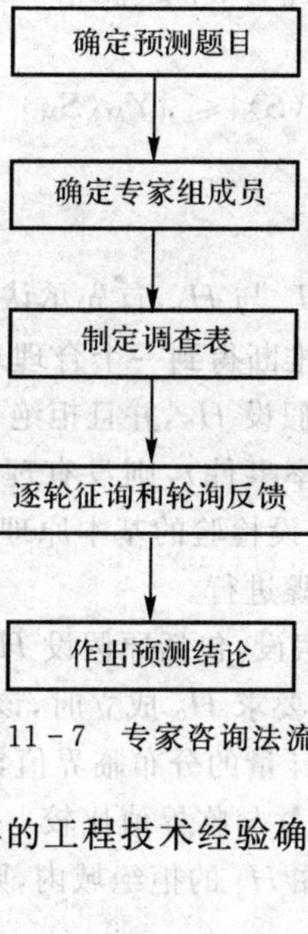

图 11－7　专家咨询法流程

专家咨询法指利用业内专家多年的工程技术经验确定性能指标的权重并对性能进行评判

的方法。对于本项目而言，首先要针对飞行器的总体性能组成专家组，通过分析讨论确定各子系统对总体性能的权重；再针对各子系统分别组成专家组，确定各性能指标对子系统权重，并对各指标进行打分，从而得出各子系统的性能；最后求出各子系统的加权和作为对飞行器整体性能的评价。

专家调查法常在数据缺乏的情况下使用。如对新技术项目的预测和评价、对非技术因素起主要作用的项目的预测和评价，应用专家调查法十分有效。在复杂的社会、军事、经济、技术问题的预测、方案选择、相对重要性比较等方面经常使用专家调查法。专家评定法在解决难以用定量方法给出的指标时比较有效。难题之一是如何选择专家，其次选取什么参数让专家进行评价。另外，专家评价法的缺点是主观性多，评估时有很大的倾向性。如美国专家对苏联武器打分压得较低，因此采用专家评估时要多加分析，组成专家组时，要注意人选的权威性和代表性。

11.3.3 灵敏度分析法

这种方法是通过改变一组灵敏度系数（Sensitivity Coefficient）来考查模型输出变化的情况，并据此来判断系统模型能否被认可。主要通过以下几个方面来进行分析：当模型参数在允许的某一定值附近变化时，模型数值是否在实际系统输出附近波动？当模型参数越接近实际给定值时，两者的输出是否也越接近？

设 S 为实际系统的某一给定的敏感系数集合，S_M 是相应的模型参数集，那么灵敏度分析要解决以下定性问题。

设当 $0<|S_M-S|<\varepsilon$ 时，是否有

$$0<|Y_M-Y|<\delta \tag{11.1}$$

其中，ε 为给定的允许值；δ 为可接受的允许值。

设 S_M，R_M 均是模型敏感参数，与真实系统敏感系数 S 相对应，且

$$0<|R_M-S|<|S_M-S|<\varepsilon \tag{11.2}$$

那么，是否有

$$|Y_M(R_M)-Y(S)|\leqslant|Y_M(S_M)-Y(S)|<\delta \tag{11.3}$$

11.3.4 假设检验

作假设检验时，先提出检验假设 H_0 与 H_1，首先承认原假设 H_0 成立，在此基础上随机抽取一个样本进行统计推断。如果通过推断得到一个合理现象（这个样本不是小概率事件），则没有理由拒绝原假设 H_0，因此接受原假设 H_0，并且拒绝备选假设 H_1；相反，如果通过推断得到一个不合理现象（这个样本是小概率事件），则没有理由接受原假设 H_0，因此拒绝原假设 H_0，并且接受备选假设 H_1。这就是假设检验的基本原理，有些类似于反证法。

假设检验一般可以按以下 5 个步骤进行。

(1) 根据要检验的问题提出检验假设，包括原假设 H_0 与备选假设 H_1。

(2) 根据已知条件选一个统计量，要求 H_0 成立时，该统计量分布已知。

(3) 根据显著性水平 α，查所选统计量的分布临界值，确定 H_0 的拒绝域。

(4) 根据样本观测值计算统计量，并与临界值比较。

(5) 下结论。如果计算的统计量在 H_0 的拒绝域内，则拒绝 H_0，接受 H_1；如果计算的统计

量不在 H_0 的拒绝域内，则接受 H_0，拒绝 H_1。

假设检验分为参数检验和非参数检验，其中参数检验几乎全都假定了总体服从正态分布，然后再对样本分布参数进行检验。在分布已知的情况下可以这么应用，但是实际应用中往往不知道总体的分布，而非参数假设检验就很好地解决了这个问题，非参数假设检验包含 χ^2 拟合优度检验和 K－S 检验。

11.3.5　关联系数法

关联系数方法主要分为下述几种。

1. 相关系数分析

相关系数法同误差分析法一样比较直观，物理意义明确，也可作为一种粗略的定量分析手段。设两个时序 X,Y 分别是飞行试验记录样本与仿真模型输出序列样本，N 为数据长度。

两组数据样本 X,Y，根据数理统计概念，相关系数 r 为

$$r=\frac{\sum_{i=1}^{n}(X_i-\bar{X})(Y_i-\bar{y})}{\sqrt{\left(\sum_{i=1}^{n}(X_i-\bar{X})^2\right)\left(\sum_{i=1}^{n}(Y_i-\bar{y})^2\right)}},\quad 0<r\leqslant 1 \tag{11.4}$$

r 越接近 1，说明两组样本越接近。

2. Theil 不等式法

对象：两样本 $X:\{x_1,x_i,x_n\}$，$Y:\{y_1,y_i,y_n\}$。

指标参数为

$$Q_{\mathrm{TIC}}=\frac{\sqrt{\frac{1}{n}\sum_{i=1}^{n}(x_i-y_i)^2}}{\sqrt{\frac{1}{n}\sum_{i=1}^{n}x_i}+\sqrt{\frac{1}{n}\sum_{i=1}^{n}y_i}},\quad 0<Q_{\mathrm{TIC}}\leqslant 1 \tag{11.5}$$

Q_{TIC} 应用的要求是两组时间序列在同一时刻采样，Q_{TIC} 越小，两组数据越一致，因此以 $(1-Q_{\mathrm{TIC}})$ 作为置信度。

3. 灰色关联度

对于式：

$$\rho_t=\frac{\min(x_t-y_t)+\xi\max(x_t-y_t)}{(x_t-y_t)+\xi\max_t(x_t-y_t)} \tag{11.6}$$

$\xi\subset[0,+\infty)$ 称为分辨系数，ξ 越小，分辨率越高，一般取 $\xi\subset[0,0.5]$ 或 $\xi\subset[0,1]$。

灰色关联度定义：

$$\gamma=\frac{1}{N}\sum_{1}^{N}\lambda_t\rho_t \tag{11.7}$$

其中，λ_t 为权函数，它的选取一般视情况而定。γ 越大说明两组数据一致性越高。

灰色关联分析法的特点。

灰色关联分析法应用于仿真验证时表现出以下优点：

(1) 对样本容量不作任何限制，且不必考虑样本总体的统计分布规律；

(2) 特别适合小样本序列的情况；

(3) 方法原理简单，计算量小，计算机实现方便。

缺点：

(1) 此方法不够精细，因此用此方法做出判断时往往带有一定的风险。

(2) 灰色关联强调的是两个序列所形成的空间曲线几何形状的相似程度，或者说是动态系统发展变化的一致性程度，而不考虑两条曲线之间平均距离的大小。

11.3.6 层次分析法

层次分析法在(AHP)的应用是确定底层因素指标对上层指标影响权重，求得上层指标值，由此构建层次化的验模体系。下面介绍层次分析方法的原理。

运用AHP方法求解因素权重，可分为以下几个步骤：

步骤一：建立评估对象的层次模型。

对评估对象进行层次化，首先确定相关的影响因素，然后按照各影响因素的相互关系分类，形成一个多层次的影响因素体系模型。构造的影响因素体系模型是一个递阶层次结构，由最高层、若干中间层和最底层排列而形成。评价模型中的最高层就是评价要达到的评估对象的总体可信度。在这里，评估对象可信度的影响因素可以称为评价指标，评估对象总体可信度则可以称为评价目标。评价指标的选择是评价目标与实际情况共同决定的，具体选择应注意以下几点：

(1) 评价指标必须与评价目的和目标密切相关；

(2) 评价指标应当构成一个完整的体系，即应当全面地反映所需评价对象的各个方面；

(3) 评价指标总数应当尽可能地少，以降低评价负担。

步骤二：构造两两判断矩阵。

建立了评估对象的层次模型后，就要构造每一层的判断矩阵。判断矩阵的元素原本是判断该层某两个元素相对上一层某元素的重要性比值，判断矩阵 $\boldsymbol{A}$ 为

$$\boldsymbol{A}=\begin{bmatrix} a_{11} & a_{12} & \cdots & a_{1n} \\ a_{21} & a_{22} & \cdots & a_{2n} \\ \vdots & \vdots & & \vdots \\ a_{n1} & \cdots & & a_{nn} \end{bmatrix}$$

其中，a_{ij} 为两两相比重要程度，取值参考标度见表11-1。

表11-1 层次分析法标度表

标　度	含　义
1	表示两个因素相比，具有相同重要性
3	表示两个因素相比，前者比后者稍重要
5	表示两个因素相比，前者比后者明显重要
7	表示两个因素相比，前者比后者强烈重要
9	表示两个因素相比，前者比后者极端重要
2,4,6,8	表示上述相邻判断的中间值
倒数	若因素 i 与因素 j 的重要性之比为 a_{ij}，则因素 j 与因素 i 的重要性之比为 $a_{ji}=1/a_{ij}$

步骤三:计算各因素权重。

对于构造出来的判断矩阵,按照一定的方法计算出判断矩阵的最大特征根及特征向量,所求特征向量即为各影响因素对上一层某影响因素的可信度影响程度的重要性排序,进行归一化后,得到各个影响因素的权数分配。计算权重的方法主要有乘积方根法和求和平均法(代数平均法),这方面的理论比较成熟,根据理论分析以及实践中的经验可以知道,乘积方根法的精度要高于求和平均法。

经过这一步求出 n 个因素的权重向量为

$$\boldsymbol{W}=[w_1 \quad w_2 \quad \cdots \quad w_n]$$

步骤四:进行一致性检验。

判断矩阵需进行一致性检验,以检验人们的判断是否一致。为了判断不同阶矩阵是否具有满意的一致性,应该用判断矩阵的一致性指标 CI 与同阶次的平均随机一致性指标 RI 之比来进行判断。判断矩阵的一致性指标 CI 为

$$\mathrm{CI}=\frac{\lambda_{\max}-n}{n-1}$$

$\lambda_{\max}$ 为判断矩阵的最大特征根,n 为判断矩阵的阶次。

当随机一致性比率 CR 满足条件

$$\mathrm{CR}=\frac{\mathrm{CI}}{\mathrm{RI}}<0.10$$

时,判断矩阵具有满意的一致性。如果判断矩阵没有通过一致性检验,则需要修改判断矩阵中各项的赋值。

11.3.7 模糊评判法

模糊综合评价方法,是应用模糊关系合成的原理,从多个因素(指标)对被评价事物隶属等级状况进行综合性评判的一种方法,其具体的步骤为:

步骤一:确定被评判对象的因素论域 $\boldsymbol{U}$,$\boldsymbol{U}=[\mu_1 \quad \mu_2 \quad \cdots \quad \mu_n]$。

步骤二:确定评语等级论域 $\boldsymbol{V}$,$\boldsymbol{V}=[\nu_1 \quad \nu_2 \quad \cdots \quad \nu_m]$。通常评语有 $\boldsymbol{V}$=[很高　高　较高　较低　低　很低]。

步骤三:进行单因素评判,建立模糊关系矩阵 $\boldsymbol{R}$

$$\boldsymbol{R}=\begin{bmatrix} r_{11} & r_{12} & \cdots & r_{1m} \\ r_{21} & r_{22} & \cdots & r_{2m} \\ \vdots & \vdots & & \vdots \\ r_{n1} & r_{n2} & \cdots & r_{nm} \end{bmatrix}, \quad 0 \leqslant r_{ij} \leqslant 1$$

其中,r_{ij} 为 $\boldsymbol{U}$ 中因素 μ_i 对于 $\boldsymbol{V}$ 中等级 ν_j 的隶属关系。

步骤四:确定评判因素权向量 $\boldsymbol{A}$,$\boldsymbol{A}=[a_1 \quad a_2 \quad \cdots \quad a_m]$,$\boldsymbol{A}$ 是 $\boldsymbol{U}$ 中各因素对被评事物的隶属关系,它取决于人们进行模糊综合评判时的着眼点,即根据评判时各因素的重要性分配权重。

步骤五:选择评价的合成算子"∘",将 $\boldsymbol{A}$ 与 $\boldsymbol{R}$ 合成得到 $\boldsymbol{B}$,$\boldsymbol{B}=\boldsymbol{A}\circ\boldsymbol{R}$。

常用的模糊算子有 5 个:

(1) ∘(∨, ∧),其中"∨"为取大(max),"∧"为取小(min),即

$$b_j = \bigvee_{i=1}^{m}(a_i \wedge r_{ij}) = \max[\min(a_1, r_{1j}), \min(a_2, r_{2j}), \cdots, \min(a_m, r_{mj})] \quad (j=1,2,\cdots,n)$$

(2) $\circ(\cdot, \vee)$，其中“$\cdot$”为普通实数乘法，即

$$b_j = \bigvee_{i=1}^{m} a_i r_{ij} = \max[a_1 r_{1j}, a_2 r_{2j}, \cdots, a_m r_{mj}] \quad (j=1,2,\cdots,n)$$

(3) $\circ(\vee, \oplus)$，其中 $\alpha \oplus \beta = \min(1, \alpha+\beta)$，$\oplus \sum_{i=1}^{m}$ 为 m 个数在 $\oplus$ 下求和，即

$$b_j = \oplus \sum_{i=1}^{m} a_i \wedge r_{ij} = \min[1, \sum_{i=1}^{m} \min(a_i, r_{ij})] \quad (j=1,2,\cdots,n)$$

(4) $\circ(\vee, \oplus)$，即

$$b_j = \oplus \sum_{i=1}^{m} a_i r_{ij} = \min[1, \sum_{i=1}^{m} a_i r_{ij}] \quad (j=1,2,\cdots,n)$$

(5) $\circ(r^a, \wedge)$，即

$$b_j = \bigwedge_{i=1}^{m} r_{ij}^{a_i} = \min[r_{1j}^{a_1}, r_{2j}^{a_2}, \cdots, r_{mj}^{a_m}] \quad (j=1,2,\cdots,n)$$

算子(1)是主观因素决定型综合评判，其评判结果只取决于起主要作用的那个因素；(2)和(3)是主因素突出型，它与算子(1)比较接近，但该运算比较“细腻”，不仅突出了主要因素，也兼顾了其他因素，常用在所统计的模糊矩阵中数据相差很悬殊的情况，可防止非正常数据的干扰；算子(4)和算子(5)是加权平均型，依权重大小兼顾其他所有因素，常用在因素集很多的情况，可避免信息丢失。实际运用中，到底选用哪种算法为好，要根据具体问题的特点和需要而定。

11.3.8 AHP FSE 方法

将层次分析方法和模糊评判法综合起来就得到 AHP FSE 方法，用于 VV&A 指标综合中。

AHP FSE 方法建立在对研究对象进行层次分析的基础上，以层次分析法为基础，对复杂大系统仿真可信度进行模糊综合评判的步骤可简要作以下描述。

步骤一：以自顶向下逐层细化的方法分析影响系统仿真可信度的因素，建立可信度因素集的递阶层次结构；

步骤二：结合仿真应用目的和专家经验，给出可信度评估的决策集；

步骤三：选择可信度评估的原子因素，进行单因素评判，包括建立单因素评判的因素集和决策集、构造重要性两两比较矩阵、计算权重向量、进行一致性检验和计算单因素评判的可信度环节；

步骤四：逐层向上，进行模糊综合评判；

步骤五：分析和表示评判结果。

至此，可以归纳出 AHP FSE 方法的核心思想：自顶向下分析影响仿真可信度的因素，建立因素集的递阶层次结构；进行单因素评判，包括应用 AHP 方法确定各因素相对于决策目标的权重和应用模糊评判方法计算各因素的可信度；自下向上逐层综合，进行模糊综合评判，直到求出最终评判结果。

附　　录

附录一　常用的均匀设计表

1. $U_3(3^2)$试验表(见附表1-1)

附表1-1　$U_3(3^2)$表

试验号＼列号	1	2
1	1	2
2	2	1
3	3	3

2. $U_4(4^4)$试验表及使用表(见附表1-2和附表1-3)

附表1-2　$U_4(4^4)$表

试验号＼列号	1	2	3	4
1	1	2	3	4
2	2	4	1	3
3	3	1	4	2
4	4	3	2	1

附表1-3　$U_4(4^4)$使用表

因素数	列号			
2	1	2		
3	1	2	4	
4	1	2	3	4

3. $U_5(5^4)$试验表及使用表(见附表1-4和附表1-5)

附表1-4 $U_5(5^4)$表

试验号 \ 列号	1	2	3	4
1	1	2	3	4
2	2	4	1	3
3	3	1	4	2
4	4	3	2	1
5	5	5	5	5

附表1-5 $U_5(5^4)$使用表

因素数	列号			
2	1	2		
3	1	2	4	
4	1	2	3	4

4. $U_6(6^6)$试验表及使用表(见附表1-6和附表1-7)

附表1-6 $U_6(6^6)$表

试验号 \ 列号	1	2	3	4	5	6
1	12	3	4	5	6	
2	2	4	6	1	3	5
3	3	36	2	5	1	4
4	4	1	5	2	6	3
5	5	3	1	6	4	2
6	6	4	4	3	2	1

附表1-7 $U_6(6^6)$使用表

因素数	列号					
2	1	3				
3	1	2	3			
4	1	2	3	6		
5	1	2	3	4	6	
6	1	2	3	4	5	6

5. $U_7(7^6)$试验表及使用表(见附表 1-8 和附表 1-9)

附表 1-8 $U_7(7^6)$表

试验号 \ 列号	1	2	3	4	5	6
1	1	2	3	4	5	6
2	2	4	6	1	3	5
3	3	6	2	5	1	4
4	4	1	5	2	6	3
5	5	3	1	6	4	2
6	6	5	4	3	2	1
7	7	7	7	7	7	7

附表 1-9 $U_7(7^6)$使用表

因素数	列号					
2	1	3				
3	1	2	3			
4	1	2	3	6		
5	1	2	3	4	6	
6	1	2	3	4	5	6

6. $U_8(8^6)$试验表及使用表(见附表 1-10 和附表 1-11)

附表 1-10 $U_8(8^6)$表

试验号 \ 列号	1	2	3	4	5	6
1	1	2	4	5	7	8
2	2	4	8	1	5	7
3	3	6	3	6	3	6
4	4	8	7	2	1	5
5	5	1	2	7	8	4
6	6	3	6	3	6	3
7	7	5	1	8	4	2
8	8	7	5	4	2	1

附表 1-11 $U_8(8^6)$使用表

因素数	列号					
2	1	3				
3	1	3	5			
4	1	2	3	5		
5	1	2	3	4	5	
6	1	2	3	4	5	6

7. $U_9(9^6)$试验表及使用表(见附表 1-12 和附表 1-13)

附表 1-12 $U_9(9^6)$表

试验号 \ 列号	1	2	3	4	5	6
1	1	2	4	5	7	8
2	2	4	8	1	5	7
3	3	6	3	6	3	6
4	4	8	7	2	1	5
5	5	1	2	7	8	4
6	6	3	6	3	6	3
7	7	5	1	8	4	2
8	8	7	5	4	2	1
9	9	9	9	9	9	9

附表 1-13 $U_9(9^6)$使用表

因素数	列号					
2	1	3				
3	1	3	5			
4	1	2	3	5		
5	1	2	3	4	5	
6	1	2	3	4	5	6

8. $U_{10}(10^{10})$试验表及使用表(见附表 1-14 和附表 1-15)

附表 1-14 $U_{10}(10^{10})$表

试验号＼列号	1	2	3	4	5	6	7	8	9	10
1	1	2	3	4	5	6	7	8	9	10
2	2	4	6	8	10	1	3	5	7	9
3	3	6	9	1	4	7	10	2	5	8
4	4	8	1	5	9	2	6	10	3	7
5	5	10	4	9	3	8	2	7	1	6
6	6	1	7	2	8	3	9	4	10	5
7	7	3	10	6	2	9	5	1	8	4
8	8	5	2	10	7	4	1	9	6	3
9	9	7	5	3	1	10	8	6	4	2
10	10	9	8	7	6	5	4	3	2	1

附表 1-15 $U_{10}(10^{10})$使用表

因素数	列号									
2	1	7								
3	1	5	7							
4	1	2	5	7						
5	1	2	3	5	7					
6	1	2	3	5	7	10				
7	1	2	3	4	5	7	10			
8	1	2	3	4	5	6	7	10		
9	1	2	3	4	5	6	7	9	10	
10	1	2	3	4	5	6	7	8	9	10

9. $U_{11}(11^{10})$试验表及使用表(见附表1-16和附表1-17)

附表1-16 $U_{11}(11^{10})$表

试验号 \ 列号	1	2	3	4	5	6	7	8	9	10
1	1	2	3	4	5	6	7	8	9	10
2	2	4	6	8	10	1	3	5	7	9
3	3	6	9	1	4	7	10	2	5	8
4	4	8	1	5	9	2	6	10	3	7
5	5	10	4	9	3	8	2	7	1	6
6	6	1	7	2	8	3	9	4	10	5
7	7	3	10	6	2	9	5	1	8	4
8	8	5	2	10	7	4	1	9	6	3
9	9	7	5	3	1	10	8	6	4	2
10	10	9	8	7	6	5	4	3	2	1
11	11	11	11	11	11	11	11	11	11	11

附表1-17 $U_{11}(11^{10})$使用表

因素数	列号									
2	1	7								
3	1	5	7							
4	1	2	5	7						
5	1	2	3	5	7					
6	1	2	3	5	7	10				
7	1	2	3	4	5	7	10			
8	1	2	3	4	5	6	7	10		
9	1	2	3	4	5	6	7	9	10	
10	1	2	3	4	5	6	7	8	9	10

10. $U_{12}(12^{12})$试验表及使用表(见附表 1-18 和附表 1-19)

附表 1-18 $U_{12}(12^{12})$表

试验号 \ 列号	1	2	3	4	5	6	7	8	9	10	11	12
1	1	2	3	4	5	6	7	8	9	10	11	12
2	2	4	6	8	10	12	1		5	7	9	11
3	3	6	9	12	2	5	8	11	1	4	7	10
4	4	8	12	3	7	11	2	6	10	1	5	9
5	5	10	2	7	12	4	9	1	6	11	3	8
6	6	12	5	11	4	10	3	9	2	8	1	7
7	7	1	8	2	9	3	10	4	11	5	12	6
8	8	3	11	6	1	9	4	12	7	2	10	5
9	9	5	1	10	6	2	11	7	3	12	8	4
10	10	7	4	1	11	8	5	2	12	9	6	3
11	11	9	7	5	3	1	12	10	8	6	4	2
12	12	11	10	9	8	7	6	5	4	3	2	1

附表 1-19 $U_{12}(12^{12})$使用表

因素数	列号											
2	1	9										
3	1	5	9									
4	1	2	5	9								
5	1	2	3	5	9							
6	1	2	3	4	5	9						
7	1	2	3	4	5	6	9					
8	1	2	3	4	5	6	9	12				
9	1	2	3	4	5	6	7	9	12			
10	1	2	3	4	5	6	7	8	9	12		
11	1	2	3	4	5	6	7	8	9	10	12	
12	1	2	3	4	∫	6	7	8	9	10	11	12

11. $U_{13}(13^{12})$试验表及使用表(见附表 1－20 和附表 1－21)

附表 1－20　$U_{13}(13^{12})$表

试验号＼列号	1	2	3	4	5	6	7	8	9	10	11	12
1	1	2	3	4	5	6	7	8	9	10	11	12
2	2	4	6	8	10	12	1	3	5	7	9	11
3	3	6	9	12	2	5	8	11	1	4	7	10
4	4	8	12	3	7	11	2	6	10	1	5	9
5	5	10	2	7	12	4	9	1	6	11	3	8
6	6	12	5	11	4	10	3	9	2	8	1	7
7	7	1	8	2	9	3	10	4	11	5	12	6
8	8	3	11	6	1	9	4	12	7	2	10	5
9	9	5	1	10	6	2	11	7	3	12	8	4
10	10	7	4	1	11	8	5	2	12	9	6	3
11	11	9	7	5	3	1	12	10	8	6	4	2
12	12	11	10	9	8	7	6	5	4	3	2	1
13	13	13	13	13	13	13	13	13	13	13	13	13

附表 1－21　$U_{13}(13^{12})$使用表

因素数	列号											
2	1	9										
3	1	5	9									
4	1	2	5	9								
5	1	2	3	5	9							
5	1	2	3	5	9							
6	1	2	3	4	5	9						
7	1	2	3	4	5	6	9					
8	1	2	3	4	5	6	9	12				
9	1	2	3	4	5	6	7	9	12			
10	1	2	3	4	5	6	7	8	9	12		
11	1	2	3	4	5	6	7	8	9	10	12	
12	1	2	3	4	5	6	7	8	9	10	11	12

附录二　常用的正交设计表

1. $L_4(2^3)$ 正交表(见附表 2-1)

附表 2-1

试验号	列号		
	1	2	3
1	1	1	1
2	1	2	2
3	2	1	2
4	2	2	1

任意两列间的交互作用为另外一列。

2. $L_8(2^7)$ 正交表(见附表 2-2)

附表 2-2

试验号	列号						
	1	2	3	4	5	6	7
1	1	1	1	1	1	1	1
2	1	1	1	2	2	2	2
3	1	2	2	1	1	2	2
4	1	2	2	2	2	1	1
5	2	1	2	1	2	1	2
6	2	1	2	2	1	2	1
7	2	2	1	1	2	2	1
8	2	2	1	2	1	1	2

$L_8(2^7)$ 表头设计(见附表 2-3)。

附表 2-3

因素数	列号						
	1	2	3	4	5	6	7
3	A	B	$A\times B$	C	$A\times C$	$B\times C$	
4	A	B	$A\times B$ $C\times D$	C	$A\times C$ $B\times D$	$B\times C$ $A\times D$	D
4	A	B $C\times D$	$A\times B$	C $B\times D$	$A\times C$	D $B\times C$	$A\times D$
5	A $D\times E$	B $C\times D$	$A\times B$ $C\times E$	C $B\times D$	$A\times C$ $B\times E$	D $A\times E$ $B\times C$	E $A\times D$

3. $L_8(4\times2^4)$正交表(见附表 2－4)

附表 2－4

试验数	列号				
	1	2	3	4	5
1	1	1	1	1	1
2	1	2	2	2	2
3	2	1	1	2	2
4	2	2	2	1	1
5	3	1	2	1	2
6	3	2	1	2	1
7	4	1	2	2	1
8	4	2	1	1	2

$L_8(4\times2^4)$表头设计(见附表 2－5)。

附表 2－5

因素数	列号				
	1	2	3	4	5
2	A	B	$(A\times B)_1$	$(A\times B)_2$	$(A\times B)_3$
3	A	B	C		
4	A	B	C	D	
5	A	B	C	D	E

4. $L_9(3^4)$正交表(见附表 2－6)

附表 2－6

试验号	列号			
	1	2	3	4
1	1	1	1	1
2	1	2	2	2
3	1	3	3	3
4	2	1	2	3
5	2	2	3	1
6	2	3	1	2
7	3	1	3	2
8	3	2	1	3
9	3	3	2	1

5. $L_{27}(3^{13})$（见附表 2－7）

附表 2－7

	1	2	3	4	5	6	7	8	9	10	11	12	13
1	1	1	1	1	1	1	1	1	1	1	1	1	1
2	1	1	1	1	2	2	2	2	2	2	2	2	2
3	1	1	1	1	3	3	3	3	3	3	3	3	3
4	1	2	2	2	1	1	1	2	2	2	3	3	3
5	1	2	2	2	2	2	2	3	3	3	1	1	1
6	1	2	2	2	3	3	3	1	1	1	2	2	2
7	1	3	3	3	1	1	1	3	3	3	2	2	2
8	1	3	3	3	2	2	2	1	1	1	3	3	3
9	1	3	3	3	3	3	3	2	2	2	1	1	1
10	2	1	1	3	1	2	3	1	2	3	1	2	3
11	2	1	2	3	2	3	1	2	3	1	2	3	1
12	2	1	3	3	3	1	2	3	1	2	3	1	2
13	2	2	1	1	1	2	3	2	3	1	3	1	2
14	2	2	2	1	2	3	1	3	1	2	1	2	3
15	2	2	3	1	3	1	2	1	2	3	2	3	1
16	2	3	1	2	1	2	3	3	1	2	2	3	1
17	2	3	2	2	2	3	1	1	2	3	3	1	2
18	2	3	3	2	3	1	2	2	3	1	1	2	3
19	3	1	3	2	1	3	2	1	3	2	1	3	2
20	3	1	3	2	2	1	3	2	1	3	2	1	3
21	3	1	3	2	3	2	1	3	2	1	3	2	1
22	3	2	1	3	1	3	2	2	1	3	3	2	1
23	3	2	1	3	2	1	3	3	2	1	1	3	2
24	3	2	1	3	3	2	1	1	3	2	2	1	3
25	3	3	2	1	1	3	2	3	2	1	2	1	3
26	3	3	2	1	2	1	3	1	3	2	3	2	1
27	3	3	2	1	3	2	1	2	1	3	1	3	2

$L_{27}(3^{13})$表头设计(见附表2-8)。

附表2-8

因素数	列号						
	1	2	3	4	5	6	7
3	A	B	$(A\times B)_1$	$(A\times B)_2$	C	$(A\times C)_1$	$(A\times C)_2$
4	A	B	$(A\times B)_1$ $(C\times D)_2$	$(A\times B)_2$	C	$(A\times C)_1$ $(B\times D)_2$	$(A\times C)_2$
因素数	列号						
	8	9	10	11	12	13	
3	$(B\times C)_1$	D	$(A\times D)_1$	$(B\times C)_2$	$(B\times D)_1$	$(C\times D)_1$	
4	$(B\times C)_1$ $(A\times D)_2$		$(A\times D)_1$	$(B\times C)_2$			

6. $L_{16}(4^5)$(见附表2-9)

附表2-9

试验号	列号				
	1	2	3	4	5
1	1	1	1	1	1
2	1	2	2	2	2
3	1	3	3	3	3
4	1	4	4	4	4
5	2	1	2	3	4
6	2	2	1	4	3
7	2	3	4	1	2
8	2	4	3	2	1
9	3	1	3	4	2
10	3	2	4	3	1
11	3	3	1	2	4
12	3	4	2	1	3
13	4	1	4	2	3
14	4	2	3	1	4
15	4	3	2	4	1
16	4	4	1	3	2

7. $L_{25}(5^6)$（见附表 2-10）

附表 2-10

试验号	列号					
	1	2	3	4	5	6
1	1	1	1	1	1	1
2	1	2	2	2	2	2
3	1	3	3	3	3	3
4	1	4	4	4	4	4
5	1	5	5	5	5	5
6	2	1	2	3	4	5
7	2	2	3	4	5	1
8	2	3	4	5	1	2
9	2	4	5	1	2	3
10	2	5	1	2	3	4
11	3	1	3	5	2	4
12	3	2	4	1	3	5
13	3	3	5	2	4	1
14	3	4	1	3	5	2
15	3	5	2	4	1	3
16	4	1	4	2	5	3
17	4	2	5	3	1	4
18	4	3	1	4	2	5
19	4	4	2	5	3	1
20	4	5	3	1	4	2
21	5	1	5	4	3	2
22	5	2	1	5	4	3
23	5	3	2	1	5	4
24	5	4	3	2	1	5
25	5	5	4	3	2	1

附录三　飞行轨迹仿真实例

1. 铅垂平面飞行弹道仿真及原始数据分析

(1)初值。

$x=0$ m

$y=20.0$ m

$\vartheta=18°$

$\theta=18°$

$v=20$ m/s

$\omega_z=0$ rad/s

$m=52.38$ kg

(2)攻角与马赫数范围(仅用于插值计算)。

攻角为 0～10°

马赫数为 0.1～0.9

(3)阻力系数表(见附表 3-1)。

附表 3-1　阻力系数表

马赫数	攻角/(°)					
	0	2	4	6	8	10
0.1	0.417 7	0.440 4	0.521 9	0.660 3	0.853 4	1.102 3
0.2	0.385 8	0.408 6	0.490 3	0.629 0	0.822 6	1.072 3
0.3	0.377 9	0.400 7	0.482 7	0.6218	0.816 0	1.066 6
0.4	0.378 5	0.401 5	0.483 8	0.623 4	0.818 4	1.070 0
0.5	0.378 7	0.401 8	0.484 6	0.624 9	0.820 9	1.073 8
0.6	0.382 9	0.406 2	0.489 7	0.631 0	0.828 4	1.083 5
0.7	0.385 5	0.409 1	0.493 4	0.636 3	0.835 8	1.093 8
0.8	0.408 2	0.432 1	0.517 5	0.662 1	0.864 1	1.125 4
0.9	0.494 7	0.519 2	0.607 3	0.757 1	0.967 2	1.239 2

(4)升力系数表(见附表 3-2)。

附表 3-2　升力系数表

马赫数	攻角/(°)					
	0	2	4	6	8	10
0.1	0.0000	0.6430	1.4758	2.2870	3.0713	3.8463
0.2	0.0000	0.6454	1.4807	2.2942	3.0814	3.8598

续 表

马赫数	攻角/(°)					
	0	2	4	6	8	10
0.3	0.0000	0.6480	1.4858	2.3014	3.0915	3.8731
0.4	0.0000	0.6512	1.4923	2.3107	3.1039	3.8891
0.5	0.0000	0.6554	1.5007	2.3227	3.1197	3.9092
0.6	0.0000	0.6617	1.5134	2.3409	3.1436	3.9401
0.7	0.0000	0.6698	1.5304	2.3661	3.1775	3.9835
0.8	0.0000	0.6792	1.5501	2.3950	3.2162	4.0323
0.9	0.0000	0.6933	1.5935	2.4706	3.3273	4.1790

(5)推力数据(见附表3-3)。

附表3-3 推力数据

t/s	0.000	0.15	0.49	2.11	2.27	3.53	8.78	25.45	42.80	43.68	44.08
P/kgf*	331.2	614.3	505.4	607.8	48.65	43.97	42.01	41.00	40.80	40.79	2.22

* 1 kgf≈9.8 N。

第一级工作结束时间:2.112 6 s,第二级工作结束时间:44.083 2 s

(6)发动机质量秒流量(见附表3-4)。

附表3-4 发动机质量秒流量

t/s	0.	2.1	2.105	44.1	44.105	100
质量秒流量/(kg·s^{-1})	2.362	2.362	0.21059	0.21059	0	0

(7)转动惯量(见附表3-5)。

附表3-5 转动惯量

t/s	0.0	2.0	2.4	6.4	10.4	14.4	18.4	22.4	26.4	30.4	34.0	38.4	42.4	44.0
$\frac{J_z}{\text{kg}\cdot\text{m}\cdot\text{s}}$	8.35	7.88	7.86	7.81	7.78	7.75	7.73	7.71	7.70	7.70	7.69	7.69	7.69	7.69

(8)导弹重心(起自头部,见附表3-6)。

附表3-6 导弹重心

t/s	0.0	2.0	2.4	10.0	18.0	26.0	32.0	38.0	42.0	44.0
X_g/m	0.9381	0.9095	0.9091	0.9026	0.8969	0.8928	0.8907	0.8896	0.8895	0.8896

(9)静稳定力矩系数 $m_{z0}^{\alpha}\alpha|_{X_g=X_{g0}}$(见附表 3-7)。

附表 3-7

马赫数	攻角/(°)					
	0	2	4	6	8	10
0.1	0.0000	−0.0104	−0.0341	−0.0564	−0.0771	−0.0985
0.2	0.0000	−0.0104	−0.0341	−0.0564	−0.0770	−0.0983
0.3	0.0000	−0.0104	−0.0341	−0.0564	−0.0769	−0.0982
0.4	0.0000	−0.0105	−0.0342	−0.0564	−0.0768	−0.0979
0.5	0.0000	−0.0104	−0.0339	−0.0560	−0.0761	−0.0969
0.6	0.0000	−0.0093	−0.0314	−0.0521	−0.0708	−0.0903
0.7	0.0000	−0.0080	−0.0286	−0.0477	−0.0650	−0.0829
0.8	0.0000	−0.0065	−0.0252	−0.0425	−0.0578	−0.0739
0.9	0.0000	−0.0053	−0.0229	−0.0391	−0.0538	−0.0693

当导弹重心变化时的修正公式:

$$m_{z1}^{\alpha}\alpha = m_{z0}^{\alpha}\alpha + c_y(X_g - X_{g0})/L$$

(10)阻尼力矩导数 $m_z^{\omega_z}$(见附表 3-8 和附表 3-9)。

附表 3-8 当 X_g=0.938 1 时

马赫数	攻角/(°)					
	0	2	4	6	8	10
0.1	−0.4686	−0.4829	−0.4982	−0.5130	−0.5272	−0.5409
0.2	−0.4707	−0.4850	−0.5003	−0.5150	−0.5292	−0.5429
0.3	−0.4744	−0.4886	−0.5039	−0.5186	−0.5327	−0.5464
0.4	−0.4797	−0.4939	−0.5090	−0.5237	−0.5378	−0.5514
0.5	−0.4882	−0.5022	−0.5173	−0.5318	−0.5458	−0.5593
0.6	−0.5089	−0.5227	−0.5376	−0.5520	−0.5658	−0.5791
0.7	−0.5366	−0.5502	−0.5649	−0.5790	−0.5927	−0.6058
0.8	−0.5738	−0.5871	−0.6014	−0.6153	−0.6287	−0.6415
0.9	−0.6272	−0.6407	−0.6553	−0.6694	−0.6830	−0.6960

附表 3-9　当 X_g=0.889 6 时

马赫数	攻角/(°)					
	0	2	4	6	8	10
0.1	−0.6179	−0.6384	−0.6600	−0.6805	−0.6999	−0.7182
0.2	−0.6207	−0.6410	−0.6626	−0.6830	−0.7024	−0.7207
0.3	−0.6253	−0.6455	−0.6670	−0.6874	−0.7067	−0.7249
0.4	−0.6319	−0.6521	−0.6734	−0.6937	−0.7129	−0.7310
0.5	−0.6424	−0.6624	−0.6835	−0.7036	−0.7226	−0.7406
0.6	−0.6669	−0.6866	−0.7074	−0.7272	−0.7459	−0.7636
0.7	−0.6997	−0.7190	−0.7395	−0.7589	−0.7774	−0.7948
0.8	−0.7435	−0.7624	−0.7824	−0.8014	−0.8194	−0.8365
0.9	−0.8069	−0.8266	−0.8474	−0.8672	−0.8859	−0.9035

(11)其他参数(见附表 3-10 和附图 3-1)。

附表 3-10　其他参数

特征面积 S/m²	特征长度 L/m	毛翼展/m	声速 SONIC/(m·s⁻¹)	大气密度 ρ/(kg·m⁻³)
0.0227	1.8	0.5	343.13	1.225

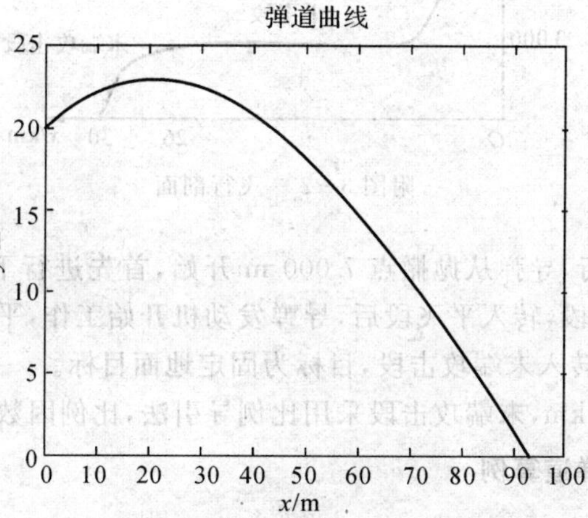

附图 3-1　基本弹道示意图

2. 弹道仿真算例 1 参数

(1) 弹体参数:

弹体质量:m_0=320 kg;

转动惯量:J_x=315 kg·m²;

参考面积:S=0.45 m²;

参考长度：$L=2.5$ m；

发动机推力：$P=2\ 000$ N；

质量秒消耗量：$\dot{m}=0.8$ kg/s；

(2) 气动力计算：

阻力计算公式：　$X=C_x qS,\quad C_x=C_{x0}+C_x^\alpha \alpha^2$

其中：　$C_{x0}=0.2,\quad C_x^\alpha=0.000\ 5$

升力计算公式：　$Y=C_y qS,\quad C_y=C_y^\alpha \alpha+C_y^{\delta_z}\delta_z$

其中：　$C_y^\alpha=0.25,\quad C_y^{\delta_z}=0.05$

俯仰力矩计算公式：

$$M_z=m_z qSL,\quad m_z=m_z^\alpha \alpha+m_z^{\delta_z}\delta_z$$

其中：　$m_z^\alpha=-0.1,\quad m_z^{\delta_z}=-0.024$

(3) 仿真初值：

发射点的初始位置：$x_0=0, y_0=7\ 000$ m；

发射点的速度：$V_0=280$ m/s；

发射点的初始俯仰角：$\vartheta_0=0°$；

发射点的初始俯仰角速度：$\omega_{z0}=0$ °/s；

发射点的初始弹道倾角：$\theta_0=0°$。

(4) 弹道剖面(见附图 3-2)：

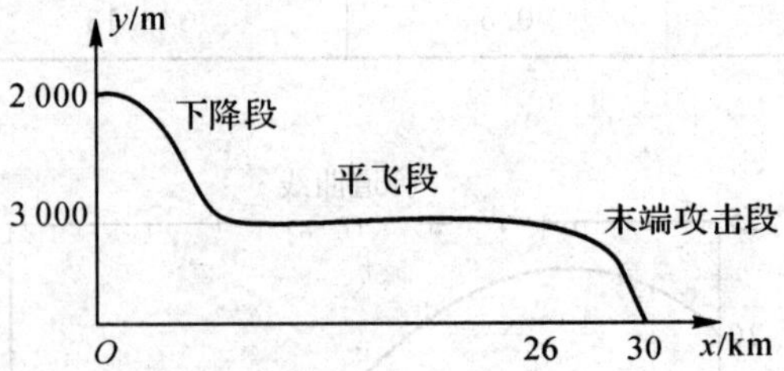

附图 3-2　飞行剖面

设导弹在平面内飞行，导弹从抛撒点 7 000 m 开始，首先进行下降段方案飞行，下降段无动力飞行，然后转入平飞段，转入平飞段后，导弹发动机开始工作，平飞段飞行高度为3 000 m，之后距离目标 6 km 时，转入末端攻击段，目标为固定地面目标。

抛撒点距离目标 30 km，末端攻击段采用比例导引法，比例因数为 4。

3. 航天器再入质点弹道算例

假设：

· 不考虑地球旋转影响。

· 把地球看成质量均匀分布的圆球，质心在球心。

· 把飞行器看成质点，应用瞬时平衡假设。

弹道坐标系下飞行器三自由度动力学方程为

$$\dot{r}=V\sin\gamma$$

$$\dot{\theta}=\frac{V\cos\gamma\sin\psi}{r\cos\phi}$$

$$\dot{\phi}=\frac{V\cos\gamma\cos\psi}{r}$$

$$\dot{V}=-D-\frac{\sin r}{\gamma^{2}}$$

$$\dot{\gamma}=\frac{1}{V}\left[L\cos\sigma+\left(V^{2}-\frac{1}{r}\right)\left(\frac{\cos\gamma}{r}\right)\right]$$

$$\dot{\psi}=\frac{1}{V}\left[\frac{L\sin\sigma}{\cos\gamma}+\frac{V^{2}}{r}\cos\gamma\sin\psi\tan\phi\right]$$

以上各式中，r 为飞行器地球中心到质心的半径，被地球半径 $R_0=6\ 378\ 135$ m 单位化；θ 为经度；ϕ 为纬度；V 为相对地球速度；被 $V_c=\sqrt{g_0R_0}$ 单位化；$g_0=9.81$ m/s；D 和 L 分别为气动阻力加速度和升力加速度

$$D=r(V_cV)^2S_{\mathrm{ref}}C_D/(2mg_0)$$

$$L=r(V_cV)^2S_{\mathrm{ref}}C_L/(2mg_0)$$

以上各式中，ρ 为大气密度；S_{ref} 为气动参考面积；m 为飞行器质量；C_L 和 C_D 为气动升力系数和阻力系数；γ 为弹道倾角；σ 为倾侧角；ψ 为速度方位角，与速度方向与北向夹角，顺时针为正。

飞行器的初始参数如下：

$$m=28\ 000\ \mathrm{kg}$$

$$S_{\mathrm{ref}}=140\ \mathrm{m}^2$$

$$r_0=(120\ 000+R_0)/R_0$$

$$\theta_0=77^\circ$$

$$\phi_0=-15^\circ$$

$$V_0=7\ 910/V_c$$

$$\gamma_0=-1.5^\circ$$

$$\psi_0=53^\circ$$

马赫数插值向量：Ma_Vec＝[3 5 8 10 15 20]；

攻角插值向量：Alpha_Vec＝[－4 0 4 10 20 30 40]；

阻力系数

Cx_Vec＝	0.1010	0.1110	0.1040	0.1043	0.1057	0.1109
	0.0971	0.0985	0.0926	0.0930	0.0951	0.1000
	0.0993	0.0981	0.0904	0.0903	0.0920	0.0970
	0.1298	0.1275	0.1117	0.1096	0.1090	0.1140
	0.2986	0.2917	0.2628	0.2579	0.2545	0.2603
	0.6543	0.6404	0.6020	0.5954	0.5914	0.5973
	1.1852	1.1703	1.1265	1.1179	1.1119	1.1167

升力系数

Cy_Vec＝	－1086	－0.1073	－0.0950	－0.0916	－0.0878	－0.0861
	－0.0346	－0.0364	－0.0470	－0.0493	－0.0510	－0.0511
	0.0458	0.0424	0.0102	0.0020	－0.0063	－0.0082
	0.2056	0.1935	0.1383	0.1235	0.1080	0.1029
	0.5642	0.5462	0.4832	0.4669	0.4501	0.4438

0.9675	0.9395	0.8779	0.8620	0.8449	0.8369
1.2839	1.2676	1.2125	1.1964	1.1804	1.1712

攻角变化规律：

$$\alpha=\begin{cases}40^\circ & 2\,500<V\\40^\circ-(2\,500-V)\times 26^\circ/1\,700 & 1\,700<V\leqslant 2\,500\\14^\circ & 800<V\leqslant 1\,700\end{cases}$$

速度倾侧角：$\sigma=0$。

仿真结束条件：$h=30$ km。

要求：

- 用 C 或 C++ 语言编写；
- 自己实现数据插值和弹道积分；
- 结果用曲线表示；
- 试验报告要有题设、分析过程或流程、代码、结果及分析小结。

4. 运载火箭运载性能分析

现有某型火箭的两种改型方案，通过仿真分析，从性能角度分析哪种改型更好。

(1) 总体参数(见附表 3-11)。

附表 3-11　两种改进型的总体参数

名称＼状态	一子级加长 1 m(改进型 1)		二子级加长 1 m(改进型 2)	
	第一级	第二级	第一级	第二级
有效载荷质量 /kg	3 100	3 100		
起飞质量 /kg	200 509	40 713	200 543	50 995
关机点质量 /kg	51 013	6 943	61 034	7 344
有效推进剂质量比	0.745 6	0.829 5	0.695 66	0.856 0
发动机比冲 /s	289	296.13	289	296.13
推重比	1.417	1.417		
有效推进剂质量 /kg	149 496	33 770	139 509	43 651
结构质量 /kg	10 300	3 843	10 039	4 244
发动机推力 /N	2 786 093	565 711	2 786 565	708 580
发动机秒流量 /(kg·s^{-1})	983.119	194.933	983.285	244.014
发动机工作时间 /s	152.063	173.239	141.881	178.887
参考面积	$S=\frac{d^2}{4}=8.814\ 13\ \text{m}^2$，其中 $d=3.35$ m			
阻力系数	$C_d=0.2$			

(2) 入轨条件。

入轨高度 200 km，入轨速度 7 860 m/s，入轨当地弹道倾角 0°。

(3) 俯仰角的设计。根据运载火箭俯仰角设计方法，合理设计俯仰程序角，以达到入轨条件。一般而言，运载火箭首先是垂直起飞段，然后进行转弯，在跨声速段应保持一个小攻角，之后俯仰角可线性变化，通过设计多个线性段使得火箭满足最后入轨条件。运载火箭质点弹道方程为

$$\dot{r} = v\sin\theta$$

$$m\dot{v} = P\cos\alpha - G\sin\theta - D$$

$$mv\dot{\theta} = P\sin\alpha - G\cos\theta + L + \frac{mv^2}{r}\cos\theta$$

$$\dot{m} = -m_s$$

$$\dot{x} = v\cos\theta_l$$

$$\dot{y} = v\sin\theta_l$$

$$\dot{S} = \frac{R_d}{r}v\cos\theta$$

$$\eta = S/R_d$$

$$\theta_l = \theta - \eta$$

$$\vartheta = \theta_l + \alpha$$

$$g = g_0\left(\frac{R_d}{r}\right)^2$$

$$h = r - R_d$$

其中，r 为地心矢径；m 为助推器质量；v 为飞行速度；D 为助推器所受气动阻力；L 为助推器气动升力；G 为助推器的重力；P 为助推器发动机推力；m_s 为发动机秒耗量；θ 为当地弹道倾角；θ_l 为发射坐标系下的弹道倾角；α 为飞行迎角；ϑ 为俯仰角；g 为重力加速度；g_0 为海平面重力加速度；R_d 为地球平均半径；h 为飞行高度；x 为发射坐标系下的纵向坐标，该坐标轴指向射向；y 为发射坐标系下位于铅垂平面内且垂直 x 轴的坐标；S 为星下点到发射点的大圆弧航程；η 为地心角。该组方程中，前 4 个微分方程可以先独立求解。

重力加速度为

$$g = g_0\left(\frac{R_0}{R_0 + h}\right)^2$$

D，L 为气动升力和阻力

$$D = qS_{\text{ref}}C_D$$

$$L = qS_{\text{ref}}C_L$$

$$q = \frac{1}{2}\rho V^2$$

S 为星下点到发射点的地球圆弧长。

要求：

(1)完成两种型号的轨迹仿真。

(2)完成两种型号的性能比较，哪个型号更优。可通过比较相同的入轨高度对哪个改型速度较大，或哪个型号法向过载、弹道特性较好等方面进行比较。

参考文献

［1］ 康凤举.现代仿真技术与应用.北京:国防工业出版社,2001.
［2］ 黄柯棣.系统仿真技术.长沙:国防科技大学出版社,1998.
［3］ 肖田园.系统仿真导论.北京:清华大学出版社,2000.
［4］ 方辉煜.防空导弹武器系统仿真.北京:宇航出版社,2000.
［5］ 袁兆鼎,等.防空导弹设计中的数值方法.北京:宇航出版社,1991.
［6］ 顾启泰.应用仿真技术.北京:国防工业出版社,1995.
［7］ 陈怀瑾,等.防空导弹武器系统仿真.北京:宇航出版社,2005.
［8］ 刘兴堂.导弹制导控制系统分析、设计与仿真.西安:西北工业大学出版社,2006.
［9］ 贾沛然,等.远程火箭弹道学.长沙:国防科技大学出版社,1993.
［10］ 李新国,等.有翼导弹飞行力学.西安:西北工业大学出版社,2005.
［11］ 张有济.战术导弹飞行力学设计. 北京:宇航出版社,1996.
［12］ 胡健伟,等.微分方程数值方法.北京:科学出版社,1999.
［13］ 朱长青.数值计算方法及其应用. 北京:科学出版社,2006.
［14］ 肖田园.离散系统建模与仿真.北京:电子工业出版社,2011.
［15］ 李军.OpenGL 编程指南.北京:机械工业出版社,2010.
［16］ 龚卓蓉.VEGA 程序设计.北京:国防工业出版社,2002.
［17］ 杨石兴.Open Scene Graph 程序设计.www.osgChina.org,2008.
［18］ 陈魁.试验设计与分析.北京:清华大学出版社,2005.
［19］ 赵选民.试验设计方法.北京:科学出版社,2006.
［20］ 廖瑛,等.系统建模与仿真的校核验证与确认.长沙:国防科技大学出版社,2006.
［21］ 刘兴堂,等.复杂系统建模方法、理论与技术.北京:科学出版社,2008.
［22］ 彭晓源.系统仿真技术.北京:北京航空航天大学出版社,2006.